近代数学講座 6

位相幾何学

河田敬義・大口邦雄 著

朝倉書店

小松　勇作
編　集

ま え が き

この書物は，位相幾何学の入門書として書かれたもので，単に数学を専攻しようとする学生諸君だけでなく，広くこの新しい数学の分野に興味と関心を持つ人々を対象とするものである．

いわゆる“トポロジー”という名称の下に総括されている近代数学の分野の中で，位相空間の理論を中心とする集合論的方法については，我が国においても多くの入門書があり，これを学ぶのに不便を感じないようになったといってもよいであろう．それに対して，H. Poincaré の天才によって今世紀に入ってから創造された代数的位相幾何学（algebraic topology）については，その重要性にもかかわらず，それを紹介した入門書が極めて乏しい状態である．著者の一人は 15 年以前に竹内外史氏と共著で同名の書物を著わしたことがあったが，このたび，その内容の程度はもとのままの入門書として，その説明を全く改めて新たに書き直して，この叢書の一冊に加えていただくこととなった．従って，多くの予備知識を仮定せず，またなるべく簡潔を旨として，重要な筋道だけを述べることを目標とした．

すなわち，その内容は組合せ的方法を主とする複体の理論（第 1 章）に始まり，代数的方法によるホモロジー（homology）の理論（第 2, 3 章）を述べ，ホモロジー群の位相的不変性（第 4 章）までを第一部とする．次に Hurewicz によって導入されたホモトピー（homotopy）群の理論（第 5, 6 章）を第二部とし，第三部としてファイバー束（fibre bundle）の理論を述べ（第 7 章），最後に若干の応用を付け加えた（第 8 章）．

著者の一人が実際に講義を行なった経験によれば，本書は大学における教科書としても役立ち得るものと考える．また進んでこの方面を勉強する人々のために，巻末に参考書を解説した．もしも読者諸氏が本書を通じて代数的位相幾何学に興味をいだかれるならば，著者のもっともよろこびとするところである．

本書をこの叢書の一冊に加えることをおすすめいただいた小松勇作教授に対し，また校正その他いろいろとお世話になった朝倉書店の方々に対して，厚く感謝したい．

1967年8月

著者しるす

目　　次

第8章　応　　用

付　録　積複体のホモロジー群

第1章　複　　体

§1. ユークリッド複体

n 次元ユークリッド空間 $\boldsymbol{R}^n$ の各点は，その座標を成分とするベクトル x によって表わされる．このときまた点 x ともいう．2点 x, y の間の距離はベクトルの内積を用いて，$\rho(\mathrm{x},\mathrm{y})=\sqrt{(\mathrm{x}-\mathrm{y},\mathrm{x}-\mathrm{y})}$ と表わすことができる．

$\boldsymbol{R}^n$ の中の $r+1$ 個の点 $\mathrm{a}_0,\mathrm{a}_1,\cdots,\mathrm{a}_r$ が**独立**とは，r 個のベクトル $\mathrm{a}_1-\mathrm{a}_0$, $\mathrm{a}_2-\mathrm{a}_0,\cdots,\mathrm{a}_r-\mathrm{a}_0$ が一次独立なことをいう．それはまた，

$$\begin{cases}\lambda^0\mathrm{a}_0+\lambda^1\mathrm{a}_1+\cdots+\lambda^r\mathrm{a}_r=0,\\ \lambda^0+\lambda^1+\cdots+\lambda^r=0\end{cases}\qquad(\lambda^i\in\boldsymbol{R})$$

が成り立つのは

$$\lambda^0=\lambda^1=\cdots=\lambda^r=0$$

の場合に限るという条件と同値である．$r+1$ 個の点が独立でないときに**従属**という．

$\boldsymbol{R}^n$ の中の $r+1$ 個の独立な点 $\mathrm{a}_0,\ \mathrm{a}_1,\cdots,\mathrm{a}_r$ によって，$\mathrm{a}=\lambda^0\mathrm{a}_0+\lambda^1\mathrm{a}_1+\cdots+\lambda^r\mathrm{a}_r$, $\lambda^0+\lambda^1+\cdots+\lambda^r=1$ と表わされる点全体の集合は，点 $\mathrm{a}_0,\mathrm{a}_1,\cdots,\mathrm{a}_r$ を含む r 次元の平面(これを $\boldsymbol{R}^n$ の**アファイン部分空間**という)をなす．その部分集合で特に

$$\text{(1.1)}\qquad\begin{cases}\mathrm{a}=\lambda^0\mathrm{a}_0+\lambda^1\mathrm{a}_1+\cdots+\lambda^r\mathrm{a}_r,\\ \lambda^0+\lambda^1+\cdots+\lambda^r=1\end{cases}\qquad(\lambda^i\geqq 0,\ \ 0\leqq i\leqq r)$$

と表わされる点 a の集合 $\bar{\mathrm{x}}^r$ を，$\mathrm{a}_0,\mathrm{a}_1,\cdots,\mathrm{a}_r$ を頂点とする **r 次元ユークリッド単体**または **r 単体**と呼び，

$$\bar{\mathrm{x}}^r=\overline{\mathrm{a}_0\mathrm{a}_1\cdots\mathrm{a}_r}$$

と表わす．特に $r=-1$ の場合に $\bar{\mathrm{x}}^r$ は空集合を表わすものとする．$\bar{\mathrm{x}}^0=\bar{\mathrm{a}}_0$ は点，$\bar{\mathrm{x}}^1=\overline{\mathrm{a}_0\mathrm{a}_1}$ は線分，$\bar{\mathrm{x}}^2=\overline{\mathrm{a}_0\mathrm{a}_1\mathrm{a}_2}$ は三角形，$\bar{\mathrm{x}}^3=\overline{\mathrm{a}_0\mathrm{a}_1\mathrm{a}_2\mathrm{a}_3}$ は四面体である．これらの場合に頂点の順序は問題にならない．例えば $\overline{\mathrm{a}_0\mathrm{a}_1}=\overline{\mathrm{a}_1\mathrm{a}_0}$ など．

$\bar{\mathrm{x}}^r$ の各点 a に対して (1.1) によって $r+1$ 個の実数の組 $(\lambda^0,\ \lambda^1,\ \cdots,\lambda^r)$

が一意に対応する．これを点 a の**重心座標**という．

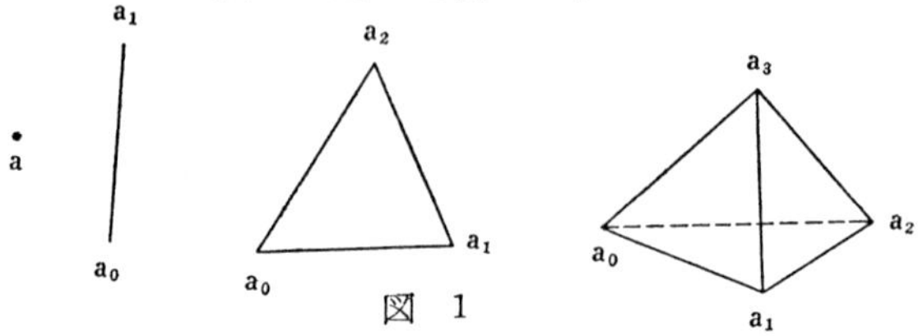

図　1

定理 1.1. 単体 $\bar{x}^r=\overline{a_0a_1\cdots a_r}$ は，$a_0, a_1, \cdots, a_r$ を含む最小の凸集合である．

ここに $\boldsymbol{R}^n$ の部分集合 M が**凸集合**であるとは，任意の $a\in M$, $b\in M$ に対して，a, b を結ぶ線分上のすべての点

$$c=\alpha a+\beta b \qquad (\alpha+\beta=1,\ \alpha,\beta\geqq 0) \tag{1.2}$$

が M に属することをいう．

証明. $a\in\bar{x}^r$, $b\in\bar{x}^r$ の重心座標をそれぞれ $(\lambda^0,\lambda^1,\cdots,\lambda^r)$, $(\mu^0,\mu^1,\cdots,\mu^r)$ とすると，(1.2) で表わされる点 c は，

$$\begin{cases} c=\sum_{i=0}^{r}(\alpha\lambda^i+\beta\mu^i)a_i, \\ \sum_{i=0}^{r}(\alpha\lambda^i+\beta\mu^i)=1; \qquad \alpha\lambda^i+\beta\mu^i\geqq 0 \end{cases}$$

となって $\bar{x}^r$ に属する．ゆえに $\bar{x}^r$ は凸集合である．

逆に $a_0, a_1, \cdots, a_r$ を含む任意の凸集合 M は $\bar{x}^r$ を含むことを証明しよう．$r=0$ のときは明白であるから，r に関する帰納法の仮定によって，$\bar{x}^{r-1}=\overline{a_0a_1\cdots a_{r-1}}\subset M$ とする．$\bar{x}^r$ の任意の点 $a\neq a_r$ を (1.1) で表わすと，

$$\begin{cases} a=(1-\lambda^r)b+\lambda^r a_r, \\ b=(\lambda^0a_0+\cdots+\lambda^{r-1}a_{r-1})/(1-\lambda^r) \end{cases}$$

と表わされる．$a_r\in M$, $b\in M$ であるから $a\in M$, すなわち $\bar{x}^r\subset M$ である．

重心座標の各成分が正なる点 a を単体 $\bar{x}^r$ の**内点**という．またある成分 λ^i が 0 なるとき，点 a を $\bar{x}^r$ の**境界点**という．線分 $\bar{x}^1$ の境界点は両端点，三角形 $\bar{x}^2$ の境界点は各辺上の点である．

$\bar{x}^r$ の頂点 $a_0, a_1, \cdots, a_r$ の中のある $k+1$ 個の点 $a_{i_0}, a_{i_1}, \cdots, a_{i_k}$ を頂点とする k 単体 $\bar{x}^k=\overline{a_{i_0}a_{i_1}\cdots a_{i_k}}$ を $\bar{x}^r$ の k 次元の辺と呼び，記号で

$$\bar{x}^k \prec \bar{x}^r$$

と表わす．$\bar{x}^r$ の辺 $\bar{x}^k$ の点はすべて $\bar{x}^r$ の境界点で，逆に $\bar{x}^r$ の境界点はある辺 $\bar{x}^k$ の点である．

$\bar{x}^r$ の k 次元の辺の個数は $\binom{r+1}{k+1}$ 個ある．例えば，$\bar{x}^1=\overline{a_0a_1}$ の辺は a_0, a_1, $\bar{x}^2=\overline{a_0a_1a_2}$ の 0 次元の辺は a_0, a_1, a_2, 1 次元の辺は $\overline{a_0a_1}$, $\overline{a_1a_2}$, $\overline{a_0a_2}$ である．

ユークリッド単体が集まってユークリッド複体が構成される．すなわち，有限個のユークリッド単体を要素とする集合 $\bar{K}$ が次の条件を満たすとき，**有限なユークリッド単体複体**または単に**ユークリッド複体**と呼ぶ：

（i） $\bar{K}$ に属する単体の任意の辺はまた $\bar{K}$ に属する；

（ii） $\bar{K}$ に属する二つの単体の交わりは両者に共通な辺で，従ってまた $\bar{K}$ に属する．

ユークリッド複体の例を示そう．

例 1. 一つの n 単体 $\bar{x}^n$ と，そのすべての辺 $\bar{x}^r{}_i$ $\left[r=0, 1, \cdots, n-1;\ i=1, 2, \cdots, \binom{n+1}{r+1}\right]$ の全体の作る集合は一つのユークリッド複体を作る．これを $\bar{K}(\bar{x}^n)$ と表わす．

例 2. 一つの n 単体 $\bar{x}^n$ の辺 $\bar{x}^r{}_i$ $(0\leqq r\leqq n-1)$ の全体の集合も一つのユークリッド複体をなす．これを $\bar{K}(\partial\bar{x}^n)$ と表わす．

例 3. 次の図 2 を構成するすべての単体の集合もユークリッド複体の例である．

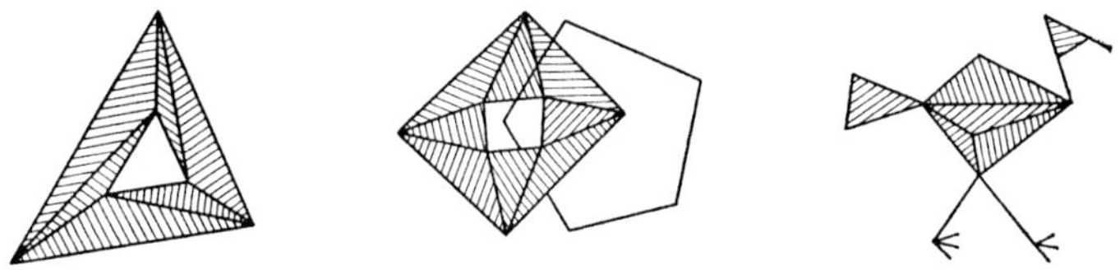

(i)　(ii)　(iii)

図 2

これに反して図 3 の例はユークリッド複体ではない．(i) においては，$\bar{x}^2{}_1\cap\bar{x}^2{}_2$ は $\bar{x}^2{}_2$ の辺であるが $\bar{x}^2{}_1$ の辺ではない．また (ii) においては，$\bar{x}^2$

の辺の中に $\overline{\mathrm{K}}$ に属さないものがあるからである.

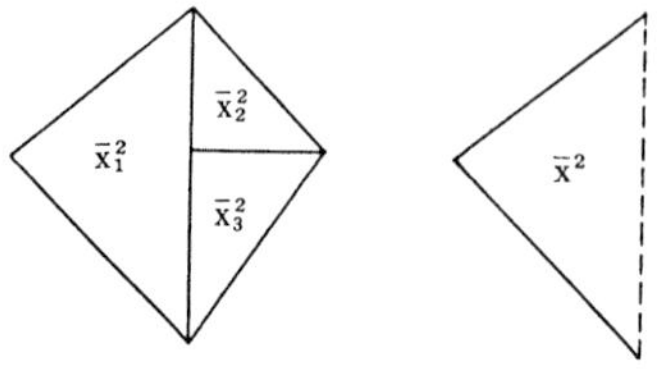

(i) 図 3 (ii)

ユークリッド複体について重要なのは次の同形の概念である.

二つのユークリッド複体 $\overline{\mathrm{K}}_1$ と $\overline{\mathrm{K}}_2$ とが同形であるとは, $\bar{x}^r{}_1 \in \overline{\mathrm{K}}_1$ に対して $f(\bar{x}^r{}_1) = \bar{x}^r{}_2 \in \overline{\mathrm{K}}_2$ が対応して, 次の条件を満たすことをいう:

(i) f により, $\overline{\mathrm{K}}_1$ の単体と $\overline{\mathrm{K}}_2$ の単体とは一対一に対応する.

(ii) $\overline{\mathrm{K}}_1$ において $\bar{x}^s{}_1 \prec \bar{x}^r{}_1$ ならば, $\overline{\mathrm{K}}_2$ において $f(\bar{x}^s{}_1) \prec f(\bar{x}^r{}_1)$ となり, 逆に $f(\bar{x}^s{}_1) \prec f(\bar{x}^r{}_1)$ ならば $\bar{x}^s{}_1 \prec \bar{x}^r{}_1$ となる.

以下本節で述べる定義や命題はすべて, 互いに同形なユークリッド複体に共通な性質である. いい換えれば, それらはすべて組合せ的な性質であるということになる.

ユークリッド複体 $\overline{\mathrm{K}}$ の部分集合 $\overline{\mathrm{K}}_1$ がまたユークリッド複体をなすとき, $\overline{\mathrm{K}}_1$ を $\overline{\mathrm{K}}$ の**部分複体**という. これはまた, $\bar{x}^n \in \overline{\mathrm{K}}_1$, $\bar{x}^r \prec \bar{x}^n$ ならば $\bar{x}^r \in \overline{\mathrm{K}}_1$ となることといってもよい. 例えば $\overline{\mathrm{K}}(\partial \bar{x}^n)$ は $\overline{\mathrm{K}}(\bar{x}^n)$ の部分複体である.

一般にユークリッド複体 $\overline{\mathrm{K}}$ に属する r 次元以下の単体全体の集合 $\overline{\mathrm{K}}^r$ は $\overline{\mathrm{K}}$ の部分複体である. $\overline{\mathrm{K}}^r$ を $\overline{\mathrm{K}}$ の $\boldsymbol{r}$ **切片**という. 例えば $\overline{\mathrm{K}}^0$ は $\overline{\mathrm{K}}$ に属する頂点全体の集合である.

$\bar{x}^n \in \overline{\mathrm{K}}$ が他のいかなる $\bar{x}^r \in \overline{\mathrm{K}}$ の辺にもならないとき, $\bar{x}^n$ を $\overline{\mathrm{K}}$ の**基本単体**と呼ぶ. 例えば $\overline{\mathrm{K}}(\bar{x}^n)$ の基本単体は $\bar{x}^n$ 一つであり, $\overline{\mathrm{K}}(\partial \bar{x}^n)$ の基本単体は $n+1$ 個の $n-1$ 単体である.

ユークリッド複体 $\overline{\mathrm{K}}$ に属する単体の次元の最大数を複体 $\overline{\mathrm{K}}$ の**次元**と呼ぶ. 例えば $\overline{\mathrm{K}}(\bar{x}^n)$ は n 次元, $\overline{\mathrm{K}}(\partial \bar{x}^n)$ は $n-1$ 次元である. 特に $\overline{\mathrm{K}}$ の基本単体の次元がすべて同一なるとき, $\overline{\mathrm{K}}$ は**同次**であるという. 例えば $\overline{\mathrm{K}}(\bar{x}^n)$, $\overline{\mathrm{K}}(\partial \bar{x}^n)$ は同次であるが, 図2の (ii), (iii) は同次ではない.

問 1. 単体 $\bar{x}^r$ の点 a に対して (1 1) を満足する $r+1$ 個の実数の組が2組あれば, それらは互いに一致することを証明せよ.

問 2. ユークリッド複体 $\overline{K}$ の部分複体 $\overline{K}_1, \overline{K}_2$ の共通集合（共通に含まれる単体の集合）$\overline{K}_1 \cap \overline{K}_2$，および $\overline{K}_1, \overline{K}_2$ の和集合 $\overline{K}_1 \cup \overline{K}_2$ もまた $\overline{K}$ の部分複体となることを証明せよ．（共通集合，和集合，および記号 $\cap, \cup$ などについては参考書［2］をみよ）

§ 2. 抽 象 複 体

§1においてユークリッド単体や複体についてしらべたが，このような幾何学的対象を代数学的理論に移す際に，単体がユークリッド空間の中の凸集合であるとか，複体はある次元のユークリッド空間内で単体が一定の関係の下につながりあったものである，というような幾何学的性質は不必要であって，もっと組合せ的な性質だけしか利用しない．そういうわけで，単体や複体の組合せ的な性質だけを保存しているようなものとして，次に述べる抽象単体や抽象複体を考えることにする．

いま頂点と呼ばれる元の有限集合 E が与えられているものとする．いくつかの頂点の集合 $\{a_0, a_1, \cdots, a_r\}$ は単体を構成するものと定められている．ただし $\{a_0, a_1, \cdots, a_r\}$ が単体を構成するならば，その任意の部分集合 $\{a_{i_0}, a_{i_1}, \cdots, a_{i_r}\}$ も単体を構成するものとする．このように抽象的に考えられた単体を**抽象単体**とよび，

$$x^r = \langle a_0, a_1, \cdots, a_r \rangle$$

と表わす．この場合にも頂点の順序は問題にされない．頂点の個数が $r+1$ 個であれば，この単体は $\boldsymbol{r}$ 次元であるという．また $x^k = \langle a_{i_0}, a_{i_1}, \cdots, a_{i_k} \rangle$ $(0 \leqq k \leqq r)$ を x^r の辺とよび，この関係を

$$x^k \prec x^r \tag{2.1}$$

と表わす．

抽象複体 K とは，(i) 有限個の抽象単体の集合であって，(ii) $x^r \in K$，$x^k \prec x^r$ ならば，$x^k \in K$ の成り立つものをいう．

二つの抽象複体 K_1 と K_2 との間に，関係 (2.1) を保存するような一対一対応があるとき，K_1 と K_2 とは同形であるという．その他，抽象複体の**部分複体**，**次元**，$\boldsymbol{r}$ **切片**，**同次性**などもユークリッド複体の場合と同様に定義でき

る.

特にユークリッド複体 $\bar{\mathrm{K}}$ に対して，その頂点の集合を E とし，$\overline{\mathrm{a}_0\mathrm{a}_1\cdots\mathrm{a}_r}\in\bar{\mathrm{K}}$ なるとき $\{\mathrm{a}_0,\mathrm{a}_1,\cdots,\mathrm{a}_r\}$ は一つの抽象単体をなすものと約束すれば，明らかに一つの抽象複体 K を生ずる．これをユークリッド複体 $\bar{\mathrm{K}}$ の定める抽象複体と呼ぶ．明らかに，二つのユークリッド複体 $\bar{\mathrm{K}}_1,\bar{\mathrm{K}}_2$ が同形なるための必要十分条件は，それらの定める抽象複体 $\mathrm{K}_1,\mathrm{K}_2$ が同形なることである．

逆に，与えられた抽象複体をある次元のユークリッド空間の中に実現する問題を考えよう．

任意の n 次元抽象複体 K^* に属する頂点の集合を $\{\mathrm{a}_0,\mathrm{a}_1,\cdots,\mathrm{a}_m\}$ とする．これに対して m 次元ユークリッド空間 $\boldsymbol{R}^m$ の中の独立な点 $\mathrm{e}_0,\mathrm{e}_1,\cdots,\mathrm{e}_m$ をとって，$\overline{\mathrm{e}_0\mathrm{e}_1\cdots\mathrm{e}_m}=\bar{\mathrm{x}}^m$ と書く．$\{\mathrm{a}_{i_0},\mathrm{a}_{i_1},\cdots,\mathrm{a}_{i_r}\}$ $(r\leqq n)$ が K^* に属する抽象単体 x^r を構成するとき，それに対応してユークリッド単体 $\bar{\mathrm{x}}^r=\overline{\mathrm{e}_{i_0}\mathrm{e}_{i_1}\cdots\mathrm{e}_{i_r}}$ を定める．このような $\{\bar{\mathrm{x}}^r\}$ の全体 $\bar{\mathrm{K}}$ は，複体 $\bar{\mathrm{K}}(\bar{\mathrm{x}}^m)$ の部分複体として一つのユークリッド複体をなす．明らかに，$\bar{\mathrm{K}}$ の定める抽象複体 K は K^* と同形である．すなわち

定理 2.1. 任意の抽象複体は，ある次元のユークリッド空間の中に実現できる．これを抽象複体の**幾何学的実現**という．二つの幾何学的実現は，ユークリッド複体として互いに同形である．

注意. この定理において，n 次元抽象複体を実現し得るユークリッド空間の次元数の最小値に興味がある．例えば1次元の K^* は $\boldsymbol{R}^3$ で必ず実現されるが，$\boldsymbol{R}^2$ では必ずしも実現されない．正四面体の六つの稜の作る1次元複体は $\boldsymbol{R}^2$ では実現し得ないからである．一般に n 次元抽象複体は $2n+1$ 次元ユークリッド空間の中に実現し得ることが証明できる(演習 参照).

以上の結果によって，抽象複体とユークリッド複体との実体的な区別はないことがわかった．それはただ取り扱い方の問題なのである．今後は単に単体，複体という語を用いて，抽象単体や抽象複体を考えるが，それらはユークリッド単体やユークリッド複体と考えてもよい．記号は抽象単体，抽象複体の記号を用いる．誤解の恐れはないものと思う．例えば§1の例1，例2は，それぞれ $\mathrm{K}(\mathrm{x}^n)$，$\mathrm{K}(\partial\mathrm{x}^n)$ などと表わす．

次に複体の連結性について述べる.

複体 K が**連結**であるとは, 二つの部分複体 K_1, K_2 の和集合 $K_1 \cup K_2$ が K に等しいならば, K_1, K_2 は少なくとも一つの頂点を共有することをいう. このことはまた次のように特徴づけることもできる.

定理 2.2. 複体 K が連結であるための必要十分条件は, K の任意の2頂点 a, b を結ぶ K の1次元単体の列

$$\langle a_0, a_1\rangle, \langle a_1, a_2\rangle, \cdots, \langle a_k, a_{k+1}\rangle \tag{2.2}$$

が存在することである. ここに $a_0=a$, $a_{k+1}=b$.

証明. K が共通の頂点をもたない二つの部分複体 K_1, K_2 の和集合であるとする. $a \in K_1$, $b \in K_2$ に対して (2.2) のような1次元単体の列が存在したとすると矛盾を生ずる. なぜなら, $\{a_0, a_1, \cdots, a_{k+1}\}$ のうち, $\{a_0, \cdots, a_{i-1}\}$ は K_1 に属し, a_i は K_2 に属するものとすれば, $\langle a_{i-1}, a_i\rangle$ は K_1 にも K_2 にも属し得ないからである.

逆に K のある2頂点 a, b が, (2.2) のような1次元単体の列で結び得ないとする. そのとき a と結び得る頂点全体の集合を E_1, 結び得ないものの集合を E_2 とすれば, $a \in E_1$, $b \in E_2$ である. ただし任意の頂点 a はすでにそれ自身 a と結ばれていることにする. いま E_i に属する元を頂点とする K の単体の集合を K_i $(i=1,2)$ とすると, 各 K_i は K の部分複体をなし, $K=K_1 \cup K_2$ となる. K_1 と K_2 とは共通の頂点をもたないから, K は連結でない.

一般に複体 K において, その二つの頂点 a と b とが (2.2) のような1次元単体の列で結ばれるとき,

$$a \sim b$$

と表わす. 関係 "∼" は同値律を満足するから, 互いに同値な頂点をひとまとめにして, K の頂点を同値類

$$E_1, E_2, \cdots, E_r$$

に分ける. そこで E_i の元を頂点とする K の単体全体の作る集合を K_i $(1 \leqq i \leqq r)$ とすると, K_i は K の部分複体をなす.

$$K=K_1 \cup K_2 \cup \cdots \cup K_r$$

となって，$i \neq j$ なる K_i と K_j とは共通の頂点をもたない．また定理 2.2 によって各 K_i は連結であって，K の任意の連結部分複体はある K_i と一致する．この $K_1, K_2, \cdots, K_r$ を K の**連結成分**という．

§1の例3の場合，図2の (ii) は二つの連結成分をもつが，(i) と (iii) とはただ一つの連結成分からなる，すなわち連結複体である．

問． 複体 K の各連結成分 K_i は K の部分複体であることを確かめよ．

§3．多　面　体

これまで考えてきたユークリッド複体はユークリッド単体の集合であって，それら相互の結びつきの関係をもっぱら問題にしてきた．それに対して，これをあるユークリッド空間の部分集合として考えるとき，多面体なる概念に達する．

ユークリッド空間 $\boldsymbol{R}^n$ の中の複体　$K=\{x_i;\ i=1, 2, \cdots, s\}$ に対して，ユークリッド単体 x_i を $\boldsymbol{R}^n$ の部分集合と考えて，$\boldsymbol{R}^n$ においてこれらすべての和集合を作り，これを

$$|K| = x_1 \cup x_2 \cup \cdots \cup x_s$$

と表わして，複体 K の**多面体**という．ゆえに |K| は $\boldsymbol{R}^n$ の部分集合である．それに対して複体 K を多面体 |K| の**単体分割**という．

注意． 相異なる二つの複体 K_1, K_2 に対して，$|K_1|=|K_2|$ となることもあり得る．なお，ここでいう多面体は，いわば直線または平面で囲まれた図形である．これに対して，曲面で囲まれた図形は位相多面体と呼ばれ，§17 において定義されるであろう．

§1の例3は，$\boldsymbol{R}^2$ または $\boldsymbol{R}^3$ の部分集合と見れば多面体の例である．多面体はユークリッド空間の部分集合として距離が定義されている．各単体 x_i は明らかに $\boldsymbol{R}^n$ の有界閉集合であるから，多面体 |K| もまた $\boldsymbol{R}^n$ の有界閉集合になる．従って多面体から多面体への一対一連続写像は常に位相写像である．[1]

次に単体写像という重要な概念を導入しよう．

多面体 |K| から |L| への写像 $\bar{f}$ が次の条件を満たすとき，f を |K| か

1）　証明は参考書［2］の定理 20.2 系2をみよ．

ら $|L|$ への**単体写像**と呼ぶ:

（i） $\bar{f}$ は多面体 $|K|$ の各頂点を多面体 $|L|$ のある頂点に写す.

（ii） K の任意の単体 $\langle a_0, a_1, \cdots, a_r\rangle$ に対して L の単体 $\langle b_0, b_1, \cdots, b_s\rangle$ が存在して,

$$\bar{f}(a_i) = b_{j_i} \qquad (i=0, 1, \cdots, r)$$

となる.

(iii) さらに, $\langle a_0, a_1, \cdots, a_r\rangle$ の任意の点 $a=\sum_{i=0}^{r}\lambda^i a_i$ ($\sum_{i=0}^{r}\lambda^i=1$, $\lambda^i \geqq 0$) は $\bar{f}$ によって点 $b=\sum_{i=0}^{r}\lambda^i b_{j_i}$ に写される.

まず, $b=\sum_{i=0}^{r}\lambda^i b_{j_i}$ は単体 $\langle b_0, b_1, \cdots, b_s\rangle$ の点であることを示そう. $b_{j_0}, b_{j_1}, \cdots, b_{j_r}$ の中には重複するものもあるであろうから, $\sum_{i=0}^{r}\lambda^i b_{j_i}$ の同類項を整理し, かつ係数が 0 の項を適当に補えば, $b=\sum_{j=0}^{s}\mu^j b_j$ の形に表わすことができる. 各 μ^j は有限個の負でない実数の和であるから $\mu^j \geqq 0$. また, 明らかに $\sum_{j=0}^{s}\mu^j=\sum_{i=0}^{r}\lambda^i=1$ である. これで証明できた.

次に, 単体写像 $\bar{f}$ は連続であることを証明しよう. 複体 K のすべての頂点を適当に並べたものを $\{a_1, a_2, \cdots, a_m\}$ とする. 各頂点 a_i に対して m 次元ユークリッド空間 $\boldsymbol{R}^m$ の第 i 軸上の単位ベクトル e_i をとる:

$$e_1=(1, 0, \cdots, 0), \qquad e_2=(0, 1, 0, \cdots, 0), \quad \cdots.$$

$\langle a_{i_0}, a_{i_1}, \cdots, a_{i_r}\rangle$ が複体 K の r 単体をなすとき, またそのときに限って $\langle e_{i_0}, e_{i_1}, \cdots, e_{i_r}\rangle$ は r 単体をなすものとすると, このような単体全体からなる集合は K と同形なユークリッド複体 K_0 をなす. K_0 は複体 $K(\langle e_1, e_2, \cdots, e_m\rangle)$ の部分複体で, 多面体 $|K_0|$ の任意の点 p は

$$p=\sum_{i=1}^{m}\lambda^i e_i \qquad \left(\sum_{i=1}^{m}\lambda^i=1,\ \lambda^i \geqq 0\right)$$

と一意に表わされる. このとき $(\lambda^1, \lambda^2, \cdots, \lambda^m)$ はちょうど点 p の(普通の意味の)座標と一致する. 写像 $g: |K_0| \to |K|$, $h: |K_0| \to |L|$ を上の p に対して,

$$g(p)=\sum_{i=1}^{m}\lambda^i a_i, \qquad h(p)=\sum_{i=1}^{m}\lambda^i \bar{f}(a_i)$$

と定義する．点 $g(\mathrm{p})$, $h(\mathrm{p})$ の各座標成分は変数 $(\lambda^1, \lambda^2, \cdots, \lambda^m)$ の線形結合であるから，写像 g, h はともに連続である．特に g は一対一写像であるから位相写像になる．g の逆写像を g^{-1} と表わすと，明らかに $\bar{f}=h\circ g^{-1}$ となる．よって $\bar{f}$ は連続写像である．

多面体 $|\mathrm{K}|$ から $|\mathrm{L}|$ への単体写像 $\bar{f}$ が与えられると，K の任意の単体 $\langle \mathrm{a}_0, \mathrm{a}_1, \cdots, \mathrm{a}_r\rangle$ に対して，集合 $\{\mathrm{b}_{j_0}, \mathrm{b}_{j_1}, \cdots, \mathrm{b}_{j_r}\}$ の元の中の相異なる頂点によって張られる L の単体 $\langle \mathrm{b}_{k_0}, \mathrm{b}_{k_1}, \cdots, \mathrm{b}_{k_t}\rangle$ を対応させることによって，複体 K から複体 L への写像 f が定義される．f は次の性質をもっている：

(3.1)　K において $\mathrm{x}^r \prec \mathrm{y}^s$ ならば，L において $f(\mathrm{x}^r)\prec f(\mathrm{y}^s)$

逆に，K の任意の r 単体 x^r に L のある r 次元以下の単体 $f(\mathrm{x}^r)$ を対応させる写像 f が (3.1) を満たすとき，f を複体 K から複体 L への単体写像と呼ぶことにする．K や L がユークリッド複体のとき，f は明らかに (i), (ii) を満たし，さらに (iii) によって多面体 $|\mathrm{K}|$ から多面体 $|\mathrm{L}|$ への連続写像 $\bar{f}$ に一意に拡張される．すなわち f は多面体 $|\mathrm{K}|$ から $|\mathrm{L}|$ への単体写像 $\bar{f}$ を一意に定める．

注意． 前述の条件 (i), (ii) は，複体 K から L への写像 f が単体写像なるための必要十分条件である．

ユークリッド複体 K からユークリッド複体 L への単体写像 f が一対一ならば，f は多面体 $|\mathrm{K}|$ から多面体 $|\mathrm{L}|$ への一対一連続写像 $\bar{f}$ に拡張される．よって次の定理が証明された．

定理 3.1． 多面体 P, Q の単体分割をそれぞれ K, L とする．K と L とが複体として同形ならば P と Q とは同相である．

単体写像の合成写像がまた単体写像になることは明白である．定理 3.1 によって，複体の組合せ的性質が多面体の位相的性質としての意味を持ってくる．一例として次の定理を挙げよう．

定理 3.2． 多面体 $\mathrm{P}=|\mathrm{K}|$ が連結集合であるための必要十分条件は，複体 K が連結複体なることである．

証明． 単体の各点は，常にその単体の任意の頂点と弧で結ぶことができる．

従って K が連結ならば，$P=|K|$ は弧状連結，従って連結集合である．

逆に，複体 K が連結成分 $K_1, K_2, \cdots, K_r$ $(r \geqq 2)$ に分けられるとする：$K=K_1 \cup K_2 \cup \cdots \cup K_r$．このとき明らかに $|K|=|K_1| \cup |K_2| \cup \cdots \cup |K_r|$ で，$i \neq j$ ならば $|K_i| \cap |K_j|=\phi$．しかも各 $|K_i|$ は $P=|K|$ の閉部分集合である．よって $P=|K|$ は連結でない．

一般に弧状連結集合は連結であるが，逆は必ずしも成立しない．しかしながら多面体においては逆も成立する．すなわち

系． 連結な多面体は弧状連結である．

問 1． 多面体 $|K|$ の各点 p に対して，p を内部に含むような K の単体が一意に定まることを証明せよ．これを点 p の**支持単体**という．

問 2． $K_1, K_2, \cdots, K_r$ を複体 K の連結成分とするとき，$|K|=|K_1| \cup |K_2| \cup \cdots \cup |K_r|$ および $|K_i| \cap |K_j|=\phi$ $(i \neq j)$ を確かめよ．

問　題　1

1． $\boldsymbol{R}^n$ の中の $r+1$ 個の点 $a_0, a_1, \cdots, a_r$ が独立であるための必要十分条件は，各頂点 a_i の座標を $(\tau_{1i}, \tau_{2i}, \cdots, \tau_{ni})$ とするとき，行列

$$A=\begin{pmatrix} 1 & 1 & \cdots & 1 \\ \tau_{10} & \tau_{11} & \cdots & \tau_{1r} \\ \tau_{20} & \tau_{21} & \cdots & \tau_{2r} \\ \vdots & \vdots & & \vdots \\ \tau_{n0} & \tau_{n1} & \cdots & \tau_{nr} \end{pmatrix}$$

の階数が $r+1$ に等しいことである．これを証明せよ．

2． $\boldsymbol{R}^m$ の中の N 個の点のうち，任意の $r+1$ 個 $(r \leqq m)$ の点が独立であるとき，それらの N 個の点は**一般の位置**にあるという．任意の正の整数 N に対して，$\boldsymbol{R}^m$ の中に一般の位置にある N 個の点をとることができる．これを証明せよ．

3． r 単体 $x^r=\langle a_0, a_1, \cdots, a_r \rangle$ が，別の一組の頂点 $\{b_0, b_1, \cdots, b_s\}$ に関する重心座標によって表わされる点全体の集合に等しければ，$s=r$ で，$\{b_0, b_1, \cdots, b_r\}$ は $\{a_0, a_1, \cdots, a_r\}$ を適当に並べ換えたものに過ぎないことを示せ．

4． $\boldsymbol{R}^n$ の中の単体 $x^r=\langle a_0, a_1, \cdots, a_r \rangle$ を含む最小のアファイン空間 $\boldsymbol{A}$ は $\boldsymbol{R}^n$ の部分集合として位相空間と考えられる（参考書［2］参照）．x^r の点 $a=\lambda^0 a_0+\lambda^1 a_1+\cdots+\lambda^r a_r$ $(\lambda^i>0)$ はこの位相に関する内点であり，ある番号 i に関して $\lambda^i=0$ となる点は，この位相に関する境界点なることを証明せよ．

5． 集合 S の有限被覆 $\{X_i\}_{i=1}^m$ がある．各元 X_i を K の頂点と呼び，$X_{i_0} \cap X_{i_1} \cap \cdots$

$\cap X_{i_r} \neq \phi$ のとき，$\langle X_{i_0}, X_{i_1}, \cdots, X_{i_r} \rangle$ は K の r 単体をなすものと定める．K は一つの抽象複体をなすことを示せ．

6. 任意の n 次元抽象複体 K* に対して，$2n+1$ 次元ユークリッド空間 $\boldsymbol{R}^{2n+1}$ の中の適当な n 次元ユークリッド複体 $\bar{K}$ を作って，$\bar{K}$ の定める抽象複体 K と K* とが同形となるようにできることを証明せよ．

7. 単体写像の合成写像は単体写像であることを証明せよ．

8. 単体写像 $\bar{f}:|K| \to |L|$ は，複体 K から L への単体写像 f を定める．この f は $|K|$ の各点 p の支持単体を，$\bar{f}(p)$ の L における支持単体に写すことを証明せよ．

第2章　ホモロジー群

§ 4. 単体の向き

単体 x^n が**向きづけられている**とは，x^n の $n+1$ 個の頂点の一定の順列 $(\mathrm{a}_0, \mathrm{a}_1, \cdots, \mathrm{a}_n)$ が定められていることをいう．また $n \geqq 1$ の場合に，頂点の二つの順列 $(\mathrm{a}_0, \mathrm{a}_1, \cdots, \mathrm{a}_n)$ と $(\mathrm{a}_{i_0}, \mathrm{a}_{i_1}, \cdots, \mathrm{a}_{i_n})$ とにおいて，置換

$$\mathrm{T} = \begin{pmatrix} 0, 1, & \cdots, n \\ i_0, i_1, & \cdots, i_n \end{pmatrix}$$

が偶置換であるとき，この二つの向きは同一であるといい，Tが奇置換であるとき，互いに逆向きであるという．向きづけられた単体を

$$x^n = (\mathrm{a}_0, \mathrm{a}_1, \cdots, \mathrm{a}_n)$$

で表わし，逆に向きづけられた単体を $-x^n$ と表わす．置換 T が偶置換ならば $\mathrm{sgn}\,\mathrm{T} = +1$，奇置換ならば $\mathrm{sgn}\,\mathrm{T} = -1$ と定義すると，一般に

$$(\mathrm{a}_{i_0}, \mathrm{a}_{i_1}, \cdots, \mathrm{a}_{i_n}) = \mathrm{sgn}\,\mathrm{T}(\mathrm{a}_0, \mathrm{a}_1, \cdots, \mathrm{a}_n)$$

が成り立つ．x^n および $-x^n$ を向きづけられた単体という．これに対して，単体の頂点の順序を問題にしない場合には x^n と表わすことにする．0次元単体の向きはただ一つであり，従って $+$，$-$ の区別はない．

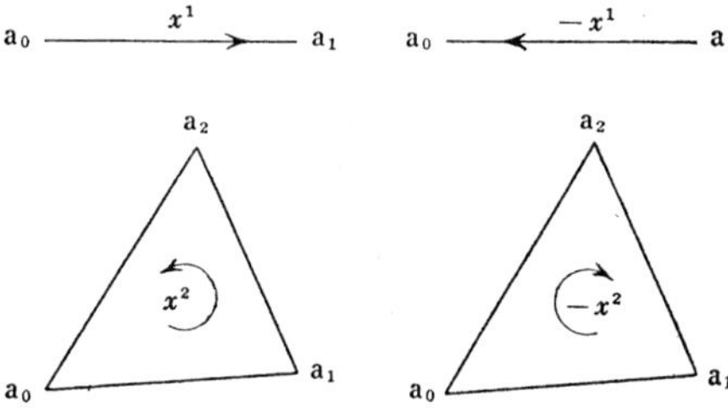

図 4

向きづけられた1次元および2次元単体は，図4のように矢印で表示される．すなわち $x^1 = (\mathrm{a}_0, \mathrm{a}_1)$ は a_0 より a_1 に向かう矢印で向きを示し，$x^2 = (\mathrm{a}_0, \mathrm{a}_1, \mathrm{a}_2)$ は $\mathrm{a}_0, \mathrm{a}_1, \mathrm{a}_2$ の順に矢印をつけて向きを表わす．

次に向きづけられた単体 x^n $(n \geqq 1)$ と，その向きづけられた辺単体 x^{n-1} の間の**結合係数** $[x^n : x^{n-1}]$ を次のように定義する：$x^n = (\mathrm{a}_0, \mathrm{a}_1, \cdots, \mathrm{a}_n)$，$x^{n-1} = \varepsilon(\mathrm{a}_0, \cdots, \hat{\mathrm{a}}_k, \cdots, \mathrm{a}_n)$ $(\varepsilon = \pm 1$; $\hat{\mathrm{a}}_k$ は a_k が欠けていることを表わす$)$ に

対して

$$[x^n : x^{n-1}] = (-1)^k \varepsilon.$$

右辺の値が x^n の表わし方(頂点の並べ方)によらぬ一定の値であること，および次の式の成り立つことが簡単な計算によって確かめられる：

$$[-x^n : x^{n-1}] = [x^n : -x^{n-1}] = -[x^n : x^{n-1}].$$

次に複体 K の二つの単体 x^n, x^{n-1} において，x^{n-1} が x^n の辺になっていないときは

$$[x^n : x^{n-1}] = 0$$

と定義する．

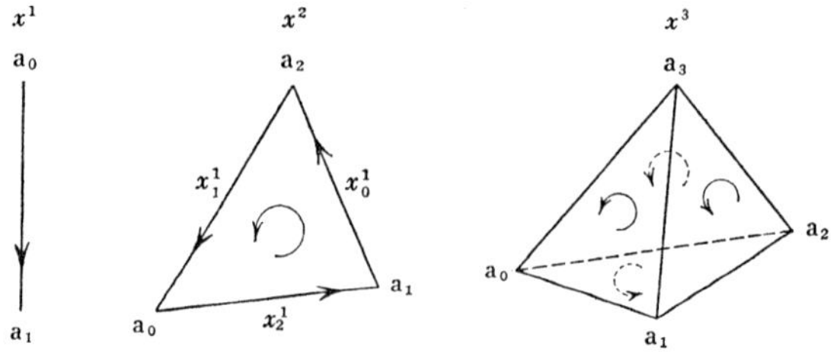

図　5

$x^1 = (a_0, a_1)$，$x^0{}_0 = a_0$，$x^0{}_1 = a_1$ に対しては，$[x^1 : x^0{}_0] = -1$，$[x^1 : x^0{}_1] = +1$.

$x^2 = (a_0, a_1, a_2)$，$x^1{}_0 = (a_1, a_2)$，$x^1{}_1 = (a_2, a_0)$，$x^1{}_2 = (a_0, a_1)$ に対しては，$[x^2 : x^1{}_0] = [x^2 : x^1{}_1] = [x^2 : x^1{}_2] = +1$.

$x^3 = (a_0, a_1, a_2, a_3)$，$x^2{}_0 = (a_1, a_2, a_3)$，$x^2{}_1 = (a_0, a_2, a_3)$，$x^2{}_2 = (a_0, a_1, a_3)$，$x^2{}_3 = (a_0, a_1, a_2)$ に対しては，$[x^3 : x^2{}_0] = [x^3 : x^2{}_2] = +1$, $[x^3 : x^2{}_1] = [x^3 : x^2{}_3] = -1$ である．

問. (i) 上の例において，x^3 の各2次元辺単体を，$[x^3 : x^2{}_i] = +1$ となるように向きづけよ．

(ii) x^3 の任意の1次元辺単体 x^1 は，二つの2次元辺単体 $x^2{}_i$ と $x^2{}_j$ とに共通の辺である．$[x^3 : x^2{}_i] = [x^3 : x^2{}_j]$ となるように $x^2{}_i$, $x^2{}_j$ に向きをつけると $[x^2{}_i : x^1] = -[x^2{}_j : x^1]$ となることを示せ．

(iii) 上の事実を x^n の任意の $n-2$ 次元辺単体の場合に拡張せよ．

§5. 鎖　　群

複体から代数的な対象である自由アーベル群を構成したものが鎖群である．今後整数全体の集合を $\boldsymbol{Z}$ で表わす．

複体 K に属する r 単体に向きをつけて $x^r{}_1, x^r{}_2, \cdots x^r{}_m$ とする．これらを自由生成元とする自由アーベル群を K の r **鎖群**と呼び，$C_r(\mathrm{K})$ と表わす．今後群の演算を加法で表わすことにする．$C_r(\mathrm{K})$ の元

$$c^r = t^1 x^r{}_1 + t^2 x^r{}_2 + \cdots + t^m x^r{}_m \qquad (t^i \in \boldsymbol{Z}) \tag{5.1}$$

を r 鎖という．

すなわち，$C_r(\mathrm{K})$ の各元 c^r は線形結合 (5.1) の形に一意に表わされ，$c^r{}_1 = \sum_{i=1}^{m} t^i x^r{}_i$ と $c^r{}_2 = \sum_{i=1}^{m} s^i x^r{}_i$ との和を，$c^r{}_1 + c^r{}_2 = \sum_{i=1}^{m} (t^i + s^i) x^r{}_i$ と定義する．特に x^r と逆の向きをもつ r 単体 $-x^r$ を $(-1)x^r$ と同一視する．

(5.1) において特にすべての $t^i=0$ なるとき，c^r を零鎖と呼んで 0 と表わす．複体 K が n 次元ならば，$C_0(\mathrm{K}), C_1(\mathrm{K}), \cdots, C_n(\mathrm{K})$ が定義される．$r<0$ および $r>n$ なる r に対しては，$C_r(\mathrm{K})=0$ と定めることにする．

直和 $\sum_r C_r(\mathrm{K})$ を複体 K の**鎖群**と呼び $C(\mathrm{K})$ と表わす．後に我々は一般のアーベル群を係数とする鎖群を考える．これに対して今考えた鎖群を**整係数鎖群**と呼び，$C_r(\mathrm{K}, \boldsymbol{Z})$，$C(\mathrm{K}, \boldsymbol{Z})$ などと表わす．

K の向きづけられた単体 x^r $(r \geqq 1)$ に対して

$$\partial x^r = \sum_i [x^r : x^{r-1}{}_i] x^{r-1}{}_i \tag{5.2}$$

と定義する．ここに $x^{r-1}{}_i$ は K に属する $r-1$ 単体全体を動くものとする．x^r の辺でない x^{r-1} に対して結合係数 $[x^r : x^{r-1}]=0$ であったから，向きづけられた単体 $x^r = (\mathrm{a}_0, \mathrm{a}_1, \cdots, \mathrm{a}_r)$ に対して (5.2) は実際に

$$\partial x^r = \sum_{i=0}^{r} (-1)^i (\mathrm{a}_0, \cdots, \hat{\mathrm{a}}_i, \cdots, \mathrm{a}_r)$$

となる．

0 単体 x^0 に対しては $\partial x^0 = 0$ とおき，一般に $c^r = \sum_i t^i x^r{}_i \in C_r(\mathrm{K})$ に対して

$$\partial c^r = \sum_i t^i (\partial x^r{}_i)$$

と定義する．明らかに対応 $c^r \to \partial c^r$ は，アーベル群 $C_r(\mathrm{K})$ から $C_{r-1}(\mathrm{K})$ への準同形

$$\partial : C_r(\mathrm{K}) \to C_{r-1}(\mathrm{K})$$

を与える．∂ を**境界作用素**という．次元を示す必要があれば ∂_r と書く．∂x^r, ∂c^r をそれぞれ x^r, c^r の**境界**という．

$x^2 = (\mathrm{a}_0, \mathrm{a}_1, \mathrm{a}_2)$ とすれば $\partial x^2 = (\mathrm{a}_1, \mathrm{a}_2) - (\mathrm{a}_0, \mathrm{a}_2) + (\mathrm{a}_0, \mathrm{a}_1)$，従って $\partial(\partial x^2) = (\mathrm{a}_2 - \mathrm{a}_1) - (\mathrm{a}_2 - \mathrm{a}_0) + (\mathrm{a}_1 - \mathrm{a}_0) = 0$ となる．一般に $\partial \circ \partial = 0$ の成立することが境界作用素の重要な性質である．

定理 5.1. 任意の r 鎖 $c^r \in C_r(\mathrm{K})$ に対して

$$\partial(\partial c^r) = 0$$

が成り立つ．

証明. K の各 r 単体 $x^r = (\mathrm{a}_0, \mathrm{a}_1, \cdots, \mathrm{a}_r)$ に対して，$\partial(\partial x^r) = 0$ を示せばよい．

$$x_p^{r-1} = (\mathrm{a}_0, \cdots, \hat{\mathrm{a}}_p, \cdots, \mathrm{a}_r),$$

$$x_{p,q}^{r-2} = (\mathrm{a}_0, \cdots, \hat{\mathrm{a}}_p, \cdots, \hat{\mathrm{a}}_q, \cdots, \mathrm{a}_r) \qquad (p<q)$$

としよう．

$$\partial x^r = \sum_{i=0}^{r} (-1)^i x^{r-1}{}_i,$$

$$\partial x^{r-1}{}_i = \sum_{j=0}^{i-1} (-1)^j x_{j,i}^{r-2} + \sum_{j=i+1}^{r} (-1)^{j-1} x_{i,j}^{r-2},$$

従って

$$\partial(\partial x^r) = \sum_{j<i} (-1)^{i+j} x_{j,i}^{r-2} - \sum_{i<j} (-1)^{i+j} x_{i,j}^{r-2} = 0.$$

これで証明できた．

次の，鎖群と境界作用素との系列を考えよう：

$$C_{r+1}(\mathrm{K}) \xrightarrow{\partial_{r+1}} C_r(\mathrm{K}) \xrightarrow{\partial_r} C_{r-1}(\mathrm{K}).$$

準同形 ∂_r の核 $\mathrm{Ker}\,\partial_r = \{c^r \in C_r(\mathrm{K})\,;\ \partial c^r = 0\}$ は，$C_r(\mathrm{K})$ の部分群をなす．これを（整係数）$\boldsymbol{r}$ **輪体群**と呼び，$Z_r(\mathrm{K}, \boldsymbol{Z})$ または単に $Z_r(\mathrm{K})$ と表わす．

$Z_r(\mathrm{K})$ の元を（整係数）**r 輪体**という．

準同形 ∂_{r+1} の像 $\mathrm{Im}\partial_{r+1}=\{\partial c^{r+1}\in C_r(\mathrm{K})\,;\ c^{r+1}\in C_{r+1}(\mathrm{K})\}$ は，$C_r(\mathrm{K})$ の部分群であるが，定理 5.1 によれば $Z_r(\mathrm{K})$ の部分群をなす．これを（整係数）**r 境界輪体群**と呼び，$B_r(\mathrm{K}, \boldsymbol{Z})$ または単に $B_r(\mathrm{K})$ と表わす．$B_r(\mathrm{K})$ の元を（整係数）**r 境界輪体**という．

特に 0 次元では $Z_0(\mathrm{K})=C_0(\mathrm{K})$ であり，また K が n 次元複体ならば $B_n(\mathrm{K})=0$ である．直和 $\sum_r Z_r(\mathrm{K})$，$\sum_r B_r(\mathrm{K})$ をそれぞれ複体 K の（整係数）**輪体群**，（整係数）**境界輪体群**と呼んで，$Z(\mathrm{K}, \boldsymbol{Z})$，$B(\mathrm{K}, \boldsymbol{Z})$ または単に $Z(\mathrm{K})$，$B(\mathrm{K})$ と表わす．

問 1. $x^3=\langle a_0, a_1, a_2, a_3\rangle$ なるとき，複体 K (∂x^3) の鎖群，輪体群，境界輪体群を求めよ．

問 2. 複体 K の部分複体 $\mathrm{K}_1, \mathrm{K}_2$ の鎖群に関して

$$C(\mathrm{K}_1\cup\mathrm{K}_2)=C(\mathrm{K}_1)+C(\mathrm{K}_2),$$
$$C(\mathrm{K}_1\cap\mathrm{K}_2)=C(\mathrm{K}_1)\cap C(\mathrm{K}_2)$$

が成立することを証明せよ．

§6. 整係数ホモロジー群

以上の準備によって，位相幾何学における最も重要な概念の一つであるホモロジー群を定義することができる．

複体 K に対して，剰余群

$$H_r(\mathrm{K})=Z_r(\mathrm{K})/B_r(\mathrm{K})$$

を，K の**整係数 r 次元ホモロジー群**と呼び，$H_r(\mathrm{K}, \boldsymbol{Z})$ または単に $H_r(\mathrm{K})$ と表わす．複体 K が n 次元ならば $r>n$ および $r<0$ なる r に対して，$Z_r(\mathrm{K})=B_r(\mathrm{K})=0$，従って $H_r(\mathrm{K})=0$ である．直和 $\sum_r H_r(\mathrm{K})=H(\mathrm{K})$ を複体 K の**整係数ホモロジー群**と呼び，$H(\mathrm{K}, \boldsymbol{Z})$ と表わすこともある．

r 輪体 z^r の属するホモロジー群の元を z^r の**ホモロジー類**と呼び，$\{z^r\}$ と表わす．${z^r}_1$ と ${z^r}_2$ とが同じホモロジー類に属するとき，すなわち ${z^r}_1-{z^r}_2\in B_r(\mathrm{K})$ なるとき，${z^r}_1$ と ${z^r}_2$ とは**ホモローグ**であるといい，

$${z^r}_1\sim{z^r}_2$$

と書く．r 次元ホモロジー群は，r 輪体のホモロジー類の作るアーベル群と考えることができる．

ホモロジー群の構造や，種々の複体のホモロジー群を実際に求めることは後に譲って，ここではホモロジー群の概念を了解するために，きわめて簡単な例について考えてみよう．

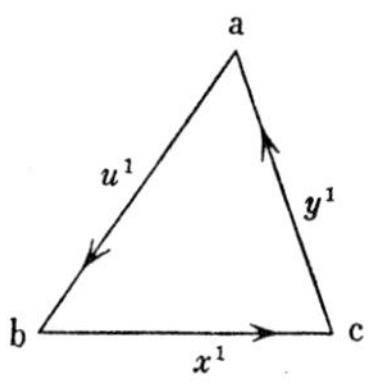

図　6

図6のような1次元複体 K のホモロジー群を計算しよう．

$$z^1 = x^1 + y^1 + u^1$$

とおくと，

$$\partial z^1 = (\mathrm{c}-\mathrm{b}) + (\mathrm{a}-\mathrm{c}) + (\mathrm{b}-\mathrm{a}) = 0$$

である．逆に任意の1鎖 $c^1 = \alpha x^1 + \beta y^1 + \gamma u^1$ に対して

$$\partial c^1 = (\beta-\gamma)\mathrm{a} + (\gamma-\alpha)\mathrm{b} + (\alpha-\beta)\mathrm{c} = 0$$

となるのは，$\alpha=\beta=\gamma$ となるとき，すなわち $c^1 = \alpha z^1$ $(\alpha \in \boldsymbol{Z})$ に限る．ゆえに $Z_1(\mathrm{K})$ は z^1 を基とする無限巡回群である．$B_1(\mathrm{K})=0$ であるから，$H_1(\mathrm{K}) = Z_1(\mathrm{K})/B_1(\mathrm{K})$ もまた無限巡回群である．

次に $Z_0 = C_0$ である．$\partial x^1 = \mathrm{c}-\mathrm{b}$，$\partial y^1 = \mathrm{a}-\mathrm{c}$，$\partial u^1 = \mathrm{b}-\mathrm{a}$ であるから，$\mathrm{a} \sim \mathrm{b} \sim \mathrm{c}$．従って任意の0鎖 $c^0 = \alpha\mathrm{a} + \beta\mathrm{b} + \gamma\mathrm{c} \sim (\alpha+\beta+\gamma)\mathrm{a}$ は，$\alpha+\beta+\gamma=0$ なるときに限って0とホモローグとなる．ゆえに各々のホモロジー類は，ちょうど一つの $\alpha\mathrm{a}$ $(\alpha \in \boldsymbol{Z})$ を含む．従って H_0 も無限巡回群となる．結局

$$H_1(\mathrm{K}) \cong \{\alpha z^1;\ \alpha \in \boldsymbol{Z}\} \cong \boldsymbol{Z},$$

$$H_0(\mathrm{K}) \cong \{\alpha\mathrm{a};\ \alpha \in \boldsymbol{Z}\} \cong \boldsymbol{Z}.$$

この例において，0次元ホモロジー群の計算は，一般に連結複体の場合に拡張できることが予想される．

複体 K の0単体を $\{x^0{}_1, x^0{}_2, \cdots, x^0{}_m\}$ とすると，K の各0鎖 $c^0 = t^1 x^0{}_1 + t^2 x^0{}_2 + \cdots + t^m x^0{}_m$ $(t^i \in \boldsymbol{Z})$ に対して

(6.1)　$$KI(c^0) = t^1 + t^2 + \cdots + t^m$$

を**クロネッカーの指数**と呼ぶ．対応 $c^0 \to KI(c^0)$ は明らかに全射準同形

(6.2)　$$\varepsilon : C_0(\mathrm{K}) \to \boldsymbol{Z}$$

を与える.

補題 6.1. 連結複体 K において, $c^0\sim 0$ であるための必要十分条件は $KI(c^0)=0$ なることである.

証明. K の各 1 次元単体 $x^1=(\mathrm{a},\mathrm{b})$ に対して $KI(\partial x^1)=KI(\mathrm{b}-\mathrm{a})=0$ であるから, 条件の必要なることは明白である. 逆を証明しよう.

K は連結であるから定理 2.2 により, 任意の 2 頂点 a, b に対して K の 1 単体の列

$$(\mathrm{a},\mathrm{a}_1),\ (\mathrm{a}_1,\mathrm{a}_2),\ \cdots,\ (\mathrm{a}_k,\mathrm{b})$$

がある. 従って $\mathrm{a}\sim\mathrm{a}_1\sim\mathrm{a}_2\sim\cdots\sim\mathrm{a}_k\sim\mathrm{b}$, すなわち

$$x^0{}_i\sim x^0{}_1 \qquad (i=2,3,\cdots,m).$$

ゆえに各 0 鎖 c^0 は $KI(c^0)\cdot x^0{}_1$ とホモローグであるから, $KI(c^0)=0$ ならば $c^0\sim 0$. これで証明できた.

(6.2) の準同形の核 $\varepsilon^{-1}(0)$ は $B_0(\mathrm{K})$ である. 一方 $C_0(\mathrm{K})=Z_0(\mathrm{K})$ であるから次の系を得る.

系. K が連結複体ならば, $H_0(\mathrm{K})\cong \boldsymbol{Z}$.

次に複体の連結成分とホモロジー群の関係を考察しよう.

定理 6.2. $\mathrm{K}_1, \mathrm{K}_2$ を複体 K の連結成分とすれば, 各整数 r に対して

$$H_r(\mathrm{K})=H_r(\mathrm{K}_1)+H_r(\mathrm{K}_2)$$

と直和分解される.

証明. K の r 鎖群が

$$C_r(\mathrm{K})=C_r(\mathrm{K}_1)+C_r(\mathrm{K}_2)$$

と直和分解されることは明白であろう. すなわち K の各 r 鎖は

$$c^r=c^r{}_1+c^r{}_2 \qquad (c^r{}_1\in C_r(\mathrm{K}_1),\ c^r{}_2\in C_r(\mathrm{K}_2)) \tag{6.3}$$

と一意に表わされる. 特に K の r 輪体は

$$z^r=z^r{}_1+z^r{}_2 \qquad (z^r{}_1\in C_r(\mathrm{K}_1),\ z^r{}_2\in C_r(\mathrm{K}_2))$$

と一意に表わされる. (6.3) の一意性によって

$$\partial z^r=\partial z^r{}_1+\partial z^r{}_2=0$$

から, $\partial z^r{}_1=\partial z^r{}_2=0$ が導かれる. すなわち

$$Z_r(\mathrm{K})=Z_r(\mathrm{K}_1)+Z_r(\mathrm{K}_2)$$

と直和分解される．同様にして K の境界輪体群も

$$B_r(\mathrm{K})=B_r(\mathrm{K}_1)+B_r(\mathrm{K}_2)$$

と直和分解される．従って剰余群 $Z_r(\mathrm{K})/B_r(\mathrm{K})$ もまた

$$H_r(\mathrm{K})=H_r(\mathrm{K}_1)+H_r(\mathrm{K}_2)$$

と直和分解される．

帰納法によって一般に次の系を得る．

系 1. $\mathrm{K}_1, \mathrm{K}_2, \cdots, \mathrm{K}_m$ を複体 K の連結成分とすると，

$$H(\mathrm{K})=\sum_{i=1}^{m} H(\mathrm{K}_i) \quad (\text{直和}).$$

複体のホモロジー群を計算するには，その各々の連結成分のホモロジー群を求めればよいことがわかった．補題 6.1 の系により，特に 0 次元の場合には

系 2. 複体 K が m 個の連結成分の和集合ならば

$$H_0(\mathrm{K})\cong \boldsymbol{Z}+\cdots+\boldsymbol{Z} \quad (m\ \text{個の直和}).$$

第 4 章において証明されるように，ホモロジー群は一つの位相的不変量である．一層詳しくいえば次の定理が成立する．

定理 6.3. 二つの多面体 $\mathrm{P}=|\mathrm{K}|$, $\mathrm{Q}=|\mathrm{L}|$ が同相ならば，複体 K, L のホモロジー群は同形である．すなわち各整数 r に対して

$$H_r(\mathrm{K})\cong H_r(\mathrm{L}).$$

この定理によれば，少なくともある整数 r に関して

$$H_r(\mathrm{K})\ncong H_r(\mathrm{L})$$

ならば，多面体 $\mathrm{P}=|\mathrm{K}|$ と $\mathrm{Q}=|\mathrm{L}|$ とは同相ではない．例えば連結成分の個数の相異なる二つの多面体は同相ではあり得ない．

注意. ホモロジー群の重要性はそれが位相的不変量なる点にある．しからばホモロジーは二つの多面体が同相なるための十分条件になり得るであろうか．多面体が特に 2 次元の閉曲面ならばこのことの正しいことがよく知られているが（例えば，参考書［6］をみよ），一般には正しくないことをすでにポアンカレが指摘した．そこでさらに異種の位相的不変量として，第 5 章以下に述べるホモトピー群が考案されるようになったが，なおかつ，この問題の全面的解決にはほど遠い．

問 1. n 次元複体の n 次元整係数ホモロジー群は常に 0 または自由アーベル群である

ことを示せ.

問 2. 図7に示される1次元複体の整係数ホモロジー群を求めよ.

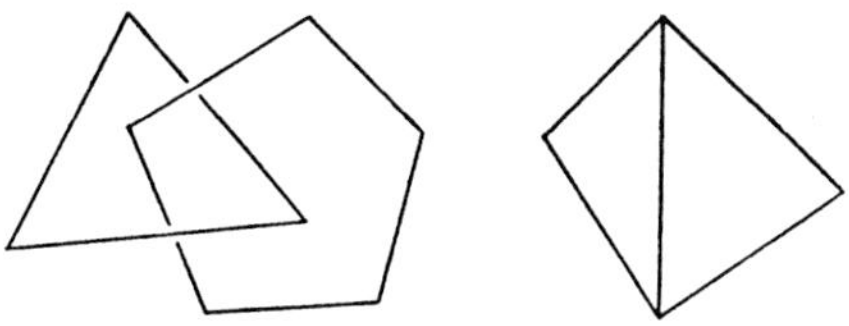

(i) (ii)

図 7

§7. 整係数ホモロジー群の構造

整係数ホモロジー群の構造について立ち入ってしらべてみよう. それにはアーベル群に関する知識を必要とする.

一般にアーベル群 G の各元 g が, (有限個の)元の組 $(g_1, g_2, \cdots, g_m)$ の線形結合

$$g = t^1 g_1 + t^2 g_2 + \cdots + t^m g_m \qquad (t^i \in \boldsymbol{Z})$$

として表わされるとき, G は**有限生成**であるといい, $(g_1, g_2, \cdots, g_m)$ を G の**生成系**という. Gが有限生成であれば, その任意の部分群および剰余群もまた有限生成であることが知られる(演習 参照).

K を有限個の単体からなる複体とすれば, 鎖群 $C(\mathrm{K})$ は明らかに有限生成であるから, 輪体群 $Z(\mathrm{K})$, 境界輪体群 $B(\mathrm{K})$, ホモロジー群 $H(\mathrm{K})$ などはすべて有限生成である.

以下, 複体 K を固定して, $C_r(\mathrm{K}) = C_r$, $Z_r(\mathrm{K}) = Z_r$, $B_r(\mathrm{K}) = B_r$, $H_r(\mathrm{K}) = H_r$ と略記しよう.

任意の整数 $t \neq 0$ に対して $tz \in Z_r$ ならば, $z \in Z_r$ でなくてはならない. このことから Z_r は C_r の直和因子で

$$C_r = Z_r + A_r \quad (\text{直和})$$

となることがわかる. $\partial C_r = B_{r-1}$ であるから

$$A_r \cong B_{r-1}.$$

B_r は自由アーベル群 C_r の部分群であるから, C_r の基を適当に選んで, Z_r,

B_r の基としてそれぞれ

$$Z_r : a^r{}_i, b^r{}_j, c^r{}_k \qquad (1 \leqq i \leqq \beta(r),\ 1 \leqq j \leqq \sigma(r),\ 1 \leqq k \leqq \rho(r)),$$

$$B_r : a^r{}_i, \tau^r{}_j b^r{}_j \qquad (1 \leqq i \leqq \beta(r),\ 1 \leqq j \leqq \sigma(r)) \qquad (\tau^r{}_j \in \boldsymbol{Z})$$

をとり，しかも，$\tau^r{}_j > 1$，$\tau^r{}_j | \tau^r{}_{j+1}$ $(1 \leqq j < \sigma(r))$ となるようにすることができる(演習 参照)．従って

補題 7.1. C_r の基として

$$a^r{}_i,\ b^r{}_j,\ c^r{}_k,\ d^r{}_l,\ e^r{}_m$$

$(1 \leqq i \leqq \beta(r), 1 \leqq j \leqq \sigma(r), 1 \leqq k \leqq \rho(r), 1 \leqq l \leqq \beta(r-1), 1 \leqq m \leqq \sigma(r-1))$

をとり，

$$\begin{cases} \partial a^r{}_i = 0, & a^r{}_i = \partial d^{r+1}{}_i, \\ \partial b^r{}_j = 0, & \tau^r{}_j b^r{}_j = \partial e^{r+1}{}_j, \\ \partial c^r{}_k = 0, & \\ \partial d^r{}_l = a^{r-1}{}_l, & \\ \partial e^r{}_m = \tau^{r-1}{}_m b^{r-1}{}_m & (\tau^r{}_j \in \boldsymbol{Z},\ \tau^r{}_j > 1,\ \tau^r{}_j | \tau^r{}_{j+1}) \end{cases}$$

となるように選ぶことができる．これを鎖群の**標準基**と呼ぶ．

$H_r = Z_r / B_r$ であるから次の定理が成り立つ．

定理 7.2. 整係数ホモロジー群は

$$H_r(\mathrm{K}) = U_1 + \cdots + U_{\rho(r)} + V_1 + \cdots + V_{\sigma(r)}$$

と直和分解される．ここに

$$U_i \cong \boldsymbol{Z} \qquad (\text{無限巡回群}) \qquad (1 \leqq i \leqq \rho(r)),$$

$$V_j \cong \boldsymbol{Z} / \tau^r{}_j \boldsymbol{Z} \qquad (\text{位数 } \tau^r{}_j \text{ の巡回群}) \qquad (1 \leqq j \leqq \sigma(r)),$$

$$\tau^r{}_j | \tau^r{}_{j+1} \qquad (1 \leqq j < \sigma(r))$$

とする．

整数 $\rho(r), \tau^r{}_1, \tau^r{}_2, \cdots, \tau^r{}_{\sigma(r)}$ は直和分解のしかたに依存せず，従ってこれら $\rho(r)+1$ 個の数は，アーベル群 $H_r(\mathrm{K})$ を一意に決定することが知られている(演習 参照)．$\rho(r)$ は $H_r(\mathrm{K})$ の階数である．$\rho(r)$ を複体Kの $\boldsymbol{r}$ **次元ベッチ数**，$\tau^r{}_1, \tau^r{}_2, \cdots, \tau^r{}_{\sigma(r)}$ を $\boldsymbol{r}$ **次元ねじれ係数**という．定理6.3によって，これらは多面体 $|\mathrm{K}|$ の位相的不変量である．$H_r(\mathrm{K})$ の有限位数の元全体からなる

部分群

$$V_1+\cdots+V_{\sigma(r)}\cong \boldsymbol{Z}/\tau^r{}_1\boldsymbol{Z}+\cdots+\boldsymbol{Z}/\tau^r{}_{\sigma(r)}\boldsymbol{Z} \quad (\text{直和})$$

を $H_r(\mathrm{K})$ の**ねじれ群**という．

n 次元複体 K の r 単体の数を $\alpha(r)$ とするとき，

$$\chi(\mathrm{K})=\sum_{r=0}^{n}(-1)^r\alpha(r)$$

を K の**オイラーの標数**という．

例えば§6 問2の (i) の場合は $\chi=8-8=0$, (ii) の場合は $\chi=4-5=-1$. 正四面体の表面は $\chi=4-6+4=2$ である．この標数は球面と同相な2次元の多面体に対して，常に同一であることがオイラーの多面体定理として古くから注目されていた．これが実際位相的不変量であることが，次の公式によって示される．

定理 7.3. (オイラー・ポアンカレの公式)

$$\chi(\mathrm{K})=\sum_{r=0}^{n}(-1)^r\alpha(r)=\sum_{r=0}^{n}(-1)^r\rho(r).$$

証明. 補題7.1の標準基から

$$\alpha(r)=\beta(r)+\sigma(r)+\rho(r)+\beta(r-1)+\sigma(r-1)$$

である．$\beta(n)=\sigma(n)=\beta(-1)=\sigma(-1)=0$ なることに注意して，両辺に $(-1)^r$ を乗じて r に関して加えれば

$$\sum_{r=0}^{n}(-1)^r\alpha(r)=\sum_{r=0}^{n}(-1)^r\rho(r)$$

を得る．これで証明された．

同相な二つの多面体 $|\mathrm{K}|, |\mathrm{L}|$ に対して

$$\chi(\mathrm{K})=\chi(\mathrm{L})$$

である．対偶をとれば，$\chi(\mathrm{K})\neq\chi(\mathrm{L})$ ならば $|\mathrm{K}|$ と $|\mathrm{L}|$ とは同相でない．これはきわめて簡単な一つの判定法である．例えば§6 問2の (i) と (ii) とは決して同相ではあり得ない．

注意. 複体Kが与えられたとき，ベッチ数の計算は§6の例でもわかるように，さほど簡単ではない．これに反して，オイラーの標数を求めることは遙かに容易である．こ

れが位相的不変量であることが保証されているところにオイラー・ポアンカレの公式の特質がある．またこれを利用して，逆にホモロジー群を求めることができる．例えば §6 問2の (i) の場合，連結成分の数が2であるから $H_0 \cong \boldsymbol{Z}+\boldsymbol{Z}$. $\chi=0$ で $\rho(0)=2$ であるから，$\rho(1)=2-0=2$ でなくてはならない．§6 問1によって H_1 はねじれ群をもたないから，$H_1 \cong \boldsymbol{Z}+\boldsymbol{Z}$.

問 1. 図8の二つの2次元多面体は同相であり得るか．

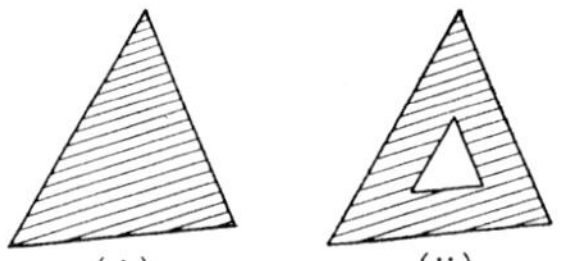

(i)　(ii)

図 8

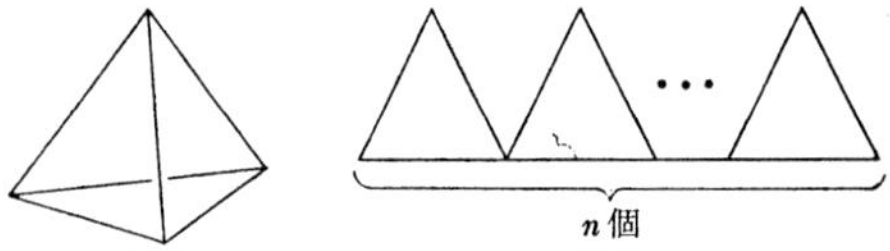

(i)　(ii)

図 9

問 2. 図9の1次元複体のベッチ数とねじれ係数を求めて，ホモロジー群を決定せよ．

問　題　2

1. 結合係数は次の性質をもっている：

(i)　$x^n=(a_0, a_1, \cdots, a_n)$, $x^{n-1}=(a_1, a_2, \cdots, a_n)$ に対しては $[x^n : x^{n-1}]=1$;

(ii)　$[-x^n : x^{n-1}]=[x^n : -x^{n-1}]=-[x^n : x^{n-1}]$.

逆に (i), (ii) の関係によって，x^n とその $n-1$ 次元の辺 x^{n-1} との間の結合係数 $[x^n : x^{n-1}]$ は一意に定まることを証明せよ．

2. 向きづけられた単体 $x^n=(a_0, a_1, \cdots, a_n)$ と，その向きづけられた辺単体 $x^{n-1}=\varepsilon(a_0, \cdots, \hat{a}_k, \cdots, a_n)$ $(\varepsilon=\pm 1)$ との間の結合係数を

$$[x^n : x^{n-1}]=(-1)^k \varepsilon$$

と定義すると，この値は x^n の頂点の並べ方によらぬ一定の値であることを証明せよ．

3. 次の1次元複体の整係数ホモロジー群を計算せよ：

(i)　$\{a_0, a_1, a_2, a_3, a_4, a_5, \langle a_0, a_1\rangle, \langle a_0, a_3\rangle, \langle a_0, a_4\rangle, \langle a_0, a_5\rangle, \langle a_1, a_2\rangle, \langle a_1, a_3\rangle, \langle a_2, a_3\rangle\}$.

(ii)　$\{a_0, a_1, a_2, a_3, a_4, a_5, a_6, \langle a_0, a_1\rangle, \langle a_0, a_2\rangle, \langle a_0, a_3\rangle, \langle a_1, a_2\rangle, \langle a_2, a_3\rangle, \langle a_4, a_5\rangle, \langle a_4, a_6\rangle, \langle a_5, a_6\rangle\}$.

4. 図2の (i) に示された2次元複体の整係数ホモロジー群を求めよ．

5. 次の複体の鎖群の標準基を求め，各次元のベッチ数とねじれ係数とを計算せよ：

$\{a_0, a_1, a_2, a_3, \langle a_0, a_1\rangle, \langle a_0, a_2\rangle, \langle a_0, a_3\rangle, \langle a_1, a_2\rangle, \langle a_1, a_3\rangle, \langle a_2, a_3\rangle, \langle a_1, a_2, a_3\rangle\}$.

6. K を連結な2次元複体とするとき，次の条件から K の整係数ホモロジー群を計算せよ：

(i)　$\chi(\mathrm{K})=1$,

(ii) $Z_1(\mathrm{K})\cong Z+Z+Z+Z$, $B_1(\mathrm{K})\cong Z+Z+Z$,

(iii) $Z_1(\mathrm{K})$ の生成元を z_1, z_2, z_3, z_4 とすると，$B_1(\mathrm{K})$ の生成元 y_1, y_2, y_3 は

$$\begin{cases} y_1=z_1+z_2, \\ y_2=z_2-z_4, \\ y_3=z_1+2z_3+z_4 \end{cases}$$

と表わされる.

7. アーベル群 G からアーベル群 H の上への準同形 $\varphi: G\to H$ があるとする．G が有限生成ならば H もまた有限生成であることを示せ.

8. 有限生成自由アーベル群 F の任意の部分群を H とする．F の基 $\{x_1, x_2, \cdots, x_n\}$ を適当に選べば，$\{\tau_1 x_1, \tau_2 x_2, \cdots, \tau_n x_n\}$ が部分群 H の基をなし，しかも $\tau_i | \tau_{i+1}$ $(1\leqq i \leqq n-1)$ となるようにできる．これを証明せよ.

第3章　鎖群の一般論

§8. 鎖準同形

第2章において複体 K の鎖群と境界作用素との系列からホモロジー群を定義した．そこでこの系列の代数的な形式にのみ着目して，r 鎖群と呼ばれるアーベル群 C_r と境界作用素と呼ばれる準同形 ∂_r とからなる系列

$$\cdots \to C_{r+1} \xrightarrow{\partial_{r+1}} C_r \xrightarrow{\partial_r} C_{r-1} \longrightarrow \cdots \xrightarrow{\partial_1} C_0 \to \cdots$$

において

$$\partial_r \circ \partial_{r+1} = 0$$

が成り立つとき，この系列を**鎖複体**と呼び，$\boldsymbol{C}=(C_r, \partial_r)$ と表わす．ただし各 C_r は有限生成で，ある正の整数 n に関して

$$C_r = 0 \qquad (r>n,\ r<0)$$

なるもののみを取り扱い，n を鎖複体の次元と呼ぼう．これに対し $Z_r=\mathrm{Ker}\partial_r$ を r 輪体群，$B_r=\mathrm{Im}\partial_{r+1}$ を r 境界輪体群，$H_r=Z_r/B_r$ を r 次元ホモロジー群と呼び，それらを $Z_r(\boldsymbol{C})=Z(C_r)$, $B_r(\boldsymbol{C})=B(C_r)$, $H_r(\boldsymbol{C})=H(C_r)$ などと表わす．本節以下，主として二つ以上の鎖複体の関係についてしらべよう．

鎖複体 $\boldsymbol{C}, \boldsymbol{C}'$ の鎖群 $C=\sum_r C_r$, $C'=\sum_r C_r'$ に対して，次の条件を満たすような準同形 $f: C \to C'$ を**鎖準同形**と呼ぶ：

（i）　$f[C_r] \subset C_r'$.

（ii）　$\partial' \circ f = f \circ \partial$.

すなわち鎖準同形 f は準同形の系 $\{f_r\}$ で，次の図式を可換ならしめるものである：

$$\begin{array}{ccc} C_r & \xrightarrow{\partial} & C_{r-1} \\ {\scriptstyle f_r}\downarrow & \circlearrowright & \downarrow{\scriptstyle f_{r-1}} \\ C_r' & \xrightarrow{\partial'} & C'_{r-1} \end{array}$$

従って C の各 r 輪体 z^r に対して $\partial' \circ f(z^r) = f \circ \partial(z^r) = 0$. すなわち $f(z^r)$ は C' の r 輪体であり，また $f_r \circ \partial C_{r+1} = \partial' \circ f_{r+1}(C_{r+1})$ となる：

$$f[Z(C_r)] \subset Z(C_r'),$$
$$f[B(C_{r+1})] \subset B(C_{r+1}').$$

よって次の定理が成り立つ.

定理 8.1. 鎖準同形 $f: C \to C'$ はホモロジー群の間の準同形

$$f_*: H(C) \to H(C')$$

をひきおこす.

次の二つの命題の成立することは明白であろう.

定理 8.2. (i) 恒等写像 $1_C: C \to C$ は恒等写像 $1_*: H(C) \to H(C)$ をひきおこす.

(ii) $f: C \to C'$, $g: C' \to C''$ を鎖準同形とすると,

$$(g \circ f)_* = g_* \circ f_*: H(C) \to H(C'')$$

である.

鎖準同形の例として, 単体写像の誘導する準同形がある. 複体 K から K′ への単体写像(§3 参照) $f: \mathrm{K} \to \mathrm{K}'$ が与えられているものとする. K の任意の向きづけられた r 単体 $x^r = (\mathrm{a}_0, \mathrm{a}_1, \cdots, \mathrm{a}_r)$ に対して $\{f\mathrm{a}_0, f\mathrm{a}_1, \cdots, f\mathrm{a}_r\}$ は K′ のある単体の頂点の集合であるが, この中に K′ の頂点が一つでも重複して現われるときは $\hat{f}(x^r) = 0$ と定義し, すべて相異なる頂点からなるときには

$$\hat{f}(x^r) = (f\mathrm{a}_0, f\mathrm{a}_1, \cdots, f\mathrm{a}_r)$$

と定義する. 一般に K の各 r 鎖 $c^r = \sum_{i=1}^{\alpha(r)} t^i x^r{}_i$ $(t^i \in \mathbf{Z})$ に対して

$$\hat{f}(c^r) = \sum_{i=1}^{\alpha(r)} t^i \cdot \hat{f}(x^r{}_i)$$

と定義すれば, $\hat{f}$ は準同形 $C(\mathrm{K}) \to C(\mathrm{K}')$ を与える.

定理 8.3. 単体写像 $f: \mathrm{K} \to \mathrm{K}'$ は鎖準同形 $\hat{f}: C(\mathrm{K}) \to C(\mathrm{K}')$ をひきおこし, 従ってホモロジー群の間の準同形 $f_*: H(\mathrm{K}) \to H(\mathrm{K}')$ をひきおこす. f_* を f の**誘導する**準同形という. さらに

(i) 恒等写像 $1_\mathrm{K}: \mathrm{K} \to \mathrm{K}$ は恒等写像 $1_*: H(\mathrm{K}) \to H(\mathrm{K})$ を誘導する.

(ii) $f: \mathrm{K} \to \mathrm{K}'$, $g: \mathrm{K}' \to \mathrm{K}''$ を単体写像とすると, 合成写像 $g \circ f$ の誘導する準同形 $(g \circ f)_*$ は $g_* \circ f_*$ に等しい.

証明. K の各 r 単体 $x^r=(\mathrm{a}_0, \mathrm{a}_1, \cdots, \mathrm{a}_r)$ に対して，$\partial'\circ f(x^r)=f\circ\partial(x^r)$ なることを検証すれば，他はほとんど明白であろう((i)，(ii) は定理 8.2 から直ちに導かれる).

次の三つの場合に分けて考えよう：

(a)　$f(x^r)$ が K′ の r 単体ならば

$$\begin{aligned}\partial'[\hat{f}(\mathrm{a}_0, \mathrm{a}_1, \cdots, \mathrm{a}_r)] &= \partial'(f\mathrm{a}_0, f\mathrm{a}_1, \cdots, f\mathrm{a}_r)\\ &= \sum_{i=0}^{r}(-1)^i(f\mathrm{a}_0, \cdots, \widehat{f\mathrm{a}_i}, \cdots, f\mathrm{a}_r)\\ &= \sum_{i=0}^{r}(-1)^i\hat{f}(\mathrm{a}_0, \cdots, \hat{\mathrm{a}}_i, \cdots, \mathrm{a}_r)\\ &= \hat{f}\circ\partial(\mathrm{a}_0, \mathrm{a}_1, \cdots, \mathrm{a}_r).\end{aligned}$$

(b)　$f(x^r)$ が K′ の $r-1$ 単体ならば，x^r の頂点の順序を適当に変更して，

$$\begin{cases} f(\mathrm{a}_0)=f(\mathrm{a}_1)=\mathrm{b}, \\ f(\mathrm{a}_i)=\mathrm{b}_i & (2\leqq i\leqq r)\end{cases}$$

は互いに相異なる頂点となるようにできる．定義によって $\hat{f}(x^r)=0$，ゆえに $\partial\circ\hat{f}(x^r)=0$．一方

$$\begin{aligned}&f\circ\partial(\mathrm{a}_0, \mathrm{a}_1, \cdots, \mathrm{a}_r)\\ &\quad=f\left[(\mathrm{a}_1, \mathrm{a}_2, \cdots, \mathrm{a}_r)-(\mathrm{a}_0, \mathrm{a}_2, \cdots, \mathrm{a}_r)+\sum_{i=2}^{r}(-1)^i(\mathrm{a}_0, \mathrm{a}_1, \cdots, \hat{\mathrm{a}}_i, \cdots, \mathrm{a}_r)\right]\\ &\quad=(\mathrm{b}, \mathrm{b}_2, \cdots, \mathrm{b}_r)-(\mathrm{b}, \mathrm{b}_2, \cdots, \mathrm{b}_r)+\sum_{i=2}^{r}(-1)^i\hat{f}(\mathrm{a}_0, \mathrm{a}_1, \cdots, \hat{\mathrm{a}}_i, \cdots, \mathrm{a}_r)=0.\end{aligned}$$

(c)　$f(\mathrm{x}^r)$ が K′ の $r-2$ 次元以下の単体の場合，$\{f\mathrm{a}_0, \cdots, \widehat{f\mathrm{a}_i}, \cdots, f\mathrm{a}_r\}$ の中に重複するものが少なくとも一つ現われるから $\hat{f}\circ\partial x^r=0$．$\partial'\circ\hat{f}(x^r)$ はもとより 0 であるから，この場合にも $\hat{f}\circ\partial=\partial'\circ\hat{f}$ である．

問 1. 境界作用素 ∂_r がすべて 0 写像なる抽象鎖複体 (C_r, ∂_r) のホモロジー群を求めよ．

§ 9. 完全系列

一般にアーベル群 G_r と準同形 f_r からなる系列

(9.1)
$$\cdots\to G_{r+1}\xrightarrow{f_{r+1}}G_r\xrightarrow{f_r}G_{r-1}\to\cdots$$

において，すべての r に対して

$$\mathrm{Im}\,f_{r+1}=\mathrm{Ker}\,f_r$$

が成り立つとき，(9.1) を**完全系列**と呼ぶ.

例 1.
$$0\to G_1\xrightarrow{f}G_2\to 0$$

が完全系列であるということは，$\mathrm{Ker}\,f=0$，$\mathrm{Im}\,f=G_2$，すなわち

$$f: G_1\cong G_2$$

と同値である.

例 2. H をアーベル群 G の部分群とすれば

$$0\to H\xrightarrow{i}G\xrightarrow{j}G/H\to 0$$

は完全系列である．ただし i は包含写像，j は射影とする.

鎖複体 $\boldsymbol{C},\boldsymbol{C}',\boldsymbol{C}''$ と鎖準同形 $i: C'\to C$，$j: C\to C''$ において，系列

(9.2)
$$0\to C'_r\xrightarrow{i}C_r\xrightarrow{j}C''_r\to 0$$

が完全系列をなすとき，**鎖群の完全系列**と呼ぶ．次の可換な図式を考えよう：

$$\begin{array}{ccccccccc}
 & & \vdots & & \vdots & & \vdots & & \\
 & & \downarrow\partial' & & \downarrow\partial & & \downarrow\partial'' & & \\
0 & \to & C'_{r+1} & \xrightarrow{i} & C_{r+1} & \xrightarrow{j} & C''_{r+1} & \to & 0\\
 & & \downarrow\partial' & & \downarrow\partial & & \downarrow\partial'' & & \\
0 & \to & C'_r & \xrightarrow{i} & C_r & \xrightarrow{j} & C''_r & \to & 0\\
 & & \downarrow\partial' & & \downarrow\partial & & \downarrow\partial'' & & \\
0 & \to & C'_{r-1} & \xrightarrow{i} & C_{r-1} & \xrightarrow{j} & C''_{r-1} & \to & 0\\
 & & \downarrow\partial' & & \downarrow\partial & & \downarrow\partial'' & & \\
 & & \vdots & & \vdots & & \vdots & &
\end{array}$$

いま，任意の $z''\in Z(C''_r)$ に対して j は全射であるから，

(9.3)
$$jc=z''\qquad (c\in C_r)$$

なる元 c がある．$j\circ\partial c=\partial''\circ jc=\partial''z''=0$ であるから，$\partial c\in\mathrm{Ker}\,j=\mathrm{Im}\,i$.

従って $ic'=\partial c$ なる元 $c'\in C'_{r-1}$ がある．$i\circ\partial' c'=\partial\circ ic'=\partial\circ\partial c=0$ で，かつ i は単射であるから $\partial' c'=0$．すなわち c' の代りに z' と表わせば

$$iz'=\partial c \qquad (z'\in Z(C'_{r-1})) \tag{9.4}$$

なる元 z' が存在する．ここで (9.3) と (9.4) とを満足する c および z' は必ずしも一意に定まるわけではない．しかしながら，z'' のホモロジー類に対しては z' のホモロジー類が一意に定まることを示そう．

$z_1''-z_2''=\partial'' c''$ $(c''\in C''_{r+1})$ なる z_1'', z_2'' に対して，(9.3) と (9.4) とを満足するような元 $c_1, c_2\in C_r$, $z_1', z_2'\in Z(C'_{r-1})$ をとる：

$$\begin{cases} jc_1=z_1'', & iz_1'=\partial c_1, \\ jc_2=z_2'', & iz_2'=\partial c_2. \end{cases}$$

j は全射であるから $j\hat{c}=c''$ となるような元 $\hat{c}\in C_{r+1}$ がある．

$$j[-\partial\hat{c}+(c_1-c_2)]=-\partial'' j\hat{c}+jc_1-jc_2=-\partial'' c''+(z_1''-z_2'')=0$$

なるゆえ，$-\partial\hat{c}+(c_1-c_2)\in \mathrm{Ker}\, j=\mathrm{Im}\, i$．従って

$$-\partial\hat{c}+(c_1-c_2)=ic'$$

なる元 $c'\in C'_r$ がある．$i\circ\partial' c'=\partial\circ ic'=\partial(c_1-c_2)=i(z_1'-z_2')$ となって，しかも i は単射であるから，$\partial' c'=z_1'-z_2'$．すなわち $z_1''\sim z_2''$ ならば $z_1'\sim z_2'$ である．

そこで，$\partial_*\{z''\}=\{z'\}$ と定義すれば，明らかに ∂_* は準同形

$$\partial_* : H(C''_r)\to H(C'_{r-1})$$

を与える．∂_* を**連結準同形**という．

こうして得られるホモロジー群の系列が，また完全系列をなすことが証明される．すなわち次の定理である．

定理 9.1. 鎖群の完全系列 (9.2) に対して次の系列

$$\cdots\to H(C''_{r+1})\xrightarrow{\partial_*} H(C'_r)\xrightarrow{i_*} H(C_r)\xrightarrow{j_*} H(C''_r)\xrightarrow{\partial_*} H(C'_{r-1})\to\cdots$$

は完全系列である．

この系列を**ホモロジー完全系列**という．

証明. (i)　$\mathrm{Im}\, i_*\subset \mathrm{Ker}\, j_*$：これは $j\circ i=0$ から明らかに導かれる．

(ii) $\operatorname{Im} j_* \subset \operatorname{Ker} \partial_*$: $z'' \in \operatorname{Im} j_*$ とすると，この場合 (9.3) の c として $Z(C_r)$ の元がとれるから，(9.4) の右辺が 0 となる．よって z' として特に 0 をとれば $\partial_*\{z''\}=0$.

(iii) $\operatorname{Im} \partial_* \subset \operatorname{Ker} i_*$: $z'' \in Z(C''_r)$ に対して (9.3) と (9.4) とを満たす c, z' をとれば $i_* \circ \partial_*\{z''\} = i_*\{z'\} = \{\partial c\} = 0$.

(i′) $\operatorname{Im} i_* \supset \operatorname{Ker} j_*$: $z \in Z(C_r)$ に対して $jz = \partial'' \hat{c}''$ なる元 $\hat{c}'' \in C''_{r+1}$ があったとする．j は全射であるから $j\hat{c} = \hat{c}''$ なる元 $\hat{c} \in C_{r+1}$ がある．$j(-\partial\hat{c} + z) = -\partial'' \circ j\hat{c} + jz = -\partial''\hat{c}'' + jz = 0$ であるから $-\partial\hat{c} + z \in \operatorname{Ker} j = \operatorname{Im} i$, すなわち $ic' = -\partial\hat{c} + z$ なる元 $c' \in C'_r$ がある．$i \circ \partial' c' = \partial \circ ic' = \partial z = 0$ で，かつ i は単射であるから $\partial' c' = 0$, すなわち $c' \in Z(C'_r)$ である．ゆえに $i_*\{c'\} = \{-\partial\hat{c} + z\} = \{z\}$.

(ii′) $\operatorname{Im} j_* \supset \operatorname{Ker} \partial_*$: $z'' \in Z(C''_r)$ とする．(9.3) と (9.4) とを満たす c, z' に対し，$\partial' c' = z'$ なる元 $c' \in C'_r$ があったとする．$\partial(-ic' + c) = -i \circ \partial' c' + \partial c = -iz' + \partial c = 0$ であるから $(-ic' + c) \in Z(C_r)$, 従って $j_*\{-ic' + c\} = \{jc\} = \{z'\}$.

(iii′) $\operatorname{Im} \partial_* \supset \operatorname{Ker} i_*$: $z' \in Z(C'_r)$ に対して $iz' = \partial\hat{c}$ なる元 $\hat{c} \in C_{r+1}$ があったとする．∂_* の定義によって $\partial_*\{j\hat{c}\} = \{z'\}$. 以上で定理 8.3 の証明を終る．

二つの鎖群の完全系列と，その間の鎖準同形からなる図式

$$(9.5)\qquad \begin{array}{ccccccccc} 0 & \to & C'_r & \xrightarrow{i} & C_r & \xrightarrow{j} & C''_r & \to & 0 \\ & & \downarrow f' & & \downarrow f & & \downarrow f'' & & \\ 0 & \to & D'_r & \xrightarrow{i} & D_r & \xrightarrow{j} & D''_r & \to & 0 \end{array}$$

が可換なるとき，(f', f, f'') を**完全系列から完全系列への準同形**という．

補題 9.2. 可換な図式 (9.5) から次の可換な図式を得る：

$$\begin{array}{ccc} H(C''_r) & \xrightarrow{\partial_*} & H(C'_{r-1}) \\ \downarrow f''_* & & \downarrow f'_* \\ H(D''_r) & \xrightarrow{\partial_*} & H(D'_{r-1}) \end{array}$$

証明. $z'' \in Z(C''_r)$ に対して (9.3), (9.4) を満たす c, z' をとる．$j \circ fc = f'' \circ jc = f''z''$, および $i \circ f'z' = f \circ iz' = f \circ \partial c = \partial \circ fc$ を得るから，$f''z''$, fc,

$f'z'$ は (9.3), (9.4) の関係を満足する．よって $\partial_*\{f''z''\}=\{f'z'\}$．すなわち

$$\partial_*\circ f''_*\{z''\}=f'_*\circ\partial_*\{z''\}.$$

この補題によって，可換な図式 (9.5) から次の可換な図式が導かれる：

$$(9.6)\quad \begin{array}{ccccccccccc} \cdots\to & H(C''_{r+1}) & \xrightarrow{\partial_*} & H(C'_r) & \xrightarrow{i_*} & H(C_r) & \xrightarrow{j_*} & H(C''_r) & \xrightarrow{\partial_*} & H(C'_{r-1}) & \to\cdots \\ & \downarrow f''_* & & \downarrow f'_* & & \downarrow f_* & & \downarrow f''_* & & \downarrow f'_* & \\ \cdots\to & H(D''_{r+1}) & \xrightarrow{\partial_*} & H(D'_r) & \xrightarrow{i_*} & H(D_r) & \xrightarrow{j_*} & H(D''_r) & \xrightarrow{\partial_*} & H(D'_{r-1}) & \to\cdots \end{array}$$

すなわち (f',f,f'') は，ホモロジー完全系列からホモロジー完全系列への準同形 (f'_*,f_*,f''_*) をひきおこす．

完全系列から完全系列への準同形に関して，しばしば応用される補題を証明しておこう．

補題 9.3. 可換な図式

$$\begin{array}{ccccccccc} G_1 & \xrightarrow{g_1} & G_2 & \xrightarrow{g_2} & G_3 & \xrightarrow{g_3} & G_4 & \xrightarrow{g_4} & G_5 \\ \downarrow f_1 & & \downarrow f_2 & & \downarrow f_3 & & \downarrow f_4 & & \downarrow f_5 \\ H_1 & \xrightarrow{h_1} & H_2 & \xrightarrow{h_2} & H_3 & \xrightarrow{h_3} & H_4 & \xrightarrow{h_4} & H_5 \end{array}$$

において，上下の系列はアーベル群の完全系列，各 f_r $(1\leqq r\leqq 5)$ は準同形とする．

（i） f_2,f_4 が全射で f_5 が単射ならば f_3 は全射である．

（ii） f_2,f_4 が単射で f_1 が全射ならば f_3 は単射である．

系. f_1,f_2,f_4,f_5 が同形ならば f_3 も同形である．

さて補題 (9.3) の (i) を証明しよう．

任意の $y_3\in H_3$ に対して，f_4 は全射であるから

$$f_4x_4=h_3y_3$$

なる元 $x_4\in G_4$ をとる．$f_5\circ g_4x_4=h_4\circ f_4x_4=h_4\circ h_3y_3=0$ で，f_5 は単射であるから $g_4x_4=0$，すなわち $x_4\in\operatorname{Ker}g_4=\operatorname{Im}g_3$．よって

$$g_3x_3=x_4$$

なる元 $x_3\in G_3$ をとれば

$$h_3\circ f_3x_3=f_4\circ g_3x_3=f_4x_4=h_3y_3.$$

従って $y_3-f_3x_3\in\operatorname{Ker}h_3=\operatorname{Im}h_2$．$f_2$ は全射であるから

$$\begin{cases} h_2y_2 = y_3 - f_3x_3, \\ f_2x_2 = y_2 \end{cases}$$

なる元 $y_2 \in H_2$, $x_2 \in G_2$ をとることができる.

$$f_3(x_3 + g_2x_2) = f_3x_3 + h_2f_2x_2 = f_3x_3 + h_2y_2 = y_3.$$

よって f_3 は全射である.

(ii) の証明も同様である(読者は試みよ).

問 1. アーベル群の完全系列

$$\cdots \to G^3{}_{r+1} \xrightarrow{h_{r+1}} G^1{}_r \xrightarrow{f_r} G^2{}_r \xrightarrow{g_r} G^3{}_r \xrightarrow{h_r} G^1{}_{r-1} \to \cdots$$

において次の命題は互いに同値である: 各整数 r に対して

(i) f_r は単射準同形である;

(ii) g_r は全射準同形である.

(iii) $0 \to G^1{}_r \xrightarrow{f_r} G^2{}_r \xrightarrow{g_r} G^3{}_r \to 0$ は完全系列である.

問 2. 鎖複体

$$0 \to C_n \xrightarrow{\partial_n} C_{n-1} \to \cdots \to C_2 \xrightarrow{\partial_2} C_1 \xrightarrow{\partial_1} C_0 \to 0$$

と, アーベル群の完全系列

$$0 \to G_n \xrightarrow{g_n} G_{n-1} \to \cdots \to G_2 \xrightarrow{g_2} G_1 \xrightarrow{g_1} G_0 \to 0$$

と, 準同形 $f_0 : C_0 \to G_0$ が与えられたとき, 各整数 r に対して $f_r \circ \partial_{r+1} = g_{r+1} \circ f_{r+1}$ を満たすような準同形の系 $f_r : C_r \to G_r$ を構成できることを示せ. 各 f_r の一意性はどうか.

§ 10. 相対ホモロジー群

ホモロジー完全系列の例として, 相対ホモロジー群をとりあげよう.

K の部分複体 L の鎖群 $C_r(\mathrm{L})$ は $C_r(\mathrm{K})$ の部分群である. 剰余群 $C_r(\mathrm{K})/C_r(\mathrm{L})$ を $C_r(\mathrm{K}, \mathrm{L})$ と書いて, 対 (K, L) の r 鎖群と呼ぶ.

$\partial[C_r(\mathrm{L})] \subset C_{r-1}(\mathrm{L})$ であるから, 境界作用素 ∂ は準同形

$$\partial_r : C_r(\mathrm{K}, \mathrm{L}) \to C_{r-1}(\mathrm{K}, \mathrm{L})$$

を定める. 明らかに $\partial \circ \partial = 0$ が成立して, 新しい鎖複体 $(C_r(\mathrm{K}, \mathrm{L}), \partial_r)$ が導かれる. こうして, 対 (K, L) の**相対 r 輪体群** $\mathrm{Ker}\,\partial_r = Z_r(\mathrm{K}, \mathrm{L})$, **相対 r 境界輪体群** $\mathrm{Im}\,\partial_{r+1} = B_r(\mathrm{K}, \mathrm{L})$, および **$r$ 次元相対ホモロジー群** $Z_r(\mathrm{K}, \mathrm{L})/B_r(\mathrm{K}, \mathrm{L}) = H_r(\mathrm{K}, \mathrm{L})$ が定義される.

K の r 鎖 c^r は $\partial c^r \in C_{r-1}(\mathrm{L})$ のとき相対 r 輪体で，相対 r 輪体 $z^r{}_1$, $z^r{}_2$ は $z^r{}_1 - z^r{}_2 \in B_r(\mathrm{K}) + C_r(\mathrm{L})$ のとき互いにホモローグである．

注意． "対 (K, L)" という代りに "L を法とする" ということもある．

§9 の例2を $C_r(\mathrm{K})$ と $C_r(\mathrm{L})$ に対して適用すれば，定理 8.3 によって完全系列

$$0 \to C_r(\mathrm{L}) \xrightarrow{i} C_r(\mathrm{K}) \xrightarrow{j} C_r(\mathrm{K}, \mathrm{L}) \to 0$$

から，ホモロジー完全系列

$$\cdots \to H_{r+1}(\mathrm{K}, \mathrm{L}) \xrightarrow{\partial_*} H_r(\mathrm{L}) \xrightarrow{i_*} H_r(\mathrm{K}) \xrightarrow{j_*} H_r(\mathrm{K}, \mathrm{L}) \to \cdots$$

を得る．これを対 (K, L) の**ホモロジー完全系列**という．

次に L′ を K′ の部分複体としよう．単体写像 $f : \mathrm{K} \to \mathrm{K}'$ が特に $f(\mathrm{L}) \subset \mathrm{L}'$ を満たしているとき，対 (K, L) から対 (K′, L′) への単体写像と呼び，$f : (\mathrm{K}, \mathrm{L}) \to (\mathrm{K}', \mathrm{L}')$ と表わす．f のひきおこす鎖準同形 $\hat{f} : C(\mathrm{K}) \to C(\mathrm{K}')$ は鎖準同形 $\hat{f}' : C(\mathrm{L}) \to C(\mathrm{L}')$，および $\hat{f}'' : C(\mathrm{K}, \mathrm{L}) \to C(\mathrm{K}', \mathrm{L}')$ を定める．明らかに次の図式は可換である：

$$\begin{array}{ccccccccc} 0 \to & C_r(\mathrm{L}) & \xrightarrow{i} & C_r(\mathrm{K}) & \xrightarrow{j} & C_r(\mathrm{K}, \mathrm{L}) & \to 0 \\ & \downarrow \hat{f}' & & \downarrow \hat{f} & & \downarrow \hat{f}'' & \\ 0 \to & C_r(\mathrm{L}') & \xrightarrow{i} & C_r(\mathrm{K}') & \xrightarrow{j} & C_r(\mathrm{K}', \mathrm{L}') & \to 0 \end{array}$$

よって次の定理が導かれる．

定理 10.1． 単体写像 $f : (\mathrm{K}, \mathrm{L}) \to (\mathrm{K}', \mathrm{L}')$ は対 (K, L) と対 (K′, L′) とのホモロジー完全系列の間の準同形 (f'_*, f_*, f''_*) を誘導する：

$$(10.1)\quad \begin{array}{ccccccccc} \cdots \to & H_{r+1}(\mathrm{K}, \mathrm{L}) & \xrightarrow{\partial_*} & H_r(\mathrm{L}) & \xrightarrow{i_*} & H_r(\mathrm{K}) & \xrightarrow{j_*} & H_r(\mathrm{K}, \mathrm{L}) & \xrightarrow{\partial_*} \cdots \\ & \downarrow f''_* & & \downarrow f'_* & & \downarrow f_* & & \downarrow f''_* & \\ \cdots \to & H_{r+1}(\mathrm{K}', \mathrm{L}') & \xrightarrow{\partial_*} & H_r(\mathrm{L}') & \xrightarrow{i_*} & H_r(\mathrm{K}') & \xrightarrow{j_*} & H_r(\mathrm{K}', \mathrm{L}') & \xrightarrow{\partial_*} \cdots \end{array}$$

さらに

(i)　恒等写像 $1 : (\mathrm{K}, \mathrm{L}) \to (\mathrm{K}, \mathrm{L})$ は恒等写像 $1_* : H(\mathrm{K}, \mathrm{L}) \to H(\mathrm{K}, \mathrm{L})$ を誘導する．

(ii)　$f : (\mathrm{K}, \mathrm{L}) \to (\mathrm{K}', \mathrm{L}')$，$g : (\mathrm{K}', \mathrm{L}') \to (\mathrm{K}'', \mathrm{L}'')$ を単体写像とすると，合成写像のひきおこす準同形 $(g \circ f)_*$ は $g_* \circ f_*$ に等しい．

(i), (ii) は定理 8.2 から直ちに導かれる.

次に L, M を K の部分複体とすると, L∪M や L∩M もまた K の部分複体で(§ 1 問 2), それらの鎖群は

$$\begin{cases} C_r(\mathrm{L}\cup\mathrm{M})=C_r(\mathrm{L})+C_r(\mathrm{M}), \\ C_r(\mathrm{L}\cap\mathrm{M})=C_r(\mathrm{L})\cap C_r(\mathrm{M}) \end{cases}$$

である(§ 5 問 2). よく知られているように

$$C_r(\mathrm{L})/[C_r(\mathrm{L})\cap C_r(\mathrm{M})]\cong[C_r(\mathrm{L})+C_r(\mathrm{M})]/C_r(\mathrm{M}),$$

いい換えれば

$$C_r(\mathrm{L}, \mathrm{L}\cap\mathrm{M})\cong C_r(\mathrm{L}\cup\mathrm{M}, \mathrm{M}).$$

この同形は包含写像 $(\mathrm{L}, \mathrm{L}\cap\mathrm{M})\to(\mathrm{L}\cup\mathrm{M}, \mathrm{M})$ によってひきおこされるのであるから鎖準同形であり, 従って次の定理を得る.

定理 10.2. (切除定理) L, M を K の部分複体とすると, 包含写像 $i:(\mathrm{L}, \mathrm{L}\cap\mathrm{M})\to(\mathrm{L}\cup\mathrm{M}, \mathrm{M})$ は同形 $i_*: H(\mathrm{L}, \mathrm{L}\cap\mathrm{M})\cong H(\mathrm{L}\cup\mathrm{M}, \mathrm{M})$ をひきおこす. これを**切除同形**という.

この定理は相対ホモロジー群の計算を簡約化するのに有力である. 例えば図 10 において, $\mathrm{K}=\mathrm{K}(\mathrm{x}^2)\cup\mathrm{K}(\mathrm{y}^2)$, $\mathrm{K}_1=\mathrm{K}(\mathrm{x}^2)$, $\dot{\mathrm{K}}_1=\mathrm{K}(\partial\mathrm{x}^2)$, $\mathrm{L}=\dot{\mathrm{K}}_1\cup\mathrm{K}(\mathrm{y}^2)$ とすると,

$$H_r(\mathrm{K}, \mathrm{L})\cong H_r(\mathrm{K}_1, \dot{\mathrm{K}}_1)$$

となる.

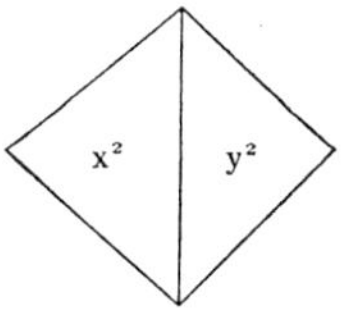

図 10

問 1. L を複体 K の一つの頂点だけからなる部分複体とすると, $\mathrm{H}_r(\mathrm{K}, \mathrm{L})\cong\mathrm{H}_r(\mathrm{K})$ $(r>0)$ となることを証明せよ.

問 2. L, M を複体 K の連結成分, $\mathrm{K}=\mathrm{L}\cup\mathrm{M}$ とすると, $H_r(\mathrm{L})\cong H_r(\mathrm{K}, \mathrm{M})$, $H_r(\mathrm{M})\cong H_r(\mathrm{K}, \mathrm{L})$ となることを証明せよ.

§ 11. 鎖ホモトピー

二つの鎖複体 $\boldsymbol{C}=(C_r, \partial_r)$, $\boldsymbol{C}'=(C'_r, \partial'_r)$ と, 二つの鎖準同形 $f, g: \boldsymbol{C}=\sum_r C_r\to\boldsymbol{C}'=\sum_r C'_r$ が与えられているとき, 誘導準同形 f_* と g_* とが相等しくなるための十分条件を考察しよう.

次の条件 (i), (ii) を満足する準同形 $D: C \to C'$ を，f と g とを結ぶ**鎖ホモトピー**と呼ぶ：

(i) $D(C_r) \subset C'_{r+1}$.

(ii) $\partial' \circ D + D \circ \partial = g - f$.

このような D が存在するとき $f \simeq g$ と書いて，f と g とは互いに**鎖ホモトープ**であるという．

任意の r 鎖 $z^r \in Z(C_r)$ に対しては $\partial z^r = 0$ であるから

$$g(z^r) - f(z^r) = \partial' \circ D(z^r),$$

すなわち $f_*\{z^r\} = \{f(z^r)\} = \{g(z^r)\} = g_*\{z^r\}$．よって次の定理を得る．

定理 11.1. $f \simeq g$ ならば $f_* = g_*$ である．

注意. 鎖ホモトープなる関係は同値律を満たすことが確かめられる．従って鎖準同形 $C \to C'$ を互いに鎖ホモトープな同値類に分けることができる．鎖ホモトピーは代数的な概念であるが，その幾何学的な裏付けは第 4 章において見出されるであろう．

なお，D 自身は鎖準同形ではないことに注意する．

$C'' = (C''_r, \partial''_r)$ をいま一つの鎖複体，$f', g' : C' \to C''$ を鎖準同形とする．f' と g' とを結ぶ鎖ホモトピー D' が与えられれば，$D'' = D' \circ f + g' \circ D$ は，$f' \circ f$ と $g' \circ g$ とを結ぶ鎖ホモトピーであることが容易に確かめられる．

定理 11.2. $f \simeq g$，$f' \simeq g'$ ならば $f' \circ f \simeq g' \circ g$ である．

次に鎖同値なる概念を導入する前に，被約ホモロジーについて述べる．§ 6 において，クロネッカーの指数を用いて全射準同形 $\varepsilon : C_0(\mathrm{K}) \to \boldsymbol{Z}$ を定義した．$\varepsilon \circ \partial_1 = 0$ であるから K の鎖複体は延長されて

$$\cdots \to C_n(\mathrm{K}) \xrightarrow{\partial_n} C_{n-1}(\mathrm{K}) \to \cdots \to C_1(\mathrm{K}) \xrightarrow{\partial_1} C_0(\mathrm{K}) \xrightarrow{\varepsilon} \boldsymbol{Z} \to 0$$

を得る．この新しい鎖複体のホモロジー群を $\widetilde{H}(\mathrm{K})$ と表わして，複体 K の**被約ホモロジー群**と呼ぶのである．

一層詳しくいえば，一般に自由アーベル群 C_r からなる抽象鎖複体 $\boldsymbol{C} = (C_r, \partial_r)$ が $\varepsilon \circ \partial_1 = 0$ を満足する全射準同形 $\varepsilon : C_0 \to \boldsymbol{Z}$ を持つとき，鎖複体 $\boldsymbol{C}$ は**添加可能**であるという．$\widetilde{C}_r = C_r$ $(r \geqq 0)$，$\widetilde{C}_{-1} = \boldsymbol{Z}$，$\widetilde{\partial}_r = \partial_r$ $(r \geqq 1)$，$\widetilde{\partial}_0 = \varepsilon$ とおいて，$\widetilde{\boldsymbol{C}} = (\widetilde{C}_r, \widetilde{\partial}_r)$ を $\boldsymbol{C}$ の**添加鎖複体**と呼ぶ．そのホモロジー群を鎖

複体 $\boldsymbol{C}$ の被約ホモロジー群と呼んで，$H(\widetilde{C})$ と表わす．従って

$$(11.1)\qquad \begin{cases} \widetilde{H}_r(C)=H_r(C) \quad (r\neq 0), \\ \widetilde{H}_0(C)=\mathrm{Ker}\,\varepsilon/\mathrm{Im}\,\partial_1 \end{cases}$$

となる．

添加可能な二つの鎖複体 $\boldsymbol{C}=(C_r,\partial_r)$ と $\boldsymbol{C}'=(C'_r,\partial'_r)$ があるとき，鎖準同形 $f:C\to C'$ が $\varepsilon=\varepsilon'\circ f_0$ を満たすならば，$\widetilde{C}_{-1}=\boldsymbol{Z}$ の上では恒等写像であると定義することによって，鎖準同形 $\widetilde{f}:\widetilde{C}\to\widetilde{C}'$ に拡張される．また，同様の仮定のもとで，二つの鎖準同形 $f,g:C\to C'$ を結ぶ鎖ホモトピー $D:C\to C'$ が与えられたときは，$\widetilde{D}|\widetilde{C}_{-1}=0$，$\widetilde{D}|\widetilde{C}_r=D|C_r$ と定義することによって，$\widetilde{f}$ と $\widetilde{g}$ とを結ぶ鎖ホモトピー $\widetilde{D}:\widetilde{C}\to\widetilde{C}'$ が得られる．

添加鎖複体が完全系列をなすとき，すなわち $\widetilde{H}(C)=0$ なる鎖複体 $\boldsymbol{C}$ を**非輪状**であるという．これは，$\boldsymbol{C}=(C_r,\partial_r)$ の正次元の輪体がすべて境界輪体であること，および0次元ホモロジー群が $\boldsymbol{Z}$ と同形であることを意味する．例えば1点からなる複体や，$\mathrm{x}^1=(\mathrm{a}_0,\mathrm{a}_1)$ を基本単体とする複体 $\mathrm{K}(\mathrm{x}^1)$ は非輪状な複体の例である．

添加可能な鎖複体 $\boldsymbol{C}=(C_r,\partial_r)$，$\boldsymbol{C}'=(C'_r,\partial'_r)$ において，鎖準同形 $f:C\to C'$，$g:C'\to C$ が存在して

$$g\circ f\simeq 1_C,\qquad f\circ g\simeq 1_{C'}$$

なるとき，$\boldsymbol{C}$ と $\boldsymbol{C}'$ とは**鎖同値**であるといい，$\boldsymbol{C}\simeq\boldsymbol{C}'$ と表わす．f,g を**鎖同値準同形**という．定理 11.1 により，$g_*\circ f_*=1_*$，$f_*\circ g_*=1_*$ であるから，次の定理が導かれる：

定理 11.3. $\boldsymbol{C}\simeq\boldsymbol{C}'$ ならば鎖同値準同形 $f:C\to C'$ によって，

$$f_*:H(C)\cong H(C').$$

さらに，鎖ホモトピーが存在するための一つの十分条件を与えよう．

複体 K の各単体 x に，複体 L の部分複体 $\Gamma(\mathrm{x})\neq\phi$ を対応させ，

$$(11.2)\qquad \mathrm{x}\prec\mathrm{y}\quad \text{ならば}\quad \Gamma(\mathrm{x})\subset\Gamma(\mathrm{y})$$

となっているものを考える．

鎖準同形 $f:C(\mathrm{K})\to C(\mathrm{L})$ に対して (11.2) の条件を満たす Γ が，さら

に条件：

(11.3) K の各単体 x に対して $f(\mathrm{x})\in C[\Gamma(\mathrm{x})]$

を満たすとき，鎖準同形 f の**台**と呼ぶ．特に K の各単体 x に対して $\Gamma(\mathrm{x})$ がすべて非輪状なるとき，Γ を f の**非輪状な台**と呼ぶ．

定理 11.4. 鎖準同形 $f, g: C(\mathrm{K})\to C(\mathrm{L})$ が，共通の非輪状な台を持つならば，f と g とを結ぶ鎖ホモトピーが存在する．

証明. K の任意の頂点 a に対して $\varepsilon(g\mathrm{a}-f\mathrm{a})=0$. $\Gamma(\mathrm{a})$ は非輪状であるから，ある 1 鎖 $D(\mathrm{a})$ が存在して $\partial[D(\mathrm{a})]=g\mathrm{a}-f\mathrm{a}$ となる．そこで準同形 $D: C_0(\mathrm{K})\to C_1(\mathrm{L})$ を，$D(\sum_i t^i\mathrm{a}_i)=\sum_i t^i D(\mathrm{a}_i)$ と定義する．帰納法を用いるために，鎖ホモトピー D が K の $r-1$ 次元以下の鎖群に対して定義されたものと仮定する．K の向きづけられた r 単体 x に対して $z=g(x)-f(x)-D\circ\partial(x)$ は，$\Gamma(\mathrm{x})$ の輪体である：

$$\partial z=\partial g(x)-\partial f(x)-\partial\circ D(\partial x)$$
$$=g\circ\partial x-f\circ\partial x-\{(g-f-D\circ\partial)(\partial x)\}=0.$$

$\Gamma(\mathrm{x})$ は非輪状であるから，ある $r+1$ 鎖 $D(x)$ が存在して

$$\partial D(x)=z=g(x)-f(x)-D\circ\partial(x)$$

となる．K の各 r 鎖 $c^r=\sum_i t^i x_i$ に対して $D(c^r)=\sum_i t^i D(x_i)$ と定義すれば，r 次元の鎖ホモトピー $D: C_r(\mathrm{K})\to C_{r+1}(\mathrm{L})$ が得られる．

問 1. 鎖ホモトープなる関係 "$\simeq$" が同値律を満たすことを確かめよ．

問 2. $C=(C_r, \partial_r)$ を添加可能な鎖複体とするとき，$H_0(C)\cong\widetilde{H}_0(C)+\boldsymbol{Z}$ となることを証明せよ．

§ 12. 一般係数のホモロジー群

前節までは，つねに整係数ホモロジー群を取り扱ってきたが，本節では任意のアーベル群 G を係数とするホモロジー群を定義しよう．

複体 K に属する r 単体にそれぞれ向きをつけて並べたものを $x^r{}_1, x^r{}_2, \cdots, x^r{}_m$ とする．アーベル群 G の元を係数とする線形結合形式

(12.1)　　$c^r=g^1x^r{}_1+g^2x^r{}_2+\cdots+g^mx^r{}_m$

の集合に，通常の意味の和を定義したものを $C_r(\mathrm{K}, G)$ と表わす．すなわち，$C_r(\mathrm{K}, G)$ の各元は (12.1) の形に一意に表わされ，$c^r{}_1=\sum_{i=1}^{m} g^i x^r{}_i$ と $c^r{}_2=\sum_{i=1}^{m} h^i x^r{}_i$ との和 $c^r{}_1+c^r{}_2$ を $\sum_{i=1}^{m}(g^i+h^i)\ x^r{}_i$ と定義するのである．$C_r(\mathrm{K}, G)$ をアーベル群 G **を係数とする**複体 K の r 鎖群，その元 c^r を r 鎖という．

注意． 特に $G=\boldsymbol{Z}$ のとき，$C_r(\mathrm{K}, G)$ は § 5 に定義した整係数 r 鎖群になる．後に述べるテンソル積 $\otimes$ を用いると，$C_r(\mathrm{K}, G)$ は $C_r(\mathrm{K}, \boldsymbol{Z})\otimes G$ と同形である．一般のアーベル群 G は記号1を必ずしも持つとは限らないから，$x^r{}_i$ 自身は必ずしも $C_r(\mathrm{K}, G)$ の元とはみなされない．

境界準同形 $\partial_r : C_r(\mathrm{K}, G)\to C_{r-1}(\mathrm{K}, G)$ を (12.1) の c^r に対して

$$\partial c^r=\sum_j\left(\sum_i\,[x^r{}_i : x^{r-1}{}_j]g^i\right)x^{r-1}{}_j$$

と定義する．ここに $x^{r-1}{}_j$ は K のすべての $r-1$ 単体を動くものとする．$\partial_{r+1}\circ\partial_r=0$ となることは整係数鎖群の場合と同様である(§ 5 をみよ)．こうして新しい鎖複体 $(C_r(\mathrm{K}, G), \partial_r)$ を得た．この鎖複体の r 輪体群，r 境界輪体群，r 次元ホモロジー群をそれぞれ，$Z_r(\mathrm{K}, G)$，$B_r(\mathrm{K}, G)$，$H_r(\mathrm{K}, G)$ と表わす．すなわち，$Z_r(\mathrm{K}, G)=\mathrm{Ker}\,\partial_r$，$B_r(\mathrm{K}, G)=\mathrm{Im}\,\partial_{r+1}$，$H_r(\mathrm{K}, G)=Z_r(\mathrm{K}, G)/B_r(\mathrm{K}, G)$．$H(\mathrm{K}, G)=\sum_r H_r(\mathrm{K}, G)$ をアーベル群 G を係数とする K のホモロジー群という．

また，L を K の部分複体とすれば，$C_r(\mathrm{L}, G)$ は $C_r(\mathrm{K}, G)$ の部分群となるから，対 (K, L) の G を係数とする相対 r 鎖群 $C_r(\mathrm{K}, \mathrm{L}, G)$ を，$C_r(\mathrm{K}, G)/C_r(\mathrm{L}, G)$ と定義する．境界準同形 ∂_r は準同形

$$\partial_r : C_r(\mathrm{K}, \mathrm{L}, G)\ \to\ C_{r-1}(\mathrm{K}, \mathrm{L}, G)$$

をひきおこすから，再び新たな鎖複体 $(C_r(\mathrm{K}, \mathrm{L}, G), \partial_r)$ を得る．この鎖複体の r 輪体群，r 境界輪体群，r 次元ホモロジー群をそれぞれ，$Z_r(\mathrm{K}, \mathrm{L}, G)$，$B_r(\mathrm{K}, \mathrm{L}, G)$，$H_r(\mathrm{K}, \mathrm{L}, G)$ と表わす(§ 10 をみよ)．$H(\mathrm{K}, \mathrm{L}, G)=\sum_r H_r(\mathrm{K}, \mathrm{L}, G)$ (直和) を，アーベル群 G を係数とする対 (K, L) の相対ホモロジー群という．前節までに展開してきた諸理論は，§ 7 を除いて，一般係数の場合に適用される．

例えば，複体 K が m 個の連結成分の和集合ならば，$H_0(\mathrm{K}, G)$ は G の m 個の直和と同形である(定理 6.2 系 2).

G としてしばしば用いられるのは，有理数の加群 $\boldsymbol{Q}$, 実数の加群 $\boldsymbol{R}$, $\boldsymbol{Q}/\boldsymbol{Z}$, $\boldsymbol{Z}_m=\boldsymbol{Z}/m\boldsymbol{Z}$ (m は正の整数であるが特に素数の場合) などである. 特に $G=\boldsymbol{Z}_2$ の場合は，$1\equiv-1$ であるから，単体の向きの区別が消滅する.

これらに対して整係数ホモロジー群は最も基本的な意味をもっている. それは次に述べるように，一般係数のホモロジー群は整係数ホモロジー群によって一意に決定されるからである.

任意のアーベル群 G と任意の整数 m に対して

$$G_m=G/mG,$$

$$_mG=\{g\in G;\ mg=0\}$$

と定義する. また任意のアーベル群 A, B に対して，テンソル積 $A\otimes B$, および ねじれ積 $A*B$ と呼ばれるアーベル群が定義されて，次の性質を有している:

$$A\otimes B\cong B\otimes A,$$

$$(A\otimes B)\otimes C\cong A\otimes(B\otimes C),$$

$$(A+B)\otimes C\cong A\otimes C+B\otimes C,$$

$$A*B\cong B*A,$$

$$(A*B)*C\cong A*(B*C),$$

$$(A+B)*C\cong A*C+B*C,$$

$$\boldsymbol{Z}\otimes G\cong G, \qquad \boldsymbol{Z}*G=0,$$

$$\boldsymbol{Z}_m\otimes G\cong G_m, \qquad \boldsymbol{Z}_m*G\cong {}_mG.$$

これらの定義と証明，および次の定理の証明は付録 (§35, §36) に譲るとしよう.

定理 12.1. (普遍係数定理) 複体 K と任意のアーベル群 G に対して

$$H_r(\mathrm{K}, G)\cong(H_r(\mathrm{K})\otimes G)+(H_{r-1}(\mathrm{K})*G) \quad (\text{直和}).$$

m, n を正の整数，$d=(m, n)$ を m, n の最大公約数とすれば，

$$\boldsymbol{Z}_m\otimes\boldsymbol{Z}_n\cong\boldsymbol{Z}_d\cong\boldsymbol{Z}_m*\boldsymbol{Z}_n$$

となる．定理 7.2 の直和分解

$$H_r(\mathrm{K},\boldsymbol{Z})\cong\underbrace{\boldsymbol{Z}+\cdots+\boldsymbol{Z}}_{\rho(r)\text{個}}+\boldsymbol{Z}_{\tau_1}+\cdots+\boldsymbol{Z}_{\tau_{\sigma(r)}}$$

において，ねじれ係数 $\tau_1,\tau_2,\cdots,\tau_{\sigma(r)}$ のうち，素数 p で割り切れるものの個数を $\lambda(r)$ とすれば，$H_r(\mathrm{K},\boldsymbol{Z}_p)$ は，$\boldsymbol{Z}_p$ の $\rho_p(r)=\rho(r)+\lambda(r)+\lambda(r-1)$ 個の直和と同形になる．$\rho_p(r)$ を p を法とする r 次元ベッチ数と呼ぶ．オイラー・ポアンカレの公式は $\rho_p(r)$ に関しても成立することが容易に理解できる(定理 7.3 の証明を参照せよ)．

定理 12.2. n 次元複体 K のオイラーの標数を $\chi(\mathrm{K})$ とすれば，

$$\chi(\mathrm{K})=\sum_{r=0}^{n}(-1)^r\rho(r)=\sum_{r=0}^{n}(-1)^r\rho_p(r).$$

問 1. $\boldsymbol{Z}_m\otimes\boldsymbol{Z}_n\cong\boldsymbol{Z}_d\cong\boldsymbol{Z}_m*\boldsymbol{Z}_n$ を確かめよ．

問 2. 2次元複体のベッチ数とねじれ係数が次のように与えられているとき，$\boldsymbol{Z}_2$ 係数および $\boldsymbol{Z}_3$ 係数のホモロジー群を計算せよ：

$$\begin{cases}\rho(0)=2,\ \rho(1)=1,\ \rho(2)=1,\\ {\tau^1}_1=2,\ {\tau^1}_2=6.\end{cases}$$

問　題　3

1. 与えられた二つの鎖複体 $C'=(C'_r,\partial'_r)$, $C''=(C''_r,\partial''_r)$ に対して

$$\begin{cases}C_r=C'_r+C''_r\quad(\text{直和}),\\ \partial_r(x'+x'')=\partial'_rx'+\partial''_rx''\end{cases}\qquad(x'\in C'_r,\ x''\in C''_r)$$

と定義すれば，$C=(C_r,\partial_r)$ は一つの鎖複体をなし，

$$H_r(C)\cong H_r(C')+H_r(C'')\quad(\text{直和})$$

となることを証明せよ．

2. アーベル群の完全系列

$$\cdots\to C_{r+1}\xrightarrow{h_{r+1}}A_r\xrightarrow{f_r}B_r\xrightarrow{g_r}C_r\xrightarrow{h_r}A_{r-1}\xrightarrow{f_{r-1}}\cdots$$

において，次の条件 (i), (ii) はいずれも，各整数 r に対して系列

$$0\to A_r\xrightarrow{f_r}B_r\xrightarrow{g_r}C_r\to 0$$

が分解する完全系列であるための必要十分条件なることを証明せよ．ここに分解する完全系列とは，B_r が A_r と C_r の直和に同形なることをいう(§ 21 参照)．

(i)　各整数 r に対して準同形 $\rho_r:B_r\to A_r$ が存在して，$\rho_r\circ f_r$ は恒等写像 $A_r\to A_r$ に等しい．

(ii)　各整数 r に対して準同形 $\sigma_r: C_r \to B_r$ が存在して，$g_r \circ \sigma_r$ は恒等写像 $C_r \to C_r$ に等しい．

3. アーベル群 A からアーベル群 G への準同形全体の作る集合を $\mathrm{Hom}(A, G)$ と表わす．$\mathrm{Hom}(A, G)$ の元 f と g との和 $f+g$ を，A の任意の元 a に対して

$$(f+g)a = fa + ga$$

と定義すると，$\mathrm{Hom}(A, G)$ はこの算法に関してアーベル群をなす．A からアーベル群 B への任意の準同形 $h: A \to B$ に対して

$$[h^*(g)]a = (g \circ h)a \qquad (a \in A,\ g \in \mathrm{Hom}(B, G))$$

と定義すると，h は準同形

$$h^*: \mathrm{Hom}(B, G) \to \mathrm{Hom}(A, G)$$

をひきおこすことを示せ．

4. 与えられたアーベル群の完全系列

$$0 \to A \xrightarrow{i} B \xrightarrow{j} C \to 0$$

と，任意のアーベル群 G に対して

$$\mathrm{Hom}(A, G) \xleftarrow{i^*} \mathrm{Hom}(B, G) \xleftarrow{j^*} \mathrm{Hom}(C, G) \leftarrow 0$$

は完全系列をなすことを証明せよ．また，はじめの系列が特に分解する完全系列なるときは，

$$0 \leftarrow \mathrm{Hom}(A, G) \xleftarrow{i^*} \mathrm{Hom}(B, G) \xleftarrow{j^*} \mathrm{Hom}(C, G) \leftarrow 0$$

もまた分解する完全系列なることを証明せよ．

5. 与えられた鎖複体 $\boldsymbol{C} = (C_r, \partial_r)$ に対して，$C^r = \mathrm{Hom}(C_r, \boldsymbol{Z})$ とおき，準同形 $\partial^r: C^r \to C^{r+1}$ を $\partial^r = \partial_{r+1}{}^*$ とおけば，系列

$$\cdots \leftarrow C^{r+1} \xleftarrow{\partial^r} C^r \xleftarrow{\partial^{r-1}} C^{r-1} \leftarrow \cdots \leftarrow C^1 \xleftarrow{\partial^0} C^0 \leftarrow 0$$

は，関係

$$\partial^r \circ \partial^{r-1} = 0$$

を満足することを証明せよ．

［注意］　上の系列 (C^r, ∂^r) を (C_r, ∂_r) の（整係数）**双対鎖複体**と呼び，C^r を**双対 r 鎖群**，$Z^r = \mathrm{Ker}\,\partial^r$ を**双対 r 輪体群**，$B^r = \mathrm{Im}\,\partial^{r-1}$ を**双対 r 境界輪体群**，Z^r/B^r を **r 次元双対ホモロジー群**と呼んで $H(C^r)$ または $H^r(C)$ と表わす．$\boldsymbol{Z}$ の代りに任意のアーベル群 G を用いてもよい．特に，複体 K より生ずる鎖複体 $\boldsymbol{C}(\mathrm{K}, G)$ の双対ホモロジー群は $H^r(\mathrm{K}, G)$ と表わす．整係数の場合は単に $H^r(\mathrm{K})$ と書く．

6. 鎖複体 (C_r, ∂_r) から (C'_r, ∂'_r) への鎖準同形 f_r のひきおこす準同形 $f^r: C'^r \to C^r$ は，関係

$$\partial^r \circ f^r = f^{r+1} \circ \partial'^r$$

を満足することを示せ．

［注意］　従って，準同形 $f^{r*}: H^r(C') \to H^r(C)$ をひきおこす．

7. L を複体 K の部分複体とする．$C^r(\mathrm{K})$，$C^r(\mathrm{L})$ をそれぞれ $C_r(\mathrm{K})$，$C_r(\mathrm{L})$ の(整係数)双対 r 鎖群，$C^r(\mathrm{K},\mathrm{L})=C^r(\mathrm{K})/C^r(\mathrm{L})$ とすると，

$$\cdots\leftarrow C^{r+1}(\mathrm{K},\mathrm{L}) \overset{\partial^r}{\longleftarrow} C^r(\mathrm{K},\mathrm{L}) \longleftarrow\cdots$$

は一つの双対鎖複体をなし，完全系列

$$\cdots\leftarrow H^{r+1}(\mathrm{K},\mathrm{L}) \leftarrow H^r(\mathrm{L}) \leftarrow H^r(\mathrm{K}) \leftarrow H^r(\mathrm{K},\mathrm{L}) \longleftarrow\cdots$$

が存在することを証明せよ．

8. 鎖複体 $\boldsymbol{C}$ と $\boldsymbol{C}'$ とが鎖同値ならば，それらの双対ホモロジー群 $H^r(\boldsymbol{C})$ と $H^r(\boldsymbol{C}')$ とは同形である．これを証明せよ．

9. L を K の部分複体，M を L の部分複体とする．準同形 $\boldsymbol{i}:C_r(\mathrm{L},\mathrm{M})\rightarrow C_r(\mathrm{K},\mathrm{M})$ を移入準同形，$j:C_r(\mathrm{K},\mathrm{M})\rightarrow C_r(\mathrm{K},\mathrm{L})$ を射影準同形とし，$\partial_*:H_r(\mathrm{K},\mathrm{M})\rightarrow H_{r-1}(\mathrm{L})\rightarrow H_{r-1}(\mathrm{L},\mathrm{M})$ を対 (K, L) の連結準同形と射影準同形の合成写像とすれば，次の系列は完全系列であることを証明せよ：

$$\cdots\longrightarrow H_{r+1}(\mathrm{K},\mathrm{L}) \xrightarrow{\partial_*} H_r(\mathrm{L},\mathrm{M}) \xrightarrow{i_*} H_r(\mathrm{K},\mathrm{M}) \xrightarrow{j_*} H_r(\mathrm{K},\mathrm{L}) \xrightarrow{\partial_*} H_{r-1}(\mathrm{L},\mathrm{M}) \longrightarrow\cdots$$

[注意]　これを**三つ組** (K, L, M) のホモロジー完全系列という．

10. 切除定理を用いて，図 2 (i) に示された多面体のホモロジー群を計算せよ．同様にして，一つの三角形から互いに交わらない n 個の小三角形をくりぬいて得られる多面体のホモロジー群を計算せよ．

第4章　ホモロジー群の位相的不変性

§ 13. 錐　複　体

抽象複体 K の頂点の集合を $\{a_1, a_2, \cdots, a_m\}$ とする. 別に一つの頂点 κ をとり, 次の単体よりなる新しい複体 $\kappa[K]$ を定義する:

（i）　$x^r(\in K)$ はすべて $\kappa[K]$ に属する.

（ii）　$x^r=\langle a_{i_0}, a_{i_1}, \cdots, a_{i_r}\rangle\in K$ ならば, これに頂点 κ を付け加えて生ずる $r+1$ 単体

$$\kappa[x^r]=\langle\kappa, a_{i_0}, \cdots, a_{i_r}\rangle$$

が $\kappa[K]$ に属する.

$\kappa[K]$ を, κ を頂点, K を底とする**錐**または**錐複体**という. K が n 次元ならば $\kappa[K]$ は $n+1$ 次元であり, また錐複体は常に連結である.

$\boldsymbol{R}^n$ の中のユークリッド複体 $\bar{K}$ に対しては, $\bar{K}$ の定める抽象複体 K の錐 $\kappa[K]$ を $\boldsymbol{R}^{n+1}$ の中に実現することによって $\bar{K}$ の錐複体 $\overline{\kappa[K]}$ が得られる.

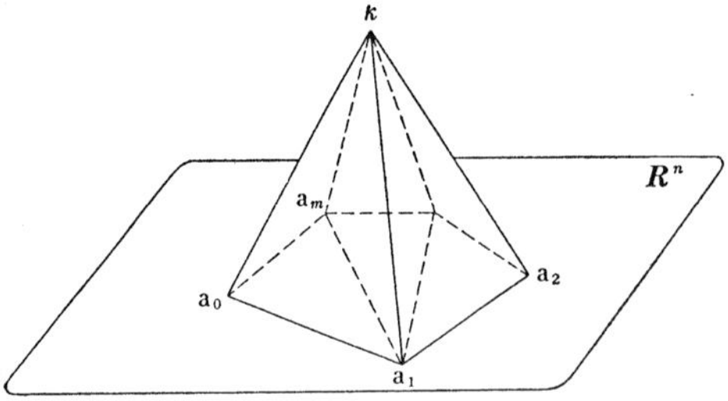

図　11

一般に X を $\boldsymbol{R}^n$ の任意の部分集合 $\kappa\in\boldsymbol{R}^n$ とする. X の相異なる任意の 2点 a, b に対して線分 $\overline{\kappa a}$ と $\overline{\kappa b}$ とが1点 κ のみを共有するとき, 点 κ は Xに対して**一般の位置**にあるという. このとき, 点 κ と X の点とを結ぶ線分全体の和集合

$$\overline{\kappa X}=\bigcup_{a\in X}\overline{\kappa a}$$

を, κ を頂点, X を底とする錐または**錐体**という.

例 1. K を $\boldsymbol{R}^n$ の中のユークリッド複体とする. $\boldsymbol{R}^{n+1}-\boldsymbol{R}^n$ の1点 κ は |K| に対して一般の位置にあり,

$$|\kappa[\mathrm{K}]|=\overline{\kappa|\mathrm{K}|}.$$

例 2. $\mathrm{x}^r=\langle \mathrm{a}_0, \mathrm{a}_1, \cdots, \mathrm{a}_r\rangle$ を $\boldsymbol{R}^n$ $(r<n)$ の中のユークリッド r 単体とする．$\boldsymbol{R}^n$ の点 κ が x^r に対して一般の位置にあるための必要十分条件は，$r+2$ 個の点 $\kappa, \mathrm{a}_0, \cdots, \mathrm{a}_r$ が独立なることで，このとき

$$\langle \kappa, \mathrm{a}_0, \cdots, \mathrm{a}_r\rangle=\overline{\kappa\mathrm{x}^r}$$

となる．

例 3. ユークリッド単体 x^r の境界を B とする．x^r の任意の内点 κ は B に対して一般の位置にあり，

$$\overline{\kappa\mathrm{B}}=\mathrm{x}^r.$$

例 1 はほとんど自明であろう．例 2 は，$\mathrm{a}_i-\mathrm{a}_0$ $(1\leqq i\leqq r)$ が r 次元ユークリッド空間を張り，$\kappa-\mathrm{a}_0$ はこれに含まれないことから直観的に首肯される．例 3 も直観的には明白であるが，念のために証明の梗概を示そう．

（a） κ が B に対して一般の位置にあること：

B の相異なる 2 点を $\mathrm{p}=\sum_{i=0}^{r}\lambda^i\mathrm{a}_i$，$\mathrm{q}=\sum_{i=0}^{r}\mu^i\mathrm{a}_i$ とし，$\kappa=\sum_{i=0}^{r}\xi^i\mathrm{a}_i$ $(\xi^i>0)$ とする．方程式

$$\lambda\mathrm{p}+(1-\lambda)\kappa=\mu\mathrm{q}+(1-\mu)\kappa$$

を整理すると

$$\lambda\mathrm{p}-\mu\mathrm{q}=(\lambda-\mu)\kappa \tag{13.1}$$

となる．p, q が x^r の同一の辺上にあれば，ある i に関して $\lambda^i=\mu^i=0$ であるから，(13.1) の両辺の a_i の係数を比べれば $\lambda=\mu$ でなくてはならない．p, q が相異なる辺上の点ならば，ある $i\neq j$ に関して $\lambda^i, \mu^j>0$，$\lambda^j=\mu^i=0$ となっている．(13.1) の両辺の $\mathrm{a}_i, \mathrm{a}_j$ の係数を比較して $\lambda=\mu$ を得る．いずれにしても，方程式を満足するのは $\lambda=\mu=0$ のとき，すなわち点 κ のみである．

（b） $\overline{\kappa\mathrm{B}}=\mathrm{x}^r$ なること：

$\overline{\kappa\mathrm{B}}\subset\mathrm{x}^r$ は x^r が凸集合なることから明らかである．逆に，$\mathrm{x}^r-\{\kappa\}$ の任意の点を p として

$$\mathrm{q}=\lambda\mathrm{p}+(1-\lambda)\kappa \qquad (\lambda\geqq 0)$$

なる点を考える．λ が十分小さいときには q は x^r の内部にあり，また x^r は

有界であるから，十分大きな λ に対しては $q \notin x^r$．$\{\lambda;\ q \in x^r\}$ なる有界集合の上限 λ_0 に対応する点 q_0 をとれば，$q_0 \in B$ で，かつ $p \in \overline{\kappa q_0}$．ゆえに $p \in \overline{\kappa B}$ である．これで証明できた．

いま複体 K の各単体に向きをつけて $x^r = (a_0, a_1, \cdots, a_r)$ とするとき，錐複体 $\kappa[K]$ の (ii) の型の単体の向きを $(\kappa, a_0, a_1, \cdots, a_r)$ と定義し，これを $\kappa(x^r)$ と表わす．K の各 r 鎖 $c^r = \sum_i t^i x^r{}_i$ $(t^i \in \boldsymbol{Z})$ に対して

$$\kappa(c^r) = \sum_i t^i \kappa(x^r{}_i)$$

と定義する．∂ の定義から直ちに

補題 13.1. K の各(整係数) r 鎖に対して

$$\begin{cases} \partial(\kappa(c^r)) = c^r - \kappa(\partial c^r), & (r>0). \\ \partial(\kappa(c^0)) = c^0 - KI(c^0)\cdot\kappa \end{cases}$$

応用として $K = K(x^n)$ と $\dot{K} = K(\partial x^n)$ のホモロジー群を求めよう(記号 $K(x^n)$，$K(\partial x^n)$ については §1 の例1，例2をみよ)．

定理 13.2.

(i)
$$\begin{cases} H_r(K) = 0 \quad (r \neq 0), \\ H_0(K) \cong \boldsymbol{Z} \end{cases} \qquad (n \geqq 0).$$

(ii)
$$\begin{cases} H_r(\dot{K}) = 0 \quad (r \neq 0,\ n-1), \\ H_{n-1}(\dot{K}) \cong H_0(\dot{K}) \cong \boldsymbol{Z} \end{cases} \qquad (n > 1).$$

注意. §11 の用語によれば，$K(x^n)$ は非輪状である．

証明. (i) $x^n = (a_0, a_1, \cdots, a_n)$ とする．単体写像 $f: K \to \kappa[K]$，および $g: \kappa[K] \to K$ を次のように定義する:

$$\begin{cases} f(a_i) = a_i, \\ g(\kappa) = a_0, \qquad g(a_i) = a_i \end{cases} \qquad (0 \leqq i \leqq n).$$

実際に f, g が単体写像であることは直ちにわかる．$g \circ f = 1_K$ であるから $g_* \circ f_* = 1_*$ である．従って，$\tilde{g}_* \circ \tilde{f}_* = \tilde{1}_*$(§11，p. 37 参照)．

いま準同形 $D: \tilde{C}_r(K) \to \tilde{C}_{r+1}(\kappa[K])$ を

$$D(c^r) = \kappa(c^r) \qquad (c^r \in \tilde{C}_r(K),\ r \geqq 0)$$

$$D(1)=\kappa$$

と定義する．ここに，1は $\tilde{C}_{-1}=\boldsymbol{Z}$ の生成元1である．補題 13.1 の形からみて，D は $\tilde{f}$ と零写像とを結ぶ鎖ホモトピーを与えていることがわかる．従って $\tilde{f}_*=0$，すなわち $1_*=0$ であるから $\tilde{H}_r(\mathrm{K})=0$．よって証明された．

(ii) $C_r(\mathrm{K})=C_r(\dot{\mathrm{K}})$ $(r<n)$ であるから，$H_r(\mathrm{K})=H_r(\dot{\mathrm{K}})$ $(r<n-1)$ である．$r=n-1$ のとき，K の n 鎖は $tx^n(t\in\boldsymbol{Z})$ なる形のものだけであるところから，$Z_{n-1}(\mathrm{K})=Z_{n-1}(\dot{\mathrm{K}})=H_{n-1}(\dot{\mathrm{K}})$ の元はすべて $t\cdot(\partial x^n)$ と表わされる．すなわち $H_{n-1}(\dot{\mathrm{K}})\cong\boldsymbol{Z}$.

対 $(\mathrm{K},\dot{\mathrm{K}})$ のホモロジー完全系列において，K が非輪状であるから

$$\partial_*: H_{r+1}(\mathrm{K},\dot{\mathrm{K}})\cong H_r(\dot{\mathrm{K}}) \qquad (r>0).$$

よって次の系を得る．

系．
$$\begin{cases} H_r(\mathrm{K},\dot{\mathrm{K}})=0 & (r\neq n), \\ H_n(\mathrm{K},\dot{\mathrm{K}})\cong\boldsymbol{Z}. \end{cases}$$

$H_n(\mathrm{K},\dot{\mathrm{K}})$ の生成元は x^n で，$H_{n-1}(\dot{\mathrm{K}})$ の生成元は ∂x^n である．これらをそれぞれ K および $\dot{\mathrm{K}}$ の**基本輪体**と呼ぶ．

定理 13.2 (i) の証明を反省してみると，x^n が a_0 を頂点，$\langle \mathrm{a}_1,\mathrm{a}_2,\cdots,\mathrm{a}_n\rangle$ を底とする錐複体であることだけによっている．従って一般に

定理 13.3. 任意の錐複体は非輪状である．

問 1. (i) κ が X に対して一般の位置にあり，$\mathrm{Y}\subset\mathrm{X}$ ならば $\overline{\kappa\mathrm{Y}}\subset\overline{\kappa\mathrm{X}}$，および $\overline{\kappa\mathrm{Y}}\cap\mathrm{X}=\mathrm{Y}$ なることを証明せよ．

(ii) κ が $\mathrm{X}\cup\mathrm{Y}$ に対して一般の位置にあれば，$\overline{\kappa(\mathrm{X}\cap\mathrm{Y})}=\overline{\kappa\mathrm{X}}\cap\overline{\kappa\mathrm{Y}}$ なることを証明せよ．

問 2. 複体 $\mathrm{K}(\mathrm{x}^n)$ および $\mathrm{K}(\partial\mathrm{x}^n)$ の，一般のアーベル群 G を係数とするホモロジー群を求めよ．

§ 14. 複体の細分

K をユークリッド複体とするとき，K の**細分**と呼ばれる複体 SdK を，次のように帰納的に定義する：

（a）　K が 0 次元複体ならば SdK＝K.

（b）　任意の $n-1$ 次元複体 K の細分 SdK が次の条件を満足するように定義されているものとする：

（i）　|K|＝|SdK|.

（ii）　L が K の部分複体ならば SdL もまた SdK の部分複体である.

次に n 次元複体 K の細分を次のように定義する：

K の $n-1$ 切片 M に対しては，仮定によって細分 SdM が定義されている．$x^n{}_1, x^n{}_2, \cdots, x^n{}_m$ を K の n 単体，κ_i を各 $x^n{}_i$ の任意の内点とする．$B_i = K(\partial x^n{}_i)$ の細分 SdB_i は (ii) によって SdM の部分複体である．§ 13 例 3 によって κ_i は $|B_i| = |SdB_i|$ に対して一般の位置にある．そこで

$$SdK = SdM \cup \kappa_1[SdB_1] \cup \cdots \cup \kappa_m[SdB_m]$$

と定義すれば，条件 (i), (ii) を満足することが容易に知られる．

特に κ_i として $x^n{}_i$ の重心をとるとき：

$$\kappa_i = (a_0 + a_1 + \cdots + a_n)/(n+1),$$

$$\text{ただし}\quad x^n{}_i = \langle a_0, a_1, \cdots, a_n \rangle.$$

SdK を K の**重心細分**と呼ぶ．さし当って，この重心細分のみを取り扱う．

以上の定義は我々の直観と容易に結びつくのであるが，次に今一つの定義を与えよう．この方が定義としては簡単であるが直観的でない．

複体 K に属する単体列 $\{x_i\}$ で x_{i+1} が x_i の辺になっているようなもの：

(14.1)　$$x_0 \succ x_1 \succ \cdots \succ x_r$$

に対して，各単体 x_i の重心 κ_i をとると，次の補題が成立する．

補題 14.1. $\langle \kappa_0, \kappa_1, \cdots, \kappa_r \rangle$ は SdK の単体で，逆に SdK の各単体はこの形に表わされる．

証明. 0 次元複体に対してこの命題は自明である．帰納法の仮定によって $n-1$ 次元複体に対して命題は真なりとし，n 次元複体 K について証明しよう．

x_0 の次元が $n-1$ 以下ならば，仮定によって $\langle \kappa_0, \kappa_1, \cdots, \kappa_r \rangle$ は SdK に属する．x_0 を n 単体とし，x_0 の境界を B_0 とする．$x_1 \in B_0 \subset K^{n-1}$ であるか

ら，仮定によって $\langle\kappa_1, \kappa_2, \cdots, \kappa_r\rangle$ は SdB$_0$ の単体である．従って SdK の定義によって $\kappa_0[\langle\kappa_1, \cdots, \kappa_r\rangle]=\langle\kappa_0, \kappa_1, \cdots, \kappa_r\rangle$ は SdK に属する．

逆に y$\in$SdK を任意の単体とする．y$\in$SdK^{n-1} ならば仮定によって命題は成立する．y$\in\kappa_0$[SdB$_0$] ならば三つの場合がある：

(i) y$\in$SdB$_0$ なる場合：y$\in$SdK^{n-1} の場合に帰着する．

(ii) y$=\kappa_0$ なる場合：自明である．

(iii) y$=\kappa_0$[y′]，y′$\in$SdB$_0$ なる場合：仮定によって B$_0$ の単体列 x$_1\succ$x$_2\succ\cdots\succ$x$_r$ が存在して，y′ はそれらの重心 κ_i によって y′$=\langle\kappa_1, \kappa_2, \cdots, \kappa_r\rangle$ と表わされる．B$_0$ はある n 単体 x$_0$ の境界であったから，結局 K に属する単体列 x$_0\succ$x$_1\succ\cdots\succ$x$_r$ が存在して，y は $\kappa_0[\langle\kappa_1, \cdots, \kappa_r\rangle]=\langle\kappa_0, \kappa_1, \cdots, \kappa_r\rangle$ と表わされる．これで証明を終る．

例えば図 12 において，x$^2=\langle$a$_0$, a$_1$, a$_2\rangle$，x$^1{}_1=\langle$a$_0$, a$_1\rangle$，x$^1{}_2=\langle$a$_0$, a$_2\rangle$，x$^1{}_3=\langle$a$_1$, a$_2\rangle$ とすると，

x$^2\succ$x$^1{}_1\succ$a$_0$ には $\langle\kappa_0, \kappa_1,$ a$_0\rangle$，

x$^2\succ$a$_2$ には $\langle\kappa_0,$ a$_2\rangle$，

x$^1{}_2\succ$a$_2$ には $\langle\kappa_2,$ a$_2\rangle$

がそれぞれ対応する．

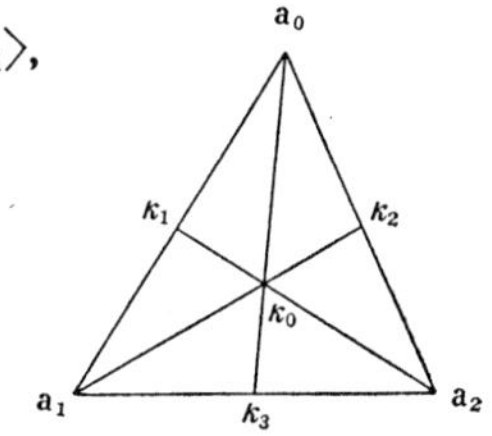

図 12

K の r 鎖群から SdK の r 鎖群への準同形

$$Sd : C_r(\mathrm{K}) \to C_r(\mathrm{SdK})$$

を帰納的に次のように定義する：

(i) $c^0\in C_0(\mathrm{K})$ に対しては $Sd(c^0)=c^0$．

(ii) $c^{n-1}\in C_{n-1}(\mathrm{K})$ に対して $Sd(c^{n-1})\in C_{n-1}(\mathrm{SdK})$ がすでに定義されていると仮定する．任意の $c^n=\sum_{i=1}^{m} t^i x^n{}_i$ に対して，κ_i を各 $x^n{}_i$ の重心とすれば

$$Sd(c^n)=\sum_{i=1}^{m} t^i\cdot\kappa_i(Sd(\partial x^n{}_i)) \tag{14.2}$$

と定義する．準同形なることは明らかである．さらに

補題 14.2. Sd は鎖準同形である．

証明. K の各 r 単体 x^r について

$$\partial(Sd\,x^r)=Sd(\partial x^r)$$

をいえばよい. $r=0$ のときこれは自明であるから, K の $r-1$ 鎖に対してこの命題は真なりとする. x^r の重心を κ とすれば, (14.2) によって

$$\begin{aligned}\partial(Sd\,x^r)&=\partial(\kappa(Sd(\partial x^r)))\\&=Sd(\partial x^r)-\kappa(\partial(Sd(\partial x^r))).\end{aligned}$$

第2項は帰納法の仮定によって

$$\kappa(\partial(Sd(\partial x^r)))=\kappa(Sd(\partial\circ\partial x^r))=0.$$

よって証明された.

SdK の細分 Sd(SdK) を $\mathrm{Sd}^2\mathrm{K}$ と表わす. 一般に

$$\mathrm{Sd}^m(\mathrm{K})=\mathrm{Sd}(\mathrm{Sd}^{m-1}\mathrm{K})$$

を複体 K の m 回反復細分という. $\mathrm{Sd}^0\mathrm{K}=\mathrm{K}$ としよう.

鎖準同形 $Sd^m : C_r(\mathrm{K})\to C_r(\mathrm{Sd}^m\mathrm{K})$ を

$$Sd^0=1_{\mathrm{K}},\qquad Sd^m=Sd\circ Sd^{m-1}$$

と帰納的に定義する. 明らかに

(14.3) $$Sd^{(m+n)}=Sd^m\circ Sd^n.$$

補題 14.1 によって SdK の単体を表現して, 準同形 Sd を具体的に書いてみよう. K の単体 x^n を細分して生ずる複体の n 単体は, x^n の辺単体列

(14.4) $$\mathrm{x}^n\succ\mathrm{x}^{n-1}\succ\cdots\succ\mathrm{x}^0$$

をとり, 各 x^r の重心 κ_{n-r} $(0\leqq r\leqq n)$ を頂点とする単体 $\langle\kappa_0,\kappa_1,\cdots,\kappa_n\rangle$ である.

補題 14.3. $$Sd(x^n)=\sum\varepsilon\cdot(\kappa_0,\kappa_1,\cdots,\kappa_n).$$

ここに $\sum$ は (14.4) のような x^n の辺単体列の組合せ全体の上にわたり, $[x^i : x^{i-1}]=\varepsilon_i$ $(1\leqq i\leqq n)$ とすると, $\varepsilon=\varepsilon_1\cdot\varepsilon_2\cdots\varepsilon_n$.

注意. 直観的にいえば $Sd(x^n)$ は x^n に含まれるすべての SdK の n 単体に符号 ε をつけて加えたものである.

証明. $n=0$ の場合は自明である. x^n の各 $n-1$ 辺単体 $\mathrm{x}^{n-1}{}_1$, $\mathrm{x}^{n-1}{}_2$, ‥, x^{n-1}_{n+1} に, 結合係数 $[x^n : x^{n-1}{}_j]$ が $+1$ となるような向きをつければ,

$$Sd(x^n)=\kappa_0(\mathrm{Sd}(\partial x^n))$$
$$=\sum_{j=1}^{n+1}\kappa_0(Sd\,x^{n-1}{}_j).$$

よって帰納法を用いれば命題は自ら明らかであろう.

一般に $\boldsymbol{R}^n$ の有界集合 X の任意の 2 点間の距離の上限

$$\delta(\mathrm{X})=\sup_{\mathrm{a,\,b}\in\mathrm{X}}\rho(\mathrm{a,\,b})$$

を, 集合 X の**径**という. 次の定理が成立する.

定理 14.4. 複体 K に対して十分大きな正整数 m をとれば, K の m 回反復細分 $\mathrm{Sd}^m\mathrm{K}$ の単体の径の最大値を任意に小さくできる.

次の二つの補題を示せばよい.

補題 A. 単体 $\mathrm{x}^r=\langle \mathrm{a}_0,\mathrm{a}_1,\cdots,\mathrm{a}_r\rangle$ の径は, ある 1 次元辺単体の径に等しい.

補題 B. r 次元複体 K の 1 単体の径が η を越えなければ, $\mathrm{Sd}^m\mathrm{K}$ の 1 単体の径は $[r/(r+1)]^m\cdot\eta$ を越えない.

証明 A. x^r の 2 点 a, b の距離は $\rho(\mathrm{a,b})=\sqrt{(\mathrm{a-b,a-b})}$ と表わされるから,

$$[\rho(\mathrm{a+h,\,b})]^2=(\mathrm{a-b,\,a-b})+2(\mathrm{h,\,a-b})+(\mathrm{h,\,h})$$

となる. a が x^r の頂点でないとき, すなわち

$$\mathrm{a}=\lambda^0\mathrm{a}_0+\lambda^1\mathrm{a}_1+\cdots+\lambda^r\mathrm{a}_r$$

の重心座標のうち, ある $i\neq j$ に対して $\lambda^i,\lambda^j>0$ なるとき, $\mathrm{a+h}\in\mathrm{x}^r$, $(\mathrm{h,a-b})\geqq 0$ となるように h を定めることができればよい. 実際 $0<\nu<\min(\lambda^i,\lambda^j)$ なる ν をとって, $h=\varepsilon\nu(\mathrm{a}_i-\mathrm{a}_j)$ $(\varepsilon=\pm1)$ とすると, $\mathrm{a+h}\in\mathrm{x}^r$ となるから, $(\mathrm{h,a-b})\geqq 0$ となるように符号 ε を定めればよい.

証明 B. 補題 14.1 によれば SdK の 1 単体は, K のある s 単体 $\mathrm{x}^s=\langle\mathrm{a}_0,\mathrm{a}_1,\cdots,\mathrm{a}_s\rangle$ の重心 κ_0 と, その辺単体 $\mathrm{x}^t=\langle\mathrm{a}_0,\mathrm{a}_1,\cdots,\mathrm{a}_t\rangle$ $(t<s)$ の重心 κ_1 とによって, $\langle\kappa_0,\kappa_1\rangle$ と表わされる. 単体 $\langle\mathrm{a}_{t+1},\cdots,\mathrm{a}_s\rangle$ の重心を κ とすれば

$$\kappa_0=[(t+1)/(s+1)]\kappa_1+[(s-t)/(s+1)]\kappa$$

となる. 従って

$$\rho(\kappa_0,\kappa_1)=[(s-t)/(s+1)]\rho(\kappa_1,\kappa).$$

補題 A によって $\rho(\kappa_1, \kappa) \leqq \eta$. また $0 \leqq s \leqq r$, $0 \leqq t < s$ から容易に $(s-t)/(s+1) \leqq r/(r+1)$ となり，従って

$$\rho(\kappa_0, \kappa_1) \leqq [r/(r+1)] \cdot \eta.$$

よって $\mathrm{Sd}^m\mathrm{K}$ の1単体の径は $[r/(r+1)]^m \cdot \eta$ を越えない.

問. 複体の細分の第二の定義を用いて，抽象複体の細分を定義せよ.

§ 15. 単体近似

多面体 P から Q への連続写像は，単体写像に比べて遙かに複雑である. § 14 の結果を用いて，連続写像を単体写像で近似する問題を考察しよう.

連続写像 $\varphi: |\mathrm{K}| \to |\mathrm{L}|$ の**単体近似** f とは，単体写像 $f: \mathrm{K} \to \mathrm{L}$ で，$|\mathrm{K}|$ の各点 p に対して $f(\mathrm{p})$ が $\varphi(\mathrm{p})$ の L における支持単体上にあることをいう. このような単体写像は，必ずしも常に存在するとは限らない. 単体近似が存在するための条件を与えよう.

a を複体 K の頂点とする. a を頂点にもつ K のすべての単体の和集合を $\mathrm{S_K(a)}$ と表わす. また $\mathrm{S_K(a)}$ に属する単体の内部の集合を $\mathrm{O_K(a)}$ と表わす. $\mathrm{S_K(a)}$ を a の**閉星状体**, $\mathrm{O_K(a)}$ を**開星状体**と呼ぶ.

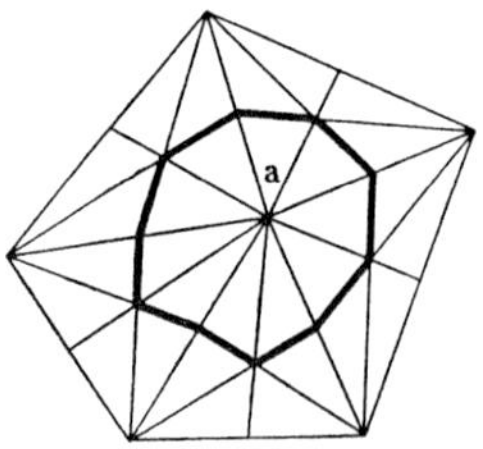

図 13

図 13 において，$\mathrm{S_K(a)}$ は太線で囲まれた図形である. a 自身は 0 単体 a の内部でもあるから，$\mathrm{O_K(a)}$ は太線で囲まれた図形の内部である.

$\mathrm{S_K(a)}$ は有限個の閉集合の和であるから閉集合である. また，a を頂点にもたない K のすべての単体の和集合は閉集合であるから，その補集合である $\mathrm{O_K(a)}$ は K の開集合である.

補題 15.1. 多面体 $|\mathrm{K}|$ から $|\mathrm{L}|$ への連続写像 $\varphi: |\mathrm{K}| \to |\mathrm{L}|$ が次の条件を満たせば，φ の単体近似が存在する:

K の各頂点 a に対して

(15.1) $$\varphi[\mathrm{O_K(a)}] \subset \mathrm{O_L(b)}$$

を満足する L の頂点 b が存在する.

証明. K の各頂点 a に対して，(15.1) の条件を満たす L の頂点を一つとり，

$$f(\mathrm{a})=\mathrm{b}$$

とする．K の単体 $\mathrm{x}^r=\langle \mathrm{a}_0, \mathrm{a}_1, \cdots, \mathrm{a}_r\rangle$ の内点を p とすると，$\mathrm{p}\in O_K(\mathrm{a}_i)$ $(0\leqq i\leqq r)$，従って $\varphi(\mathrm{p})\in\varphi[O_K(\mathrm{a}_i)]\subset O_L[f(\mathrm{a}_i)]$．$\varphi(\mathrm{p})$ の（L における）支持単体(§3 問 2 参照) y は $S_L[f(\mathrm{a}_i)]$ に含まれる．従って星状体の定義から $f(\mathrm{a}_i)\in\mathrm{y}$ $(0\leqq i\leqq r)$．すなわち f は Kの単体の各頂点を L のある一つの単体の頂点に写す．よって f は単体写像に拡張できる(§3 参照)．

p を |K| の任意の点とし，x^r を p の支持単体とすると，上の証明は $f(\mathrm{p})$ が $\varphi(\mathrm{p})$ の L における支持単体 y 上にあることを示している．

注意. (15.1) を満たす頂点は唯一とは限らないから，φ の単体近似もまた一意に決まるわけではない．

次の定理が本節の目標である．

定理 15.2. 多面体 P から Q への任意の連続写像 φ に対して，適当な単体分割 |K|＝P，|L|＝Q をとれば，φ の単体近似 $f: K\to L$ が存在する．

代りに次の命題を証明しよう．

定理 15.2′. 連続写像 $\varphi: |K|\to|L|$ に対して十分大きな正整数 m をとれば，$\varphi: |\mathrm{Sd}^m K|\to|L|$ は補題 15.1 の条件を満足する．

証明. 開星状体 $\{O_L(\mathrm{b})\}_{\mathrm{b}\in L}$ はコンパクト空間 |L| の開被覆をなすから，ある正数 ε をとって，|L| の部分集合 X の径が ε より小ならば，常にある $O_L(\mathrm{b})$ に含まれるようにできる(演習 参照)．|K| もコンパクトであるから φ は一様連続である．従って ε に対してある正数 δ が存在して

$$\rho(\mathrm{p},\mathrm{q})<\delta \quad \text{ならば} \quad \rho(\varphi(\mathrm{p}),\varphi(\mathrm{q}))<\varepsilon \qquad (\mathrm{p}\in|K|,\ \mathrm{q}\in|K|)$$

となる．定理 14.4 によれば十分大きな正整数 m をとって，$\mathrm{Sd}^m K$ の単体の径を任意に小さくできる．従って K の開星状体の径を δ より小さくできる．$\varphi[O_K(\mathrm{a})]$ の径は ε より小であるから，L のある星状体に含まれる．よって証明された．

次に，$P_1 \xrightarrow{\varphi_1} P_2 \xrightarrow{\varphi_2} P_3$ を多面体と連続写像の系列とする．P_2, P_3 の適当な

単体分割 K_2, K_3 をとり，$f_2 : K_2 \to K_3$ を φ_2 の単体近似とする．次に P_1 の適当な単体分割 K_1 をとって，φ_1 の単体近似 $f_1 : K_1 \to K_2$ が存在するようにできる．

補題 15.3. $f_2 \circ f_1$ は $\varphi_2 \circ \varphi_1$ の単体近似である．

証明. P_1 の任意の点を p, $\varphi_1(p)$ の支持単体を x, $\varphi_2 \circ \varphi_1(p)$ の支持単体を y とすると，$f_1(p) \in x$ で $f_2(x) \prec y$ である．従って $f_2 \circ f_1(p)$ は $\varphi_2 \circ \varphi_1(p)$ の K_3 における支持単体 y の点である．これで証明できた．

単体近似の例を挙げよう．多面体としての恒等写像 $\varphi : |SdK| \to |K|$ を考える．$|SdK|$の任意の頂点 a は K のある単体 $\langle b_0, b_1, \cdots, b_r \rangle$ の重心である．a を頂点にもつ SdK の任意の単体は b_i を頂点にもつある(K の)単体に含まれる(確かめよ)から，$O_{SdK}(a) \subset O_K(b_i)$ $(0 \leqq i \leqq r)$．これは恒等写像 φ が補題 15.1 の条件を満足することを示す．$\{b_i\}$ の中から任意に一つ選んで，例えば

$$f(a) = b_0$$

とする．このようにして定義された単体写像 f は φ の単体近似である．

これを用いて鎖準同形 $Sd : C(K) \to C(SdK)$ および $Sd_* : H(K) \to H(SdK)$ が単射準同形なることが証明できる．すなわち次の補題が成り立つ．

補題 15.4. $\hat{f} \circ Sd = \hat{1}_K$，従って $f_* \circ Sd_* = 1_*$.

証明. K の 0 鎖に対して $\hat{f} \circ Sd$ は恒等変換である．帰納法によって $r-1$ 鎖に対して命題は成立すると仮定する．$x = (b_0, b_1, \cdots, b_r)$ を K の任意の向きづけられた r 単体，a をその重心とする．仮定によって

$$\hat{f} \circ Sd(\partial x) = \partial x. \tag{15.2}$$

さて準同形 Sd の帰納的定義によれば

$$Sd(x) = a(Sd(\partial x)). \tag{15.3}$$

f は単体写像であるから，一般に $y \in SdK$, $a[y] \in SdK$ に対して

$$\hat{f}(a[y]) = \begin{cases} 0 & (fa \in fy), \\ fa[fy] & (fa \notin fy). \end{cases}$$

しかるに x の $n-1$ 辺単体の中で $fa = b_0$ を含まないものは $(b_1, b_2, \cdots, b_r)$

だけであるから，(15. 3) の両辺に $\hat{f}$ を施して (15. 2) を用いれば

$$\hat{f}\circ Sd(x)=\mathrm{b}_0[(\mathrm{b}_1, \cdots, \mathrm{b}_r)]=x.$$

従って K の各 r 鎖に対して命題が成立する．

ついでに Sd_* が全射準同形なることを証明しよう．

SdK の各単体 $\mathrm{y}=\langle\kappa_0, \kappa_1, \cdots, \kappa_r\rangle$ の頂点の順序を適当に並べれば，κ_i を重心とする K の単体 x_i の列

$$\mathrm{x}_0 \succ \mathrm{x}_1 \succ \cdots \succ \mathrm{x}_r$$

がある．K の部分複体 $\mathrm{K}(\mathrm{x}_0)=\mathrm{L}_0$ の細分 SdL_0 を $\Gamma(\mathrm{y})$ とすると，$\Gamma(\mathrm{y})$ は SdK の部分複体で，$\mathrm{y}\prec\mathrm{z}$ ならば明らかに $\Gamma(\mathrm{y})\subset\Gamma(\mathrm{z})$ である．細分の帰納的定義によれば SdL_0 は錐複体であるから，定理 13. 4 によって $\Gamma(\mathrm{y})$ は非輪状である．この Γ が，$Sd\circ\hat{f}$ および恒等写像 $\hat{1}_{\mathrm{SdK}}$ の共通な台であることを示せば，定理 11. 3 によって $Sd_*\circ f_*=1_*$，すなわち Sd_* は全射である．

$f(\mathrm{y})\in\mathrm{L}_0$ であるから $Sd\circ\hat{f}(y)\in C(\mathrm{SdL}_0)$．ゆえに $\Gamma(\mathrm{y})$ は $Sd\circ\hat{f}$ の台である．

$\dot{\mathrm{L}}_0=\mathrm{K}(\partial\mathrm{x}_0)$，$\mathrm{L}_1=\mathrm{K}(\mathrm{x}_1)$ と表わそう．y が 0 単体ならば $\Gamma(\mathrm{y})=\mathrm{y}$ であるから，帰納法を用いるために，$(\kappa_1, \kappa_2, \cdots, \kappa_r)\in C(\mathrm{SdL}_1)$ と仮定する．細分の定義によって

$$\mathrm{SdL}_0=\kappa_0[\mathrm{Sd}\dot{\mathrm{L}}_0].$$

しかるに $\mathrm{L}_1\subset\dot{\mathrm{L}}_0$ であるから $\mathrm{SdL}_1\subset\mathrm{Sd}\dot{\mathrm{L}}_0$．よって

$$y=(\kappa_0, \kappa_1, \cdots, \kappa_r)\in C(\mathrm{SdL}_0).$$

すなわち $\Gamma(\mathrm{y})$ は SdK の上の恒等写像の台でもある．これで証明できた．

補題 15. 4 と合わせて次の定理が証明された．

定理 15. 5.　$Sd_*: H(\mathrm{K})\cong H(\mathrm{SdK}).$

注意． 従って一般に

$$Sd^m{}_*: H(\mathrm{K})\cong H(\mathrm{Sd}^m\mathrm{K}).$$

すなわち複体のホモロジー群は重心細分によって不変である．

単体写像 $f:\mathrm{K}\to\mathrm{L}$ に対して，L の任意の細分 $\mathrm{Sd}^n\mathrm{L}$ をとれば，K, $\mathrm{Sd}^n\mathrm{L}$

に関して f はもはや単体写像ではない．適当な K の細分 $\mathrm{Sd}^m\mathrm{K}$ をとって，f の単体近似 $g:\mathrm{Sd}^m\mathrm{K}\to\mathrm{Sd}^n\mathrm{L}$ をとれば，次の図式は可換である：

$$\begin{array}{ccc} H(\mathrm{K}) & \xrightarrow{f_*} & H(\mathrm{L}) \\ \downarrow Sd^m{}_* & & \downarrow Sd^n{}_* \\ H(\mathrm{Sd}^m\mathrm{K}) & \xrightarrow{g_*} & H(\mathrm{Sd}^n\mathrm{L}) \end{array}$$

すなわち

補題 15.6.　　$Sd^n{}_*\circ f_*=g_*\circ Sd^m{}_*.$

証明. K の各単体 x に対して $f(\mathrm{x})=\mathrm{y}$，$\mathrm{M}=\mathrm{K(y)}$ とすると，$\mathrm{Sd}^n\mathrm{M}$ は $\mathrm{Sd}^n\mathrm{L}$ の非輪状な部分複体である．$\Gamma(\mathrm{x})=\mathrm{Sd}^n\mathrm{M}$ と定義すれば，$\mathrm{x}_1\prec\mathrm{x}_2$ に対して明らかに $\Gamma(\mathrm{x}_1)\subset\Gamma(\mathrm{x}_2)$ となる．Γ が $Sd^n\circ\hat{f}$ の台であることは明白であるから，$\hat{g}\circ Sd^m(x)\in C[\Gamma(\mathrm{x})]$ を示せば，$Sd^n{}_*\circ f_*=g_*\circ Sd^m{}_*$ が証明される．

$\mathrm{K(x)}=\mathrm{N}$ とするとき，$\mathrm{Sd}^m\mathrm{N}$ の任意の頂点 b に対して $g(\mathrm{b})$ が $\Gamma(\mathrm{x})=\mathrm{Sd}^n\mathrm{M}$ の頂点なることをいえば十分である．実際，$f(\mathrm{b})\in f[\mathrm{O}_{\mathrm{Sd}^m\mathrm{K}}(\mathrm{b})]\subset\mathrm{O}_{\mathrm{Sd}^n\mathrm{L}}(g(\mathrm{b}))$ で，$f(\mathrm{b})$ の $\mathrm{Sd}^n\mathrm{L}$ における支持単体は $\mathrm{Sd}^n\mathrm{M}$ の一つの単体であるから，開星状体の定義によって $g(\mathrm{b})$ は $\mathrm{Sd}^n\mathrm{M}$ の頂点でなければならない．これで証明できた．

問. φ を多面体 P から Q への連続写像，K, L をそれぞれ P, Q の単体分割，$f:\mathrm{K}\to\mathrm{L}$ を φ の単体近似とする．K をさらに細分して，$g:\mathrm{Sd}^m\mathrm{K}\to\mathrm{L}$ を f の単体近似とすれば g はまた φ の単体近似であることを証明せよ．

§ 16. ホモトピー

位相空間 X と閉区間 $\mathrm{I}=[0,1]$ との直積空間 $\mathrm{X}\times\mathrm{I}$（参考書［2］参照）の部分空間 $\mathrm{X}\times\{t\}$ $(0\leqq t\leqq 1)$ を X_t と記す．特に $\mathrm{X}_0=\mathrm{X}\times\{0\}$ と X とを同一視して，$\mathrm{X}\subset\mathrm{X}\times\mathrm{I}$ と考える．任意の $\mathrm{x}\in\mathrm{X}$ に対して

(16.1)　　$\phi_t(\mathrm{x})=(\mathrm{x},t)$　　$(0\leqq t\leqq 1)$

と定義すると，$\phi_t:\mathrm{X}\to\mathrm{X}_t$ は各 t に対して同相写像を与える．

位相空間 X から Y への二つの連続写像 φ_0,φ_1 に対して連続写像 $\varphi:\mathrm{X}\times\mathrm{I}\to\mathrm{Y}$ が存在して

(16.2)　　$\varphi\circ\phi_0=\varphi_0,\qquad \varphi\circ\phi_1=\varphi_1$

を満たすとき，φ_0 と φ_1 とは互いに**ホモトープ**であると呼び，$\varphi_0 \simeq \varphi_1$ と表わす．φ を，φ_0 と φ_1 とを結ぶ**ホモトピー**と呼ぶ．

注意． (16.2) の関係は

$$\varphi(x, 0) = \varphi_0(x), \qquad \varphi(x, 1) = \varphi_1(x)$$

と表わすと一層わかりよい．

ホモトープなる関係 "$\simeq$" は同値律を満足することがわかるから，連続写像 X→Y 全体の集合をこの関係によって類別することができる．これを**ホモトピー類**と呼び，写像 φ_0 の属するホモトピー類を $\{\varphi_0\}$ と表わす．

例えば多面体 |K| から |L| への連続写像 φ と，その単体近似 f とは互いにホモトープである．実際 |K| の各点 p に対して $\varphi(p)$ と $f(p)$ とは L の同一の単体上にあるから，点 $\varphi(p)$ を線分 $\overline{\varphi(p)f(p)}$ に沿って点 $f(p)$ まで滑らせてゆくホモトピー

$$F(p, t) = (1-t)\varphi(p) + tf(p)$$

をつくることができる．

次に多面体 |K| に対して，$|K| \times I$ の単体分割を求めてみよう．一般に，集合 Y を底とし一点 κ を頂点とする錐体 $X = \overline{\kappa Y}$ に関して，$X \times I$ の部分集合

$$X \times \{1\} \cup Y \times I$$

を W と表わせば，$X \times I$ は W を底とし，$\kappa \times \{0\}$ を頂点とする錐体である．これを示すのに，X の各点 x に対して $X \times I$ の点 $x \times \{t\}$ を x_t と表わすことにすると ($x_0 = x$ に注意)，$Y = Y_0$ の各点 $y = y_0$ に関して，線分 $\overline{\kappa y} = \overline{\kappa_0 y_0}$ と I との直積集合は，

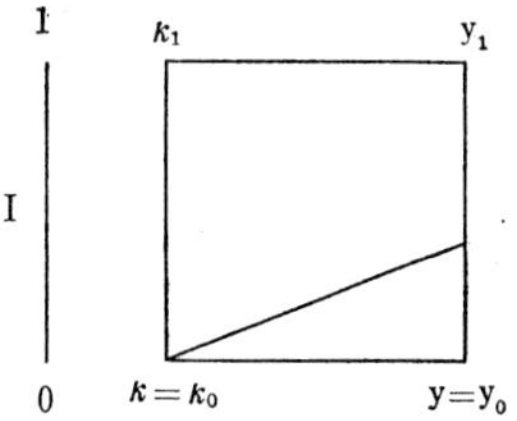

図 14

κ_0 を頂点とし，$\overline{\kappa_1 y_1} \cup y \times I$ を底とする錐体である (図 14)．よって明らかである．

複体 K の各単体 $x = \langle a_0, a_1, \cdots, a_r \rangle$ は，単体 $y = \langle a_1, a_2, \cdots, a_r \rangle$ を底とする錐複体 $a_0[y]$ である (§ 13)．$a_i \times \{1\}$ を b_i，$x_1 = \langle b_0, b_1, \cdots, b_r \rangle$ と表わせば

(16.3) $$x \times I = a_0[x_1 \cup y \times I]$$

となる．低次元の場合を具体的に考えてみると，0 単体 $\langle a_0 \rangle$ に対しては

$\langle a_0\rangle\times I=\langle a_0, b_0\rangle$, 1単体 $x=\langle a_0, a_1\rangle$ に対して $x\times I$ は単体 $\langle a_0, b_0, b_1\rangle$ と $\langle a_0, a_1, b_1\rangle$ とを基本単体とする複体である．帰納法を用いるために，$y\times I$ の基本単体は $\{\langle a_1, \cdots, a_i, b_i, \cdots, b_r\rangle;\ 1\leqq i\leqq r\}$ であると仮定すると，(16.3) によって $x\times I$ の基本単体は，$\langle a_0, b_0, b_1, \cdots, b_r\rangle$ と $\{\langle a_0, a_1, \cdots, a_i, b_i, \cdots, b_r\rangle;\ 1\leqq i\leqq r\}$ であることがわかる．この単体分割は x の頂点の順序に依存している．結局次の定理が得られた:

定理 16.1. 任意の多面体 $|K|$に対して，その頂点をあらかじめ一定の順序に並べておき，任意の単体は常にその順序に従って頂点を並べることにする．このとき $|K|\times I$ の単体分割は，$\langle a_0, a_1, \cdots, a_r\rangle$ が K のすべての単体の上にわたるとき，

$$\{\langle a_0, \cdots, a_i, b_i, \cdots, b_r\rangle\} \qquad (0\leqq i\leqq r) \tag{16.4}$$

なる形の単体と，その辺単体全体の集合として与えられる．

この複体を $K\times I$ と表わそう．従って $|K\times I|=|K|\times I$ である．

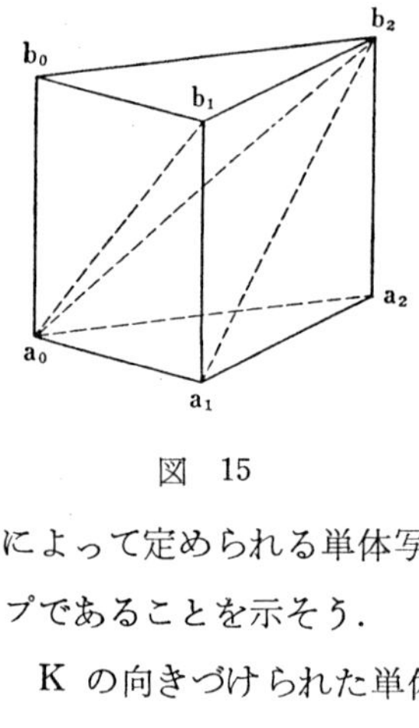

図 15

例えば，$x=\langle a_0, a_1, a_2\rangle$, $K=K(x)$ とすると，$K\times I$ は，$\langle a_0, b_0, b_1, b_2\rangle$, $\langle a_0, a_1, b_1, b_2\rangle$, $\langle a_0, a_1, a_2, b_2\rangle$ なる三つの四面体を基本単体とする複体である(図15).

$K_0=K\times\{0\}$ と $K_1=K\times\{1\}$ とは，K 自身と同形な部分複体として$K\times I$に含まれる．$\phi_j: K\to K$, $(j=0, 1)$ を

$$\phi_0(a_i)=a_i, \qquad \phi_1(a_i)=b_i \qquad (a_i\in K)$$

によって定められる単体写像とする．$\hat{\phi}_0$ と $\hat{\phi}_1$ とは §11 の意味で鎖ホモトープであることを示そう．

K の向きづけられた単体 $x^r=(a_0, a_1, \cdots, a_r)$ に対して

$$D(x^r)=\sum_{i=0}^{r}(-1)^i(a_0, \cdots, a_i, b_i, \cdots, b_r)$$

と定義し，これを鎖群 $C_r(K)$ に線形に拡張すれば，準同形

$$D: C_r(K)\to C_{r+1}(K\times I)$$

を得る.

補題 16.2. $\partial\circ D+D\circ\partial=\hat{\phi}_1-\hat{\phi}_0.$

証明. K の各単体 $x^r=(\mathrm{a}_0, \mathrm{a}_1, \cdots, \mathrm{a}_r)$ に対して $y^r=\hat{\phi}_1(x^r)=(\mathrm{b}_0, \mathrm{b}_1, \cdots, \mathrm{b}_r)$ とすると, $x^r=\hat{\phi}_0(x^r)$ であるから,

$$(\partial\circ D+D\circ\partial)x^r=y^r-x^r$$

となることを示せばよい. 次のような記号を用いる:

$$x^i=(\mathrm{a}_0, \cdots, \mathrm{a}_i), \qquad x^i{}_k=(\mathrm{a}_0, \cdots, \hat{\mathrm{a}}_k, \cdots, \mathrm{a}_i) \qquad (0\leqq k\leqq i\leqq r),$$

$$u^j=(\mathrm{b}_j, \cdots, \mathrm{b}_r), \qquad u^j{}_k=(\mathrm{b}_j, \cdots, \hat{\mathrm{b}}_k, \cdots, \mathrm{b}_r) \qquad (0\leqq j\leqq k\leqq r).$$

明らかに

$$(16.5)\qquad \begin{array}{ll} x^i{}_i=x^{i-1}, & u^j{}_j=u^{j+1}, \\ x^0{}_0=u^r{}_r=\phi, & u^0=y^r \end{array} \qquad (0<i\leqq r,\ 0\leqq j<r).$$

次に $i\leqq j$ なる番号 i, j に対して

$$(x^i, u^j)=(\mathrm{a}_0, \cdots, \mathrm{a}_i, \mathrm{b}_j, \cdots, \mathrm{b}_r)$$

と定義すれば

$$D(x^r)=\sum_{i=0}^{r}(-1)^i(x^i, u^i)$$

と表わされる. i を固定すると

$$\partial(x^i, u^i)=\sum_{j=0}^{i}(-1)^j(x^i{}_j, u^i)+\sum_{j=i}^{r}(-1)^{j+1}(x^i, u^i{}_j),$$

従って

$$(16.6)\qquad \partial\circ D(x^r)=\sum_{j\leqq i}(-1)^{i+j}(x^i{}_j, u^i)-\sum_{j\geqq i}(-1)^{i+j}(x^i, u^i{}_j)$$

となる. 一方, j を固定すると

$$D(\mathrm{a}_0, \cdots, \hat{\mathrm{a}}_j, \cdots, \mathrm{a}_r)=\sum_{i=0}^{j-1}(-1)^i(x^i, u^i{}_j)+\sum_{i=j+1}^{r}(-1)^{i-1}(x^i{}_j, u^i),$$

従って

$$(16.7)\qquad D\circ\partial(x^r)=\sum_{i<j}(-1)^{i+j}(x^i, u^i{}_j)-\sum_{i>j}(-1)^{i+j}(x^i{}_j, u^i)$$

となる. (16.6) と (16.7) とを比べて (16.5) を用いると

$$(\partial\circ D+D\circ\partial)x^r=\sum_{i=0}^{r}\{(x^i{}_i,\,u^i)-(x^i,\,u^i{}_i)\}$$

$$=u^0+\sum_{i=0}^{r-1}\{x^{i+1}_{i+1},\,u^{i+1})-(x^i,\,u^i{}_i)\}-x^r=y^r-x^r.$$

これで証明できた.

次に, m を任意の負でない整数として, 複体 K×I の m 回細分 $\mathrm{Sd}^m(\mathrm{K}\times\mathrm{I})$ を考える. $\mathrm{Sd}^m\mathrm{K}_0$ および $\mathrm{Sd}^m\mathrm{K}_1$ は $\mathrm{Sd}^m(\mathrm{K}\times\mathrm{I})$ の部分複体で, $\mathrm{Sd}^m\mathrm{K}$ と同形である. $\phi_i{}^m:\mathrm{Sd}^m\mathrm{K}\to\mathrm{Sd}^m\mathrm{K}_i$ $(i=0,1)$ を (16.1) によって定義される同形写像とすると, 次の可換な図式を得る:

$$\begin{array}{ccc} C_r(\mathrm{K}) & \xrightarrow{\hat{\phi}_i} & C_r(\mathrm{K}_i) \\ \downarrow Sd^m & \circlearrowright & \downarrow Sd^m \\ C_r(\mathrm{Sd}^m\mathrm{K}) & \xrightarrow[\hat{\phi}^m{}_i]{} & C_r(\mathrm{Sd}^m\mathrm{K}_i) \end{array} \qquad (i=0,1). \tag{16.8}$$

補題 16.3. K, L を複体とし, 二つの単体写像 $f_0, f_1:\mathrm{Sd}^m\mathrm{K}\to\mathrm{L}$ が与えられているとする. もしも

$$F\circ\phi^m{}_i=f_i \qquad (i=0,1)$$

を満たす単体写像 $F:\mathrm{Sd}^m(\mathrm{K}\times\mathrm{I})\to\mathrm{L}$ が存在すれば

$$f_{0*}=f_{1*}$$

が成立する.

証明. $D'=Sd^m\circ D: C_r(\mathrm{K})\xrightarrow{D}C_{r+1}(\mathrm{K}\times\mathrm{I})\xrightarrow{Sd^m}C_{r+1}(\mathrm{Sd}^m(\mathrm{K}\times\mathrm{I}))$ と定義する. Sd^m は鎖準同形であるから, 補題 16.2 と (16.8) を用いると

$$\partial\circ D'+D'\circ\partial=Sd^m\circ(\hat{\phi}_1-\hat{\phi}_0)=(\hat{\phi}^m{}_1-\hat{\phi}^m{}_0)\circ Sd^m$$

となる. この両辺に鎖準同形 $\hat{F}:C(\mathrm{Sd}^m(\mathrm{K}\times\mathrm{I}))\to C(\mathrm{L})$ を施すと

$$\partial\circ(\hat{F}\circ D')+(\hat{F}\circ D')\circ\partial=(\hat{F}\circ\hat{\phi}^m{}_1-\hat{F}\circ\hat{\phi}^m{}_0)\circ Sd^m=(\hat{f}_1-\hat{f}_0)\circ Sd^m$$

を得る. 従って

$$(f_{1*}-f_{0*})\circ Sd^m{}_*=0.$$

$Sd^m{}_*$ は同形であったから

$$f_{0*}=f_{1*}.$$

上の補題において特に $m=0$ なるとき, f_0 と f_1 とは**単体的ホモトープ**で

あると呼び，$f_0 \underset{s}{\simeq} f_1$ と表わす．$f_0 \underset{s}{\simeq} f_1$ ならば $\hat{f}_0$ と $\hat{f}_1$ とは鎖ホモトープで，$\hat{F}\circ D$ が鎖ホモトピーを与える．

定理 16.4. 多面体 P から Q への連続写像 φ_0 と φ_1 とが互いにホモトープならば，P, Q の適当な単体分割 K, L と φ_i の単体近似 f_i $(i=0,1)$ とをとって，

$$f_{0*}=f_{1*}$$

となるようにできる．

証明. $\mathrm{P}=|\mathrm{M}|$，$\mathrm{Q}=|\mathrm{L}|$，$\varphi: |\mathrm{M}\times\mathrm{I}|\to|\mathrm{L}|$ を φ_0 と φ_1 とを結ぶホモトピーとする．定理 15.2′ によれば，適当な正整数 m をとり，φ の単体近似 $F: \mathrm{Sd}^m(\mathrm{M}\times\mathrm{I})\to\mathrm{L}$ をとることができる．$\mathrm{Sd}^m\mathrm{M}_0, \mathrm{Sd}^m\mathrm{M}_1$ はともに $\mathrm{Sd}^m\mathrm{M}$ に同形な複体で，$f_i=F\circ\phi^m{}_i$ $(i=0,1)$ は φ_i の単体近似になっている．f_0, f_1 は補題 16.3 の条件を満たすから，$f_{0*}=f_{1*}$ となる．$\mathrm{Sd}^m\mathrm{M}=\mathrm{K}$ とおけば定理は証明された．

問. 連続写像 $\varphi: |\mathrm{K}|\to|\mathrm{L}|$ が補題 15.1 の条件を満たすとき，φ の二つの単体近似 f, g は単体的ホモトープなることを証明せよ．

§ 17. ホモロジー群の位相的不変性

連続写像 $\varphi: |\mathrm{K}|\to|\mathrm{L}|$ に対して，定理 15.2 によって適当な細分 $\mathrm{Sd}^m\mathrm{K}$, $\mathrm{Sd}^n\mathrm{L}$ をとり，φ の単体近似 $f: \mathrm{Sd}^m\mathrm{K}\to\mathrm{Sd}^n\mathrm{L}$ を作る．次の図式

$$\begin{array}{ccc} H(\mathrm{K}) & \longrightarrow & H(\mathrm{L}) \\ \downarrow{\scriptstyle Sd^m{}_*} & & \downarrow{\scriptstyle Sd^n{}_*} \\ H(\mathrm{Sd}^m\mathrm{K}) & \xrightarrow{f_*} & H(\mathrm{Sd}^n\mathrm{L}) \end{array}$$

において，$Sd^m{}_*, Sd^n{}_*$ は同形であるから(定理 15.5)，f_* は準同形 $H(\mathrm{K})\to H(\mathrm{L})$ をひきおこす．この準同形は K, L の細分 $\mathrm{Sd}^m\mathrm{K}, \mathrm{Sd}^n\mathrm{L}$ の選び方や，φ の単体近似 f の選び方に依存せず，連続写像 φ のみによって一意に定まることを証明しよう．

いま $g: \mathrm{Sd}^p\mathrm{K}\to\mathrm{Sd}^q\mathrm{L}$ を φ の単体近似としよう．$g\simeq\varphi\simeq f$ であるから，定理 16.4 により，適当な細分 $\mathrm{Sd}^r\mathrm{K}$ と $\mathrm{Sd}^s\mathrm{L}$ と，f, g の単体近似 f', g'：

$\mathrm{Sd}^r\mathrm{K}\to\mathrm{Sd}^s\mathrm{L}$ とをとって，$f'_*=g'_*$ となるようにできる．図式

$$\begin{array}{ccccccccc} H(\mathrm{K}) & \xrightarrow{Sd_*} & H(\mathrm{Sd}^m\mathrm{K}) & \xrightarrow{Sd_*} & H(\mathrm{Sd}^r\mathrm{K}) & \xleftarrow{Sd_*} & H(\mathrm{Sd}^p\mathrm{K}) & \xleftarrow{Sd_*} & H(\mathrm{K}) \\ \downarrow & & \downarrow f_* & & \downarrow f'_*=g'_* & & \downarrow g_* & & \downarrow \\ H(\mathrm{L}) & \xrightarrow{Sd_*} & H(\mathrm{Sd}^n\mathrm{L}) & \xrightarrow{Sd_*} & H(\mathrm{Sd}^s\mathrm{L}) & \xleftarrow{Sd_*} & H(\mathrm{Sd}^q\mathrm{L}) & \xleftarrow{Sd_*} & H(\mathrm{L}) \end{array}$$

において $r\geqq\max(m,p)$，$s\geqq\max(n,q)$ としてよいから，補題15.6によって，中の二つの四角形が可換となる．(14.3) の関係式を考慮に入れれば，左端から右端に至る $Sd^k{}_*$ (k は正または負の整数) の合成写像は，上下とも恒等写像に等しい．よって左右両端にひきおこされる準同形は一致する．

連続写像 φ のひきおこす準同形を φ_* と表わす．定理16.4によれば，実は φ_* は φ のホモトピー類 $\{\varphi\}$ によって一意に定まる．

定理 17.1. 連続写像 $\varphi:|\mathrm{K}|\to|\mathrm{L}|$ のホモトピー類は，準同形 $\varphi_*:H(\mathrm{K})\to H(\mathrm{L})$ を一意に定める．

次に，$|\mathrm{K}|\xrightarrow{\varphi}|\mathrm{L}|\xrightarrow{\psi}|\mathrm{M}|$ を多面体と連続写像の系列とする．定理15.2によって K, L, M の細分と，φ,ψ の単体近似 f,g の系列

$$\mathrm{Sd}^m\mathrm{K}\xrightarrow{f}\mathrm{Sd}^n\mathrm{L}\xrightarrow{g}\mathrm{Sd}^q\mathrm{M}$$

をとることができる．補題15.3により $g\circ f$ は $\psi\circ\varphi$ の単体近似である．よって図式

$$\begin{array}{ccccc} H(\mathrm{K}) & \xrightarrow{\varphi_*} & H(\mathrm{L}) & \xrightarrow{\psi_*} & H(\mathrm{M}) \\ \downarrow Sd_* & & \downarrow Sd_* & & \downarrow Sd_* \\ H(\mathrm{Sd}^m\mathrm{K}) & \xrightarrow{f_*} & H(\mathrm{Sd}^n\mathrm{L}) & \xrightarrow{g_*} & H(\mathrm{Sd}^q\mathrm{M}) \end{array}$$

からわかるように $(\psi\circ\varphi)_*=Sd^{-q}{}_*\circ(g\circ f)_*\circ Sd^m{}_*=Sd^{-q}{}_*\circ g_*\circ Sd^n{}_*\circ Sd^{-n}{}_*\circ f_*\circ Sd^m{}_*=\psi_*\circ\varphi_*$．すなわち

補題 17.2. $$(\psi\circ\varphi)_*=\psi_*\circ\varphi_*.$$

位相空間 X, Y の間の連続写像 $\varphi:\mathrm{X}\to\mathrm{Y}$，$\psi:\mathrm{Y}\to\mathrm{X}$ で，$\psi\circ\varphi\simeq 1_{\mathrm{X}}$，$\varphi\circ\psi\simeq 1_{\mathrm{Y}}$ なるものが存在するとき，X と Y とは同一の**ホモトピー型**をもつといい，$\mathrm{X}\simeq\mathrm{Y}$ と書く．φ,ψ を**ホモトピー同値写像**と呼ぶ．

定理 17.3. 同一のホモトピー型をもつ多面体のホモロジー群は同形である．

証明. $\psi\circ\varphi\simeq 1_{\mathrm{K}}$ であるから補題17.2によって $\psi_*\circ\varphi_*=1_*$．同様に $\varphi_*\circ\psi_*=$

1_*. 従って φ_* は同形で $\psi_*=\varphi^{-1}{}_*$.

注意. 関係 "$\simeq$" は同値律を満たす. 従ってホモトピー型によって位相空間を類別することができる. 特にXとYとが同相ならば同一のホモトピー型をもつが, 逆は必ずしも成り立たない. 例えば錐体 $\overline{\kappa \mathrm{X}}$ は, 頂点 κ のみからなる空間と同一のホモトピー型をもつが, 明らかに同相ではない. ホモロジー群はホモトピー型に固有な不変量である. ともあれ, 本章の目的であった定理 6.3 の証明が達成された.

系 1. 同相な多面体のホモロジー群は同形である.

従来, 複体の細分としては重心細分のみを取り扱ってきたが, 定理 17.3 の特別の場合として次の系を得る.

系 2. 多面体のホモロジー群は単体分割のしかたによらない.

さらに多面体としては従来単体複体のみを取り扱ってきたが, これを次のように拡張する.

位相空間 X に対して, あるユークリッド単体複体 K と同相写像 $\eta:|\mathrm{K}|\to\mathrm{X}$ が存在するとき, X を**位相多面体**と呼び, (K,η) を X の一つの単体分割と呼ぶ.

$$H(\mathrm{X})=H(\mathrm{K})$$

と定義すれば, 位相多面体のホモロジー群は単体分割のしかたによらない.

例えば $n-1$ 次元球面 S^{n-1} は $|\mathrm{K}(\partial\mathrm{x}^{n-1})|$ と同相であるから,

$$H_i(\mathrm{S}^{n-1})\approx\begin{cases}\boldsymbol{Z} & (i=0,\ n-1),\\ 0 & (i\neq 0,\ n-1).\end{cases}$$

また E^n を S^{n-1} によって囲まれた点集合とすれば, E^n は $|\mathrm{K}(\mathrm{x}^n)|$ と同相であるから非輪状である:

$$H_i(\mathrm{E}^n)\approx\begin{cases}\boldsymbol{Z} & (i=0),\\ 0 & (i\neq 0).\end{cases}$$

従ってまた

$$H_i(\mathrm{E}^n,\mathrm{S}^{n-1})\approx\begin{cases}\boldsymbol{Z} & (i=n),\\ 0 & (i\neq n).\end{cases}$$

定理 11.4 によって一般係数のホモロジー群は整係数ホモロジー群によって一意に定まる. 従って任意のアーベル群 G に対して,

$$|\mathrm{K}|\simeq|\mathrm{L}| \quad \text{ならば} \quad H(\mathrm{K},G)\cong H(\mathrm{L},G)$$

である.

付記. 位相空間 X はどのような条件のもとで単体分割が可能であろうか. また2通りの単体分割 (K_1,η_1), (K_2,η_2) があるとき, $|\mathrm{K}_1|,|\mathrm{K}_2|$ の単体分割 $(\mathrm{K}_1{}',\eta_1{}')$, $(\mathrm{K}_2{}',\eta_2{}')$ をとって, $\mathrm{K}_1{}'$ と $\mathrm{K}_2{}'$ とが同形となるようにできるであろうか. この問題は部分的には種々の結果が得られているが, 今日もなお未解決のままである. 後者は特に**位相幾何学の基本予想**と呼ばれて有名である.

問 1. 円柱面のホモロジー群を計算せよ.

問 2. K',L' をそれぞれ K, L の部分複体とする. 写像 $f:(|\mathrm{K}|,|\mathrm{K}'|)\to(|\mathrm{L}|,|\mathrm{L}'|)$ がホモトピー同値写像 $|\mathrm{K}|\to|\mathrm{L}|$ および $|\mathrm{K}'|\to|\mathrm{L}'|$ を同時に与えるならば,

$$f_*: H(\mathrm{K},\mathrm{K}')\cong H(\mathrm{L},\mathrm{L}')$$

なることを証明せよ.

問　題　4

1. 多面体 |K| の点 p の支持単体を x, SdK に関する点 p の支持単体を y とすると, y は x に含まれることを証明せよ.

2. 多面体 |K| から多面体 |L| への連続写像 φ が, 補題 15.1 の条件を満たしていれば, φ は SdK, L に関しても補題 15.1 の条件を満たすことを証明せよ.

3. ホモトープなる関係"$\simeq$"は同値律を満たすことを証明せよ.

4. 位相空間 X から, ユークリッド空間の中の錐体 $\overline{\kappa\mathrm{Y}}$ への任意の連続写像は零写像 $\mathrm{X}\to\{\kappa\}$ とホモトープなることを証明せよ.

5. $0<n<m$ なる任意の整数に対して, n 次元球面 S^n から m 次元球面 S^m への任意の連続写像は零写像とホモトープなることを証明せよ.

6. 連続写像 $\varphi:(|\mathrm{K}|,|\mathrm{K}'|)\to(|\mathrm{L}|,|\mathrm{L}'|)$ の相対ホモトピー類(§ 18 参照)は, 準同形 $\varphi_*: H_r(\mathrm{K},\mathrm{K}')\to H_r(\mathrm{L},\mathrm{L}')$ を一意に定めることを証明せよ. ただし K',L' はそれぞれ複体 K, L の部分複体とする.

7. L を複体 K の部分複体とする. |L| が |K| のレトラクト(§ 18 参照)ならば,

$$H_r(\mathrm{K})\cong H_r(\mathrm{L})+H_r(\mathrm{K},\mathrm{L}) \quad (\text{直和})$$

となることを証明せよ.

8. L を複体 K の部分複体とする. |K| 上の恒等写像とホモトープな連続写像 $\varphi:|\mathrm{K}|\to|\mathrm{L}|$ が存在すれば,

$$H_r(\mathrm{L})\cong H_r(\mathrm{K})+H_{r+1}(\mathrm{K},\mathrm{L}) \quad (\text{直和})$$

となることを証明せよ.

9. m 次元球面 S^m と n 次元球面 S^n とがただ1点だけを共有しているとき, その多

面体のホモロジー群を計算せよ $(m, n \geqq 1)$.

10. ユークリッド単体 x^n と同相な位相多面体を n 胞体と呼ぶ. n 胞体 E^n の内部に含まれる n 胞体を $\mathrm{E}^n{}_1$ とし, $\mathring{\mathrm{E}}^n{}_1$ を $\mathrm{E}^n{}_1$ の内部を表わすものとするとき, $\mathrm{E}^n - \mathring{\mathrm{E}}^n{}_1$ のホモロジー群を計算せよ.

第5章　ホモトピー群

§ 18. 基本的概念

本章以下，$\boldsymbol{R}^n$ の部分集合に対して次の記号を用いる．

$$\mathrm{I}^n=\{(t_1,t_2,\cdots,t_n);\ 0\leqq t_i\leqq 1\},$$

$$\mathrm{I}^n{}_-=\left\{(t_1,t_2,\cdots,t_n)\in\mathrm{I}^n;\ t_n\leqq\frac{1}{2}\right\},$$

$$\mathrm{I}^n{}_+=\left\{(t_1,t_2,\cdots,t_n)\in\mathrm{I}^n;\ t_n\geqq\frac{1}{2}\right\},$$

$$\dot{\mathrm{I}}^n=\left\{(t_1,t_2,\cdots,t_n);\ \prod_{i=1}^n t_i(1-t_i)=0\right\},$$

$$\mathrm{J}^{n-1}=\{(t_1,t_2,\cdots,t_n)\in\dot{\mathrm{I}}^n;\ t_n\neq 0\},$$

$$\mathrm{E}^n=\{(t_1,t_2,\cdots,t_n);\ t_1{}^2+t_2{}^2+\cdots+t_n{}^2\leqq 1\},$$

$$\mathrm{E}^n{}_-=\{(t_1,t_2,\cdots,t_n)\in\mathrm{E}^n;\ t_n\leqq 0\},$$

$$\mathrm{E}^n{}_+=\{(t_1,t_2,\cdots,t_n)\in\mathrm{E}^n;\ t_n\geqq 0\},$$

$$\mathrm{S}^{n-1}=\{(t_1,t_2,\cdots,t_n)\in\mathrm{E}^n;\ t_1{}^2+t_2{}^2+\cdots+t_n{}^2=1\}=\dot{\mathrm{E}}^n,$$

$$\mathrm{V}^{n-1}{}_-=\{(t_1,t_2,\cdots,t_n)\in\mathrm{S}^{n-1};\ t_n\leqq 0\},$$

$$\mathrm{V}^{n-1}{}_+=\{(t_1,t_2,\cdots,t_n)\in\mathrm{S}^{n-1};\ t_n\geqq 0\},$$

$$e_0=(-1,0,\cdots,0)\in\mathrm{S}^{n-1}.$$

$t_n=0$ とおくことによって，$\mathrm{I}^{n-1}\subset\mathrm{I}^n$，$\mathrm{E}^{n-1}\subset\mathrm{E}^n$ などと考えられる．

$$(18.1)\qquad \begin{cases} \mathrm{I}^{n-1}\cup\mathrm{J}^{n-1}=\dot{\mathrm{I}}^n, & \mathrm{I}^{n-1}\cap\mathrm{J}^{n-1}=\dot{\mathrm{I}}^{n-1},\\ \mathrm{V}^{n-1}{}_-\cup\mathrm{V}^{n-1}{}_+=\mathrm{S}^{n-1}, & \mathrm{V}^{n-1}{}_-\cap\mathrm{V}^{n-1}{}_+=\mathrm{S}^{n-2}.\end{cases}$$

X, Y を位相空間，$f:\mathrm{X}\to\mathrm{Y}$ を連続写像とする．以下，特に断わらない限り，写像としては常に連続写像のみを取り扱う．X の部分集合の組 $\{\mathrm{X}_i\}$ と Y の部分集合の組 $\{\mathrm{Y}_i\}$ に関して，$f(\mathrm{X}_i)\subset\mathrm{Y}_i$ $(1\leqq i\leqq n)$ となっているとき

$$f:(\mathrm{X},\mathrm{X}_1,\cdots,\mathrm{X}_n)\to(\mathrm{Y},\mathrm{Y}_1,\cdots,\mathrm{Y}_n)$$

と書き表わす．このような二つの写像 f,g を結ぶホモトピー F_t が，t の各値に対して $F_t(\mathrm{X}_i)\subset\mathrm{Y}_i$ $(1\leqq i\leqq n)$ となっているとき，$f\simeq g\ (\mathrm{X}_1,\mathrm{X}_2,\cdots,\mathrm{X}_n)$ と

表わし，F_t を $(X_1, X_2, \cdots, X_n)$ に関する**相対ホモトピー**という．写像 $(X, X_1, \cdots, X_n) \to (Y, Y_1, \cdots, Y_n)$ の $(X_1, X_2, \cdots, X_n)$ に関する相対ホモトピー類の集合を $\Pi(X, X_1, \cdots, X_n;\ Y, Y_1, \cdots, Y_n)$ と表わす．

$(X, X_1, \cdots, X_n)$ の集合と，$f : (X, X_1, \cdots, X_n) \to (Y, Y_1, \cdots, Y_n)$ なる連続写像の集合とを合わせて，圏と呼ぶことがある．ホモトピー型や位相合同などの概念も，この圏の中で新たに定義される．

注意． $f \simeq g\ (X_1, \cdots, X_n)$ ならば $f \simeq g$ であるが，一般に逆は成立しない．同様に $(X, X_1, \cdots, X_n) \simeq (Y, Y_1, \cdots, Y_n)$ ならば $X \simeq Y$ であるが，逆は必ずしも成立しない．

A を X の部分空間とする．写像 $f : A \to Y$ が与えられたとき，A の上で f と一致する写像 $f' : X \to Y$ を f の**拡張**という．

補題 18.1. $\overline{\kappa X}$ を X の錐体とする．写像 $f : X \to Y$ が拡張 $f' : \overline{\kappa X} \to Y$ をもてば零写像とホモトープで，逆もまた成立する．

証明． ホモトピー $F_t : X \to Y$ を X の各点 p に対して

$$F_t(p) = f'(t\kappa + (1-t)p) \qquad (0 \leqq t \leqq 1) \tag{18.2}$$

と定義すればよい．逆に零写像と f とを結ぶホモトピー F_t が与えられれば，(18.2) によって f の拡張 f' を定義すればよい．

A を X の部分空間とする．恒等写像 $1_A : A \to A$ が拡張 $r : X \to A$ をもつとき，A を X の**レトラクト**と呼び，r を**引きこみ**という．このとき任意の写像 $f : A \to Y$ は拡張 $f' = f \circ r$ をもつ．

E^n と同相な位相空間を $\boldsymbol{n}$ **胞体**と呼ぶ．

補題 18.2. E を n 胞体とすると，$E \times I$ の部分集合 $E \times 0 \cup \dot{E} \times I$ は $E \times I$ のレトラクトである(図 16)．

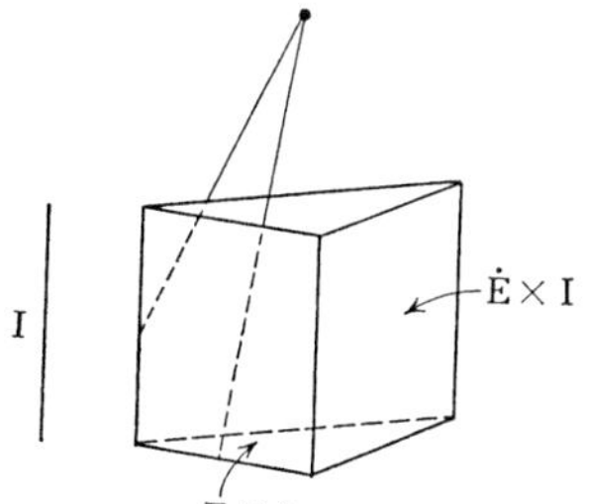

図 16

従って任意の位相空間 Y に対して，任意の写像 $f : E \times 0 \cup \dot{E} \times I \to Y$ は拡張 $f' : E \times I \to Y$ をもつ．

補題 18.3. 二つの写像 $f, g : \dot{E} \to Y$ がホモトープであるとする．f の拡張 $f' : E \to Y$ が存在すれば g も拡張 $g' : E \to Y$ をもち，しかも $f' \simeq g'$ である．

証明. f と g とを結ぶホモトピー $F:\dot{\mathrm{E}}\times\mathrm{I}\to\mathrm{Y}$ を用いて

$$\begin{cases} H(\mathrm{p},0)=f'(\mathrm{p}) & (\mathrm{p}\in\mathrm{E}), \\ H(\mathrm{p},t)=F(\mathrm{p},t) & (\mathrm{p}\in\dot{\mathrm{E}},\ t\in\mathrm{I}) \end{cases}$$

と定義すれば，補題 18.2 によって H は拡張 $H':\mathrm{E}\times\mathrm{I}\to\mathrm{Y}$ をもつ．$g'(\mathrm{p})=H'(\mathrm{p},1)$ $(\mathrm{p}\in\mathrm{E})$ と定義すればよい．

この補題を繰り返し用いれば，次のホモトピー拡張定理に達する．

定理 18.4. L を K の部分複体とする．互いにホモトープな二つの写像 $f,g:|\mathrm{L}|\to\mathrm{Y}$ が与えられているとき，f の拡張 $f':|\mathrm{K}|\to\mathrm{Y}$ が存在すれば g もまた拡張 $g':|\mathrm{K}|\to\mathrm{Y}$ を有し，しかも $f'\simeq g'$ である．

証明. f と g とを結ぶホモトピー $F:|\mathrm{L}|\times\mathrm{I}\to\mathrm{Y}$ は，K−L の各頂点 a に対して $F(\mathrm{a},t)=f'(\mathrm{a})$ $(t\in\mathrm{I})$ とおくことによって $|\mathrm{K}^0\cup\mathrm{L}|$ に拡張される．帰納法を用いるために，F が $|\mathrm{K}^{n-1}\cup\mathrm{L}|$ の上に拡張されたと仮定する．K−L の各 n 単体に対して補題 18.3 を適用すれば，F は $|\mathrm{K}^n\cup\mathrm{L}|$ の上に拡張される．

注意. この定理によれば拡張可能性の有無はホモトピー類によって定まり，しかも互いにホモトープな写像の拡張はまた互いにホモトープである．

定理 18.4 を次の形に読み変えておくと便利である．

定理 18.4′. 写像 $f:|\mathrm{K}|\to\mathrm{Y}$ に対して，K の部分複体 L 上のホモトピー $F_t:|\mathrm{L}|\to\mathrm{Y}$，$F_0=f||\mathrm{L}|$ は，常に $|\mathrm{K}|$ 全体に拡張できる．

恒等写像 $1_{\mathrm{X}}:\mathrm{X}\to\mathrm{X}$ とホモトープな写像を一般に**変位**という．特に引きこみ $r:\mathrm{X}\to\mathrm{A}$ に対して $i\circ r$ が変位なるとき，A を X の**変位レトラクト**という．ここに $i:\mathrm{A}\to\mathrm{X}$ は包含写像である．さらにそのホモトピー $F_t:\mathrm{X}\to\mathrm{X}$ が t の各値に対して $F_t|\mathrm{A}=1_{\mathrm{A}}$ なるとき，A を X の**強変位レトラクト**という(図 17)．A が X の変位レトラクトならば $\mathrm{X}\simeq\mathrm{A}$，強変位レトラクトならば $(\mathrm{X},\mathrm{A})\simeq(\mathrm{A},\mathrm{A})$ である．

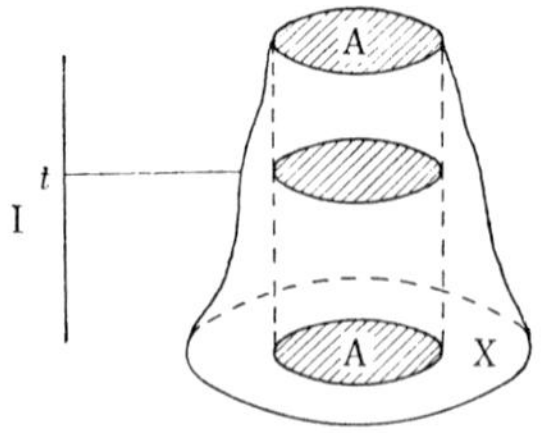

図 17

§16 において多面体 $|\mathrm{K}|$ と I との直積空間 $|\mathrm{K}|\times\mathrm{I}$ の単体分割として導入した複体 K×I は，恒等写像 $|\mathrm{K}|\to|\mathrm{K}|$ の写像

柱と考えられる．これを一般化して単体写像 $f:|K|\to|L|$ の写像柱を構成しよう．

注意． 一般に位相空間 X, Y と連続写像 $f: X\to Y$ に対して写像柱を定義することができるのであるが，ここでは X, Y が多面体で f が単体写像である場合に限っておこう．

まず，抽象複体 K, L に対して $M(f)$ を抽象複体として定義する．

K の単体 $\langle a_0, a_1, \cdots, a_r\rangle = x^r$ に対して $f(a_i)=b_i$ $(0\leqq i\leqq r)$ は L のある単体の頂点である．ただし $i\neq j$ でも $b_i=b_j$ となっていることもある．$\{a_0, \cdots, a_i, b_i, \cdots, b_r\}$ のうち相異なる頂点だけからなる単体をとり，i を 0 から r まで動かすときに得られるこれらの単体と，それらの辺とからなる複体を $M(f, x^r)$ と表わす．次に K の頂点をあらかじめ一定の順序に並べておき，K の各単体はその順序によって常に頂点を並べることにする．K の各基本単体 x^r に対して $M(f, x^r)$ を作り，それらと L との和集合を $M(f)$ と書いて，写像 f の**写像柱**と呼ぶ．K および L は $M(f)$ の部分複体として含まれる．

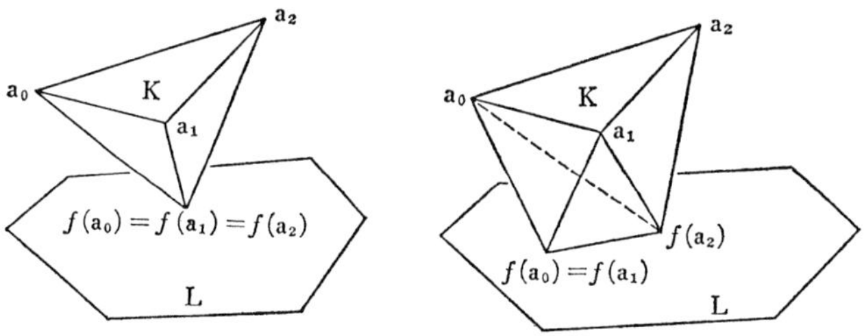

図 18

以上は K, L を抽象複体と考えたとき，単体写像 $f: K\to L$ の写像柱であるが，K, L がユークリッド複体なるときは，それらの定める抽象複体に関して写像柱 $M(f)$ を作り，その幾何学的実現をとることにしよう．

補題 18.5. 単体写像 $f:|K|\to|L|$ の写像柱を $M=M(f)$ と表わすと，$|L|$ は $|M|$ の強変位レトラクトである．

証明． K の頂点を並べたものを $\{a_1, a_2, \cdots, a_m\}$ とする．M の 1 単体 $\langle a_m, b_m\rangle$ を一点 b_m に縮め，M の a_m 以外の頂点を動かさないようなホモトピー $H_t^{(m)}$ を作る：すなわち，a_m を含む単体は必ず b_m をも含む単体の辺になっている．a_m, b_m を含む任意の単体 $y=(a_{i_0}, a_{i_1}, \cdots, a_{i_r}, b_{i_r})$（ただし $i_r=m$）の各点 $p=\sum_{k=0}^{r}\lambda^k a_{i_k}+\mu^r b_{i_r}$（$\sum_{k=0}^{r}\lambda^k+\mu^r=1,\ \lambda^k, \mu^r \geqq 0$）に対して

$$H_t^{(m)}(p)=\sum_{k=0}^{r-1}\lambda^k a_{i_k}+(1-t)\lambda^r a_{i_r}+(t\lambda^r+\mu^r)b_{i_r} \quad (0\leqq t\leqq 1)$$

と定義し，a_m を含まない基本単体の点に対しては $H_t^{(m)}(p)=p$ と定義するのである．$p\in y$ ならば任意の t に対して $H_t^{(m)}(p)\in y$，また $\lambda^r=0$ ならば $H_t^{(m)}(p)=p$ である．従って，$H_1^{(m)}(M)=M^{(m)}$ とすると，$|M^{(m)}|$ は $|M|$ の強変位レトラクトである．

同様に $M^{(m)}$ において $\langle a_{m-1}, b_{m-1}\rangle$ を一点 b_{m-1} に縮め，他の頂点を動かさないようなホモトピー $H_t^{(m-1)}$ を作り，$H_1^{(m-1)}(M^{(m)})=M^{(m-1)}$ とすると，$|M^{(m-1)}|$ は $|M^{(m)}|$ の，従ってまた $|M|$ の強変位レトラクトである．帰納法によれば，結局 $|M^{(1)}|=|L|$ は $|M|$ の強変位レトラクトである．

次の補題は，補題 16.2 と同様の方法で証明される．

補題 18.6. 任意の r 鎖 $c^r\in C_r(K)$ に対して

$$\partial\circ D(c^r)+D\circ\partial(c^r)=\hat{f}(c^r)-c^r$$

を満足する準同形 $D: C_r(K)\to C_{r+1}(M(f))$ が存在する．

この補題において特に c^r として r 輪体をとれば，次の定理が導かれる．

定理 18.7. K の任意の輪体 z は，写像柱 $M(f)$ の中で $\hat{f}(z)$ とホモローグである．

問 1. X, Y, Z を位相空間，$A\subset Z$ とする．

（i） $X\cap Y$ が X のレトラクトならば Y は $X\cup Y$ のレトラクトであることを示せ．

（ii） このとき任意の写像 $f:(Y, X\cap Y)\to(Z, A)$ の拡張 $f':(X\cup Y, X)\to(Z, A)$ が存在することを証明せよ．

問 2. 写像 $f:|K|\to|L|$ の写像柱を $M(f)$ とすると，$H(L)\cong H(M(f))$ なることを証明せよ．

§ 19. 胞体と球面の向き

E を n 胞体，$\dot{E}$ をその境界とする．

$$H_n(E, \dot{E}) \overset{\partial_*}{\cong} H_{n-1}(\dot{E})\cong \boldsymbol{Z} \qquad (n\geqq 2)$$

の生成元を定めることを E または $\dot{\mathrm{E}}$ の向きをつけるという. x が生成元ならば $-x$ もまた生成元であるから, ちょうど2通りの向きがあることになる. $\mathrm{E}, \dot{\mathrm{E}}$ のうち一方の向きを定めれば同形 ∂_* によって他方の向きが定まる. 向きを定める輪体はただ一つであるから, これを**基本輪体**と呼ぶ.

例えば $\mathrm{E}=|\mathrm{K}(\mathrm{x}^n)|$, $\dot{\mathrm{E}}=|\mathrm{K}(\partial \mathrm{x}^n)|$ とすれば基本輪体は $\pm x^n$, $\pm \partial x^n$ で, § 4 において定義した単体の向きづけと密接な関連がある.

次に座標系との関連をしばらく考察しよう.

n 次元ユークリッド空間 $\boldsymbol{R}^n$ は, 座標の順序によって向きがついていると考えられる. すなわち, 第 i 座標の値が $+1$ で, 他の座標の値はすべて 0 であるような S^{n-1} 上の点 e_i (座標軸上の単位ベクトル) をとり, n 単体

$$\begin{aligned}\varDelta^n &= (\mathrm{e}_n, \mathrm{e}_{n-1}, \cdots, \mathrm{e}_1, \mathrm{e}_0)\\ &= (-1)^{\varepsilon(n)}(\mathrm{e}_0, \mathrm{e}_1, \cdots, \mathrm{e}_n),\\ \varepsilon(n) &= 1+2+\cdots+n\end{aligned}$$

の向きを $\boldsymbol{R}^n$ の向きと定めよう. 明らかに

$$[\varDelta^n : \varDelta^{n-1}] = +1$$

である. $\boldsymbol{R}^n$ の中の n 単体 $x^n=(\mathrm{a}_0, \mathrm{a}_1, \cdots, \mathrm{a}_n)$ は各 a_i の座標を $(\tau_{1i}, \tau_{2i}, \cdots, \tau_{ni})$ とするとき, 行列式

$$|\mathrm{a}_0, \mathrm{a}_1, \cdots, \mathrm{a}_n| = \begin{vmatrix} 1 & 1 & \cdots & 1 \\ \tau_{10} & \tau_{11} & \cdots & \tau_{1n} \\ \tau_{20} & \tau_{21} & \cdots & \tau_{2n} \\ \vdots & \vdots & & \vdots \\ \tau_{n0} & \tau_{n1} & \cdots & \tau_{nn} \end{vmatrix} \tag{19.1}$$

の符号 $\mathrm{sgn}\,|\mathrm{a}_0, \mathrm{a}_1, \cdots, \mathrm{a}_n|$ で x^n の向きを示すことができる. 正ならば $\boldsymbol{R}^n$ と**同じ向き**, 負ならば**逆向き**という.

$\boldsymbol{R}^n$ の中の二つの n 単体 $x^n=(\mathrm{a}_0, \mathrm{a}_1, \cdots, \mathrm{a}_n)$ と $y^n=(\mathrm{b}_0, \mathrm{a}_1, \cdots, \mathrm{a}_n)$ が, $n-1$ 単体 $u^{n-1}=(\mathrm{a}_1, \mathrm{a}_2, \cdots, \mathrm{a}_n)$ を共通の辺単体として隣接しているとする. $\boldsymbol{R}^n$ は u^{n-1} を含む平面

$$f(t_1, t_2, \cdots, t_n) = \begin{vmatrix} 1 & 1 & \cdots & 1 \\ t_1 & \tau_{11} & \cdots & \tau_{1n} \\ t_2 & \tau_{21} & \cdots & \tau_{2n} \\ \vdots & \vdots & & \vdots \\ t_n & \tau_{n1} & \cdots & \tau_{nn} \end{vmatrix} = 0 \tag{19.2}$$

によって，正領域 $\{(t_1, \cdots, t_n);\ f(t_1, \cdots, t_n) > 0\}$ と負領域 $\{(t_1, \cdots, t_n);\ f(t_1, \cdots, t_n) < 0\}$ とに分けられる．(19.1) と (19.2) とを比べれば，x^n と y^n とは互いに逆向きでなくてはならない．いい換えると，x^n と y^n とが同じ向きならば，u^{n-1} の任意の向きに対して

$$[x^n : u^{n-1}] = -[y^n : u^{n-1}] \tag{19.3}$$

となっている．従って $x^n + y^n$ は n 胞体 $\mathrm{E} = x^n \cup y^n$ の向きを定める．この事実を一般化してみよう．

$\boldsymbol{R}^n$ の中の n 胞体 E を単体分割し，その n 単体にすべて同じ向きをつけて並べたものを $x^n{}_1, x^n{}_2, \cdots, x^n{}_m$ としよう．E の任意の $n-1$ 単体 u^{n-1} は

(i)　ただ一つの $x^n{}_i$ の辺になっているか，または

(ii)　ある $x^n{}_j$ と $x^n{}_k$ だけに共通の辺になっているか

である．(i) の場合 u^{n-1} は E の境界 $\dot{\mathrm{E}}$ に属している．各 $x^n{}_i$ は互いに同じ向きがついているから，(19.3) により

$$\partial(x^n{}_1 + x^n{}_2 + \cdots + x^n{}_m) \in \dot{\mathrm{E}}$$

となって，$x^n{}_1 + x^n{}_2 + \cdots + x^n{}_m$ は E の相対 n 輪体である．さらに E は次の性質をもっている．

(iii)　任意の $x^n{}_i$ と $x^n{}_j$ とは($n-1$ 単体を境として)相隣る n 単体からなる鎖で結ぶことができる．

$\partial(\lambda^1 x^n{}_1 + \lambda^2 x^n{}_2 + \cdots + \lambda^m x^n{}_m) \in \dot{\mathrm{E}}$ が成立するためには，(ii) から，相隣る $x^n{}_j, x^n{}_k$ の係数 λ^j, λ^k は相等しく，また (iii) によって，すべての係数 λ^i は一致せねばならない．結局 E^n の相対 n 輪体は

$$\lambda(x^n{}_1 + x^n{}_2 + \cdots + x^n{}_m) \qquad (\lambda \in \boldsymbol{Z})$$

なる形のものに限ることがわかった．

定理 19.1. n 胞体Eを単体分割し，各 n 単体に互いに同じ向きをつけて並

べたものを $x^n{}_1, x^n{}_2, \cdots, x^n{}_m$ とすれば，

$$z^n = x^n{}_1 + x^n{}_2 + \cdots + x^n{}_m$$

は E の向きを定める基本輪体である．

注意． 一般に n 次元同次複体 K ($n \geqq 1$) において，(ii) の形の $n-1$ 単体を**正則**であるという．K が二つの部分複体 K′ と K″ との和集合として表わされるならば，必ず K′ と K″ とに共通な $n-1$ 次元正則単体が存在するとき，K を**正則連結**であるという．条件 (iii) は K が正則連結なるための必要十分条件である（演習 参照）．n 胞体や n 次元球面は正則連結な複体の例である．

条件 (i), (ii), (iii) を満足する同次複体，すなわち正則でない $n-1$ 単体は必ずただ一つの n 単体の辺となっているような正則連結 n 次元同次複体を**準多様体**という．(19.3) を満たす x^n と y^n とを互いに**同調する向き**と呼べば，準多様体はすべての基本単体が互いに同調するように向きづけられる場合と，しからざる場合とがある．前者を**向きづけ可能**，後者を**向きづけ不可能**という．定理 19.1 は向きづけ可能な準多様体に対して常に成立する．球面や輪環面（トーラス）は向きづけ可能な準多様体の例であり，メービウスの帯は向きづけ不可能な準多様体の例である（参考書 [6] 参照）．

一般に，a によって生成される無限巡回群 G_1 から，b によって生成される無限巡回群 G_2 への準同形 f は，$f(a)=mb$ なる整数 m によって一意に決定される．m を f の**次数**と呼ぶ．$m=\pm 1$ のときに限って f は同形である．向きづけられた n 胞体 E_1 から E_2 への同相写像 $f:(\mathrm{E}_1, \dot{\mathrm{E}}_1) \to (\mathrm{E}_2, \dot{\mathrm{E}}_2)$ は同形 $f_*: H_n(\mathrm{E}_1, \dot{\mathrm{E}}_1) \cong H_n(\mathrm{E}_2, \dot{\mathrm{E}}_2)$ を誘導する．f_* の次数を f の次数と呼び，次数 $+1$ のとき f は**向きを保つ**，-1 のとき**向きを変える**という．

次に，$\mathrm{S}=\dot{\mathrm{E}}$ を単体分割し，その $n-1$ 単体を $\mathrm{y}^{n-1}{}_1, \mathrm{y}^{n-1}{}_2, \cdots, \mathrm{y}^{n-1}{}_m$ とする．E の内点 κ をとり，$\mathrm{x}^n{}_i = \kappa[\mathrm{y}^{n-1}{}_i]$ ($1 \leqq i \leqq m$) とすれば，$\{\mathrm{x}_i{}^n\}$ は E の単体分割である．各 $\mathrm{x}^n{}_i$ に互いに同調する向きをつけ，結合係数 $[\mathrm{x}^n{}_i, \mathrm{y}^{n-1}{}_i]$ が -1 となるように各 $\mathrm{y}^{n-1}{}_i$ に向きをつける．以下 $x^n{}_i, y^{n-1}{}_i$ と表わす．

注意． 直観的な表現を許すならば，外側に表の面を向けることに相当する．

定理 19.1 によって $x^n{}_1 + x^n{}_2 + \cdots + x^n{}_m$ は E の基本輪体であるから，$u^{n-1} = y^{n-1}{}_1 + y^{n-1}{}_2 + \cdots + y^{n-1}{}_m = \partial(-x^n{}_1 - x^n{}_2 - \cdots - x^n{}_m)$ は S の向きを定める．このとき各 $y^{n-1}{}_i$ は球面 S^{n-1} と同じ向きをもつといおう．従ってまた S に含まれる任意の $n-1$ 胞体に S と同じ向きをつけることができる．

定理 19.1′. 向きづけられた n 次元球面 S を単体分割し，各 n 単体に S と同じ向きをつけて並べたものを $y^n{}_1, y^n{}_2, \cdots, y^n{}_m$ とすると，

$$z^n = y^n{}_1 + y^n{}_2 + \cdots + y^n{}_m$$

は S の基本輪体である．

向きづけられた球面の間の同相写像に関して，次数 $+1$ のとき向きを保つ，-1 のとき向きを変えるという．

ホモロジー群は単体分割のしかたによらないから，E や $\dot{\mathrm{E}} = \mathrm{S}$ の向きは定理 19.1 における各 $\mathrm{x}^n{}_i$ の向きのつけ方いかんによって決まる．各 $\mathrm{x}^n{}_i$ が $\boldsymbol{R}^n$ と同じ向きなるとき，E および $\dot{\mathrm{E}}$ が $\boldsymbol{R}^n$ と同じ向きであるといおう．$\mathrm{I}^n, \mathrm{E}^n$, S^{n-1} などには常に $\boldsymbol{R}^n$ と同じ向きをつけておく．

問 1. 連結準同形 $\partial_* : H_n(\mathrm{E}^n, \mathrm{S}^{n-1}) \to H_{n-1}(\mathrm{S}^{n-1})$ の次数は -1 であることを示せ．

問 2. n 胞体 E_1 から E_2 への同相写像 $f : (\mathrm{E}_1, \dot{\mathrm{E}}_1) \to (\mathrm{E}_2, \dot{\mathrm{E}}_2)$ は，$\dot{f} = f|\dot{\mathrm{E}}_1$ が向きを保つとき，またそのときに限って向きを保つことを証明せよ．

問 3. $\mathrm{V}^n{}_-, \mathrm{V}^n{}_+$ に S^n と同じ向きをつける．第 $n+1$ 軸に平行な射影

$$P_- : (\mathrm{E}^n, \mathrm{S}^{n-1}) \to (\mathrm{V}^n{}_-, \mathrm{S}^{n-1}),$$

$$P_+ : (\mathrm{E}^n, \mathrm{S}^{n-1}) \to (\mathrm{V}^n{}_+, \mathrm{S}^{n-1})$$

はいずれも向きを保つ同相写像であることを証明せよ．

§ 20. ホモトピー群

位相空間 X の一点 x_0 を固定し，以下これを基点と呼ぶ．写像 $f : (\mathrm{I}^n, \dot{\mathrm{I}}^n) \to (\mathrm{X}, \mathrm{x}_0)$ の集合に“**和**”と呼ばれる算法を導入する：

(20.1)

$$(f+g)(t_1, t_2, \cdots, t_n) = \begin{cases} f(t_1, t_2, \cdots, t_{n-1}, 2t_n) & \left(0 \leqq t_n \leqq \dfrac{1}{2}\right), \\ g(t_1, t_2, \cdots, t_{n-1}, 2t_n - 1) & \left(\dfrac{1}{2} \leqq t_n \leqq 1\right). \end{cases}$$

f_0 と f_1 とを結ぶホモトピー $f_t : (\mathrm{I}^n, \dot{\mathrm{I}}^n) \to (\mathrm{X}, \mathrm{x}_0)$ と，g_0 と g_1 とを結ぶホモトピー $g_t : (\mathrm{I}^n, \dot{\mathrm{I}}^n) \to (\mathrm{X}, \mathrm{x}_0)$ との和 $f_t + g_t$ は，$f_0 + g_0$ と $f_1 + g_1$ とを結ぶホモトピーを与える．従って $\{f\}$ と $\{g\}$ との和を次のように定義する：

$$\{f\}+\{g\}=\{f+g\}.$$

こうして $\Pi(\mathrm{I}^n, \dot{\mathrm{I}}^n;\ \mathrm{X}, \mathrm{x}_0)$ に和が導入された. これが群をなすことを示そう.

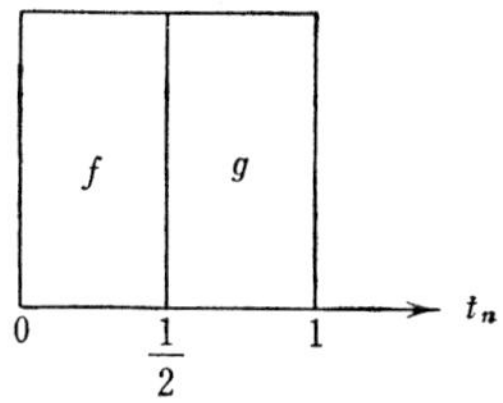

図 19

（i） 結合律

$$[(f+g)+h](t_1, t_2, \cdots, t_n) = \begin{cases} f(t_1, \cdots, t_{n-1}, 4t_n) & \left(0 \leqq t_n \leqq \frac{1}{4}\right), \\ g(t_1, \cdots, t_{n-1}, 4t_n-1) & \left(\frac{1}{4} \leqq t_n \leqq \frac{1}{2}\right), \\ h(t_1, \cdots, t_{n-1}, 2t_n-1) & \left(\frac{1}{2} \leqq t_n \leqq 1\right); \end{cases}$$

$$[f+(g+h)](t_1, t_2, \cdots, t_n) = \begin{cases} f(t_1, \cdots, t_{n-1}, 2t_n) & \left(0 \leqq t_n \leqq \frac{1}{2}\right), \\ g(t_1, \cdots, t_{n-1}, 4t_n-2) & \left(\frac{1}{2} \leqq t_n \leqq \frac{3}{4}\right), \\ h(t_1, \cdots, t_{n-1}, 4t_n-3) & \left(\frac{3}{4} \leqq t_n \leqq 1\right). \end{cases}$$

区間 $[0,1]$ の変位(§ 18)で, $\left[0, \frac{1}{4}\right]$ を $\left[0, \frac{1}{2}\right]$ に, $\left[\frac{1}{4}, \frac{1}{2}\right]$ を $\left[\frac{1}{2}, \frac{3}{4}\right]$ に, $\left[\frac{1}{2}, 1\right]$ を $\left[\frac{3}{4}, 1\right]$ にそれぞれ線形に写す写像が存在する(図 20). このホモトピーを第 n 座標に代入すれば

$$(f+g)+h \simeq f+(g+h)$$

を得る.

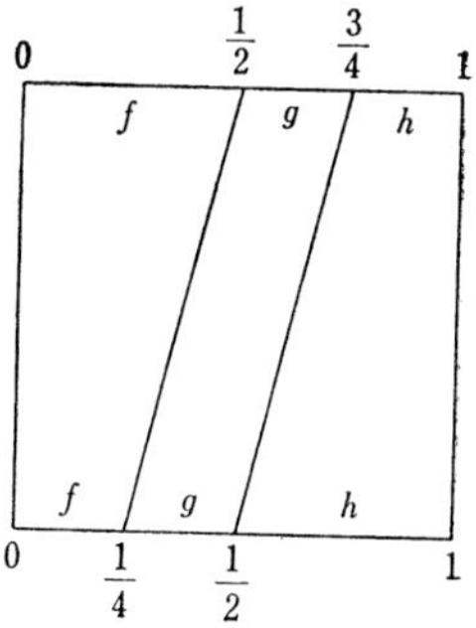

図 20

（ii） 零　元

零写像 $f(\mathrm{I}^n)=\mathrm{x}_0$ のホモトピー類を零元と定める.

実際, 区間 $[0,1]=\mathrm{I}$ の変位で, $(\mathrm{I}, \mathrm{I}_+)\to(\mathrm{I}, \{1\})$ および $(\mathrm{I}, \mathrm{I}_-)\to(\mathrm{I}, \{0\})$ なるものが存在するから(図 21), 任意の写像 $g:(\mathrm{I}^n, \dot{\mathrm{I}}^n)\to(\mathrm{X}, \mathrm{x}_0)$ に対して

$$g+f \simeq g, \qquad f+g \simeq g$$

である．

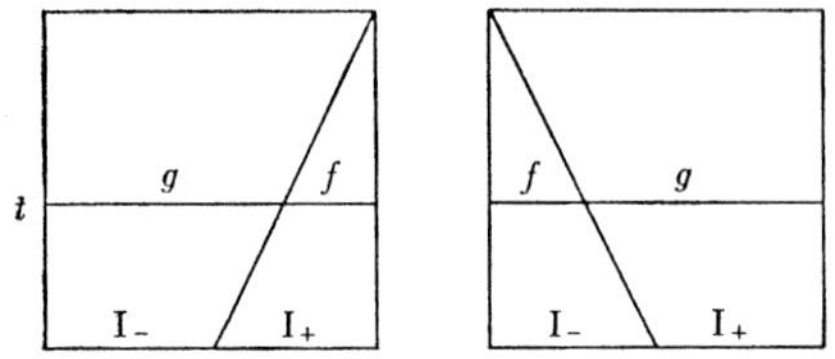

図　21

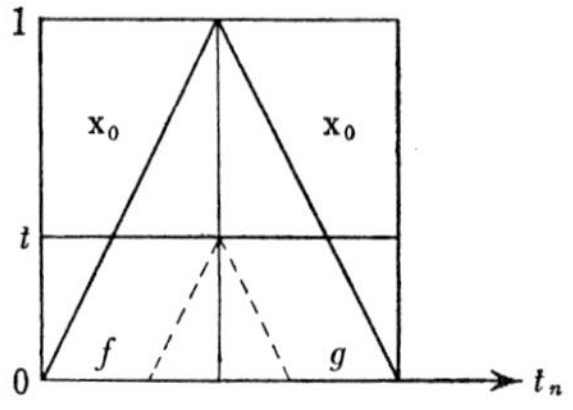

図　22

(iii)　逆　元

写像 $f:(\mathrm{I}^n, \dot{\mathrm{I}}^n) \to (\mathrm{X}, \mathrm{x}_0)$ に対して

$$g(t_1, \cdots, t_n) = f(t_1, \cdots, t_{n-1}, 1-t_n)$$

によって定義される写像 $g:(\mathrm{I}^n, \dot{\mathrm{I}}^n) \to (\mathrm{X}, \mathrm{x}_0)$ を考える．ホモトピー $F_t:(\mathrm{I}^n, \dot{\mathrm{I}}^n) \to (\mathrm{X}, \mathrm{x}_0)$ を次の式で定義する：

$$F_t(t_1, t_2, \cdots, t_n) = \begin{cases} \mathrm{x}_0 & \left(0 \leqq t_n \leqq \dfrac{t}{2}\right), \\ f(t_1, \cdots, t_{n-1}, 2t_n - t) & \left(\dfrac{t}{2} \leqq t_n \leqq \dfrac{1}{2}\right), \\ g(t_1, \cdots, t_{n-1}, 2t_n - 1 + t) & \left(\dfrac{1}{2} \leqq t_n \leqq 1 - \dfrac{t}{2}\right), \\ \mathrm{x}_0 & \left(1 - \dfrac{t}{2} \leqq t_n \leqq 1\right). \end{cases}$$

F_t の連続性は容易に検証される．$F_0 = f+g$，$F_1(\mathrm{I}^n) = \mathrm{x}_0$ であるから，

$$f+g \simeq 0$$

である．同様に $g+f \simeq 0$ も証明される．すなわち $\{g\}$は $\{f\}$ の逆元である．よって $\{g\} = -\{f\}$ と表わす．

以上によって集合 $\Pi(\mathrm{I}^n, \dot{\mathrm{I}}^n; \mathrm{X}, \mathrm{x}_0)$ は，和"＋"に関して群をなすことがわかった．これを $\pi_n(\mathrm{X}, \mathrm{x}_0)$ と書き，X の x_0 を基点とする **n 次元ホモトピー群**という．

ホモトピー群の定義において，$(\mathrm{I}^n, \dot{\mathrm{I}}^n)$ の代りに $(\mathrm{E}^n, \mathrm{S}^{n-1})$ を用いてもよ

い． $\{(t_1, t_2, \cdots, t_n);\ -1 \leqq t_i \leqq 1\} = \mathrm{E}$ として，同相写像 $\Phi_1 : (\mathrm{E}, \dot{\mathrm{E}}) \to (\mathrm{I}^n, \dot{\mathrm{I}}^n)$ を，定ベクトル $\mathrm{q}_0 = (1, \cdots, 1)$ によって

$$\Phi_1(\mathrm{p}) = (\mathrm{p} + \mathrm{q}_0)/2$$

と定義する．次に $\mathrm{p} = (t_1, t_2, \cdots, t_n)$ に対して

$$\begin{cases} m(\mathrm{p}) = \max\limits_{0 \leqq i \leqq n} |t_i|, \\ \lambda(\mathrm{p}) = m(\mathrm{p})/\|\mathrm{p}\| \end{cases} \qquad (\mathrm{p} \neq 0)$$

なる記号を用いて，同相写像 $\Phi_2 : (\mathrm{E}, \dot{\mathrm{E}}) \to (\mathrm{E}^n, \mathrm{S}^{n-1})$ を次のように定義する：

$$\Phi_2(\mathrm{p}) = \begin{cases} \lambda(\mathrm{p}) \cdot \mathrm{p} & (\mathrm{p} \neq \mathrm{O}), \\ \mathrm{O} & (\mathrm{p} = \mathrm{O}). \end{cases}$$

Φ_2 は原点 O を光源とする射影変換である．すなわち，図 23 において，線分 $\overline{\mathrm{Ox}}$ を(線形に)線分 $\overline{\mathrm{Oy}}$ に縮めるのである．Φ_1, Φ_2 はともに変位であるから，合成写像

$$\Phi = \Phi_2 \circ \Phi_1^{-1} : (\mathrm{I}^n, \dot{\mathrm{I}}^n) \to (\mathrm{E}^n, \mathrm{S}^{n-1})$$

は向きを保つ同相写像である．かつ，明らかに

$$\Phi(\mathrm{I}^n{}_-) = \mathrm{E}^n{}_-, \qquad \Phi(\mathrm{I}^n{}_+) = \mathrm{E}^n{}_+$$

となっている．

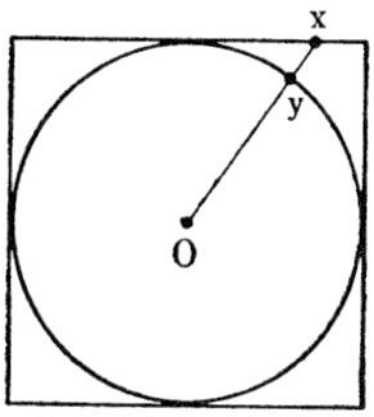

図 23

写像 $f, g : (\mathrm{E}^n, \mathrm{S}^{n-1}) \to (\mathrm{X}, \mathrm{x}_0)$ に対して

$$(f+g)\Phi(\mathrm{p}) = (f \circ \Phi + g \circ \Phi)(\mathrm{p}) \qquad (\mathrm{p} \in \mathrm{I}^n)$$

と定義すれば，対応 $f \longleftrightarrow f \circ \Phi$ は $\Pi(\mathrm{E}^n, \mathrm{S}^{n-1};\ \mathrm{X}, \mathrm{x}_0)$ と $\Pi(\mathrm{I}^n, \dot{\mathrm{I}}^n;\ \mathrm{X}, \mathrm{x}_0)$ との間の同形対応を与える．

補題 20.1. $\pi_n(\mathrm{X}, \mathrm{x}_0)$ の元 α の代表として，$f(\mathrm{E}^n{}_-) = \mathrm{x}_0$ なる写像 $f : (\mathrm{E}^n, \mathrm{S}^{n-1}) \to (\mathrm{X}, \mathrm{x}_0)$ をとることができる．同様に $f(\mathrm{E}^n{}_+) = \mathrm{x}_0$ なるものをとることができる．

証明． $\mathrm{E}^n{}_-$ を一点 e_0 に縮める変位 $r_t : (\mathrm{E}^n, \mathrm{S}^{n-1}) \to (\mathrm{E}^n, \mathrm{S}^{n-1})$ を用いて，α の代表 $g : (\mathrm{E}^n, \mathrm{S}^{n-1}) \to (\mathrm{X}, \mathrm{x}_0)$ に対して $f = g \circ r_1$ と定義すればよい．ホモトピー r_t の存在は直観的には明らかであろうが，念のために証明の梗概を述べる．$\mathrm{V}^{n-1}{}_-$ は $\mathrm{E}^n{}_-$ の強変位レトラクトで，$\mathrm{V}^{n-1}{}_-$ はそれ自身の中で一点 e_0

に縮めることができるから，この二つのホモトピーをつなぐことによって，E^n_- を e_0 に縮める変位 r_t' : $(E^n_-, V^{n-1}_-) \to (E^n_-, V^{n-1}_-)$ を得る．補題 18.3 によって $r_t'|V^{n-1}_-$ を S^{n-1} に拡張し，その結果得られる $E^n_- \cup S^{n-1}$ 上のホモトピーを E^n 全体に拡張すればよい．

補題 20.2. $\pi_n(X, x_0)$ の元 α, β の代表 $f, g : (E^n, S^{n-1}) \to (X, x_0)$ として，$f(E^n_+) = g(E^n_-) = x_0$ なるものをとれば，$h|E^n_- = f$, $h|E^n_+ = g$ で定義される写像 h は $\alpha+\beta$ を代表する．

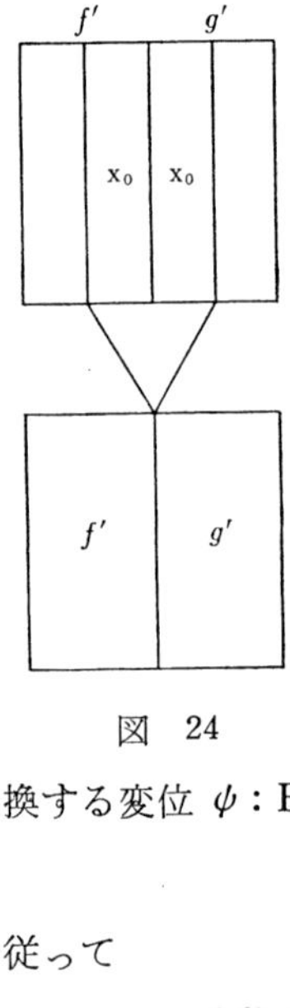

図　24

証明. $f' = f \circ \Phi$, $g' = g \circ \Phi$, $h' = h \circ \Phi$ として，f', g', h' に関して証明する．

図 24 に示したように，区間 $\left[\frac{1}{4}, \frac{3}{4}\right]$ を $\left\{\frac{1}{2}\right\}$ に縮める変位 I→I を第 n 座標に代入すれば，$f'+g'$ と h' とを結ぶホモトピーが得られる．

注意. 厳密には定理 18.4 に基づくことに注意されたい．

定理 20.3. $\pi_n(X, x_0)$ $(n \geqq 2)$ はアーベル群である．

証明. f, g, h を補題 20.2 の写像とする．$n \geqq 2$ であるから，$t_{n-1}t_n$ 平面において，変数 t が 0 から 1 まで変動する間に π ラジアンだけ回転する変換は，E^n_- と E^n_+ とを交換する変位 $\psi : E^n \to E^n$ を与える．補題 20.2 によれば

$$h \circ \psi = g \circ \psi + f \circ \psi.$$

従って

$$\{f\} + \{g\} = \{h\} = \{h \circ \psi\} = \{g \circ \psi\} + \{f \circ \psi\} = \{g\} + \{f\}.$$

これで証明できた．

ホモトピー群の和の定義 (20.1) において I^n の第 n 座標の代りに，第 i 座標を用いてもよい：

$$(f +_i g)(t_1, t_2, \cdots, t_n)$$

$$= \begin{cases} f(t_1, \cdots, 2t_i, \cdots, t_n) & \left(0 \leqq t_i \leqq \dfrac{1}{2}\right), \\ g(t_1, \cdots, 2t_i - 1, \cdots, t_n) & \left(\dfrac{1}{2} \leqq t_i \leqq 1\right). \end{cases}$$

第 n 座標を第 i 座標に重ねる($t_i t_n$ 平面上の)回転による変位 $r_t: E^n \to E^n$ を用いれば，$(f+_n g)\circ\Phi^{-1}\circ r_t\circ\Phi$ は，$f+_n g$ と $f+_i g$ とを結ぶホモトピーを与える．

ホモトピー群の最も簡単な例は**基本群** $\pi_1(X, x_0)$ である．これは x_0 を基点とする X 上の閉じた道をホモトピー類に分けたものと考えられる．基本群は一般にはアーベル群をなさない．例えば S^1 と同相な二つの輪 S_1, S_2 が一点 x_0 のみを共有しているとき，$X=S_1\cup S_2$ の基本群 $\pi_1(X, x_0)$ はアーベル群ではない．x_0 を基点とする閉じた道 S_1 自身と S_2 自身とは交換可能でないからである．基本群において“和”を表わすには，“+”の記号を用いずに，$\alpha\cdot\beta$ のように“積”の記号を用いる．従って α の逆元は α^{-1} と表わされる．

ホモトピー群もまた位相的不変量である．この場合も実はホモトピー型に固有の不変量で，その証明は幸いにしてホモロジー群の場合に比べて簡単である．

X, Y を位相空間，x_0, y_0 をそれぞれの基点とする．写像 $\varphi: (X, x_0)\to(Y, y_0)$ は，準同形 $\varphi_*: \pi_n(X, x_0)\to\pi_n(Y, y_0)$ をひきおこす: 実際，写像 $f: (I^n, \dot{I}^n)\to(X, x_0)$ に $\varphi\circ f: (I^n, \dot{I}^n)\to(Y, y_0)$ を対応させる．$f_0\simeq f_1$ $(\dot{I}^n)$ ならば $\varphi\circ f_0\simeq\varphi\circ f_1$ $(\dot{I}^n)$ なること，および $\varphi_0(f+g)=\varphi\circ f+\varphi\circ g$ なることは容易に確かめられる．$\{\varphi\circ f\}=\varphi_*\{f\}$ と表わし，φ_* を**誘導準同形**と呼ぶ．次の補題は明白であろう．

補題 20.4. (i) $\varphi\simeq\psi$ (x_0) ならば $\varphi_*=\psi_*$.

(ii) $(\psi\circ\varphi)_*=\psi_*\circ\varphi_*$.

よって次の定理を得る．

定理 20.5. $(X, x_0)\simeq(Y, y_0)$ ならば $\pi_n(X, x_0)\cong\pi_n(Y, y_0)$ $(n\geqq 1)$.

証明. $\varphi: (X, x_0)\to(Y, y_0)$，$\psi: (Y, y_0)\to(X, x_0)$ をホモトピー同値写像とすると，$\psi\circ\varphi\simeq 1_X$ (x_0)，$\varphi\circ\psi\simeq 1_Y$ (y_0) であるから

$$\psi_*\circ\varphi_*=1_*, \qquad \varphi_*\circ\psi_*=1_*.$$

ゆえに φ_* は同形で，$\psi_*=\varphi_*^{-1}$ である．

系 1. (X, x_0) と (Y, y_0) とが同相ならば $\pi_n(X, x_0)\cong\pi_n(Y, y_0)$ $(n\geqq 1)$.

系 2. 位相空間 X が一点 x_0 に可縮ならば，すなわち $\{x_0\}$ が X の変位レ

トラクトならば，$\pi_n(\mathrm{X}, \mathrm{x}_0)=0$. 特に $\pi_n(\mathrm{E}^m, \mathrm{e}_0)=0$ $(m\geqq 1,\ n\geqq 1)$.

問 1. X を S^1 と原点0との和集合とする．$\mathrm{e}_0=(-1,\ 0)\in\mathrm{S}^1$ とすると，$\pi_1(\mathrm{X}, \mathrm{e}_0)\neq\pi_1(\mathrm{X}, 0)$ なることを証明せよ．

問 2. 向きづけられた n 単体 $x^n=(\mathrm{a}_0, \mathrm{a}_1, \cdots, \mathrm{a}_n)$ に対して向きを保つ同相写像 $\psi:(\mathrm{E}^n, \mathrm{S}^{n-1})\to(x^n, \dot{x}^n)$ をとる．奇順列$\begin{pmatrix}0 & 1 & \cdots & n\\ j_0 & j_1 & \cdots & j_n\end{pmatrix}$を任意にとり，$\varphi(\mathrm{a}_i)=\mathrm{a}_{j_i}$ で定義される写像を $\varphi: x^n\to\dot{x}^n$ とする．写像 $f:(x^n, \dot{x}^n)\to(\mathrm{X}, \mathrm{x}_0)$ の定める $\pi_n(\mathrm{X}, \mathrm{x}_0)$ の元 $\{f\circ\psi\}$ を α とすれば，$f\circ\varphi\circ\psi$ は $-\alpha$ を代表する．これを証明せよ．

§ 21. 相対ホモトピー群

A を位相空間 X の閉集合，$\mathrm{x}_0\in\mathrm{A}$ を基点とする．写像 $f:(\mathrm{I}^n, \dot{\mathrm{I}}^n, \mathrm{J}^{n-1})\to(\mathrm{X}, \mathrm{A}, \mathrm{x}_0)$ $(n\geqq 2)$の集合に，(20.1)によって“和”を定義する．ただしこの際は第 n 座標ではなくて第1座標に関する和としよう．$\{f+g\}=\{f\}+\{g\}$ なることは，図 25 から明らかである．結合律，および零元，逆元の存在は §20 と同様である．こうして

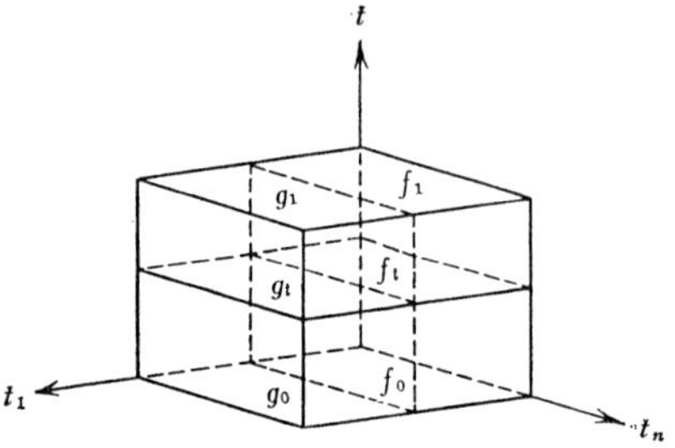

図 25

$\Pi(\mathrm{I}^n, \dot{\mathrm{I}}^n, \mathrm{J}^{n-1};\ \mathrm{X}, \mathrm{A}, \mathrm{x}_0)$ は $n\geqq 2$ のとき群をなす．これを $\pi_n(\mathrm{X}, \mathrm{A}, \mathrm{x}_0)$ と表わして，対 (X, A) の x_0 を基点とする **n 次元相対ホモトピー群**という．

相対ホモトピー群の定義において，$(\mathrm{I}^n, \mathrm{I}^{n-1}, \mathrm{J}^{n-1})$の代りに$(\mathrm{E}^n, \mathrm{S}^{n-1}, \mathrm{V}^{n-1}{}_+)$を用いることもできる．

定理 21.1. $\pi_n(\mathrm{X}, \mathrm{A}, \mathrm{x}_0)$ $(n\geqq 3)$ はアーベル群である．

証明は定理 20.3 とほぼ同様である．$n\geqq 3$ であるから t_1t_2平面における回転は $\mathrm{V}^{n-1}{}_+$ をそれ自身の上に写すことに注意すれば足りる．

相対ホモトピー群の和を定義するに当って，J^{n-1} の定義を適当に変更すれば，任意の第 i 軸を用いてもよい．

B を位相空間 Y の閉集合，$\mathrm{y}_0\in\mathrm{B}$ を基点とする．写像 $\varphi:(\mathrm{X}, \mathrm{A}, \mathrm{x}_0)\to(\mathrm{Y}, \mathrm{B}, \mathrm{y}_0)$ は $n\geqq 2$ のとき誘導準同形

$$\varphi_* : \pi_n(X, A, x_0) \to \pi_n(Y, B, y_0)$$

をひきおこす. φ_* は φ の (A, x_0) に関する相対ホモトピー類によって一意に定まること, また $(\psi\circ\varphi)_* = \psi_*\circ\varphi_*$ なることは明らかであろう. よって次の定理を得る.

定理 21.2. $(X, A, x_0) \simeq (Y, B, y_0)$ ならば $\pi_n(X, A, x_0) \cong \pi_n(Y, B, y_0)$ $(n \geqq 2)$. 従って相対ホモトピー群も位相的不変量である.

特に $A = \{x_0\}$ ならば $\pi_n(X, x_0, x_0) \cong \pi_n(X, x_0)$ である. 以下この両者を同一視しよう.

写像 $f : (I^n, \dot{I}^n, J^{n-1}) \to (X, A, x_0)$ を I^{n-1} の上に制限すると, $I^{n-1} \cap J^{n-1} = \dot{I}^{n-1}$ であるから, 写像 $\partial f : (I^{n-1}, \dot{I}^{n-1}) \to (A, x_0)$ を得る. f_0 と f_1 とを結ぶホモトピー $f_t : (I^n, I^{n-1}, J^{n-1}) \to (X, A, x_0)$ を I^{n-1} の上に制限すれば, ∂f_0 と ∂f_1 とを結ぶホモトピー $\partial f_t : (I^{n-1}, \dot{I}^{n-1}) \to (A, x_0)$ を得るから, 作用素 ∂ は $\pi_n(X, A, x_0)$ から $\pi_{n-1}(A, x_0)$ への対応を与える. これを ∂_* と表わそう: $\partial_*\{f\} = \{\partial f\}$.

補題 21.3. $\partial_* : \pi_n(X, A, x_0) \to \pi_{n-1}(A, x_0)$ $(n \geqq 2)$ は準同形である. これを**ホモトピー境界準同形**という.

証明. 写像 $f, g : (I^n, \dot{I}^n, J^{n-1})$ に対して

$$h(t_1, t_2, \cdots, t_n) = \begin{cases} f(2t_1, t_2, \cdots, t_n) & \left(0 \leqq t_1 \leqq \dfrac{1}{2}\right), \\ g(2t_1 - 1, t_2, \cdots, t_n) & \left(\dfrac{1}{2} \leqq t_1 \leqq 1\right) \end{cases}$$

とすれば

$$\partial h(t_1, t_2, \cdots, t_n) = \begin{cases} f(2t_1, t_2, \cdots, t_{n-1}) & \left(0 \leqq t_1 \leqq \dfrac{1}{2}\right), \\ g(2t_1 - 1, t_2, \cdots, t_{n-1}) & \left(\dfrac{1}{2} \leqq t_1 \leqq 1\right). \end{cases}$$

従って $\partial h = \partial f + \partial g$ である.

$i : (A, x_0) \to (X, x_0)$ および $j : (X, x_0, x_0) \to (X, A, x_0)$ をそれぞれ包含写像とする.

定理 21.4. 次の系列は完全系列である：

$$\cdots\to \pi_{n+1}(\mathrm{X},\mathrm{A},\mathrm{x}_0)\xrightarrow{\partial_*}\pi_n(\mathrm{A},\mathrm{x}_0)\xrightarrow{i_*}\pi_n(\mathrm{X},\mathrm{x}_0)\xrightarrow{i_*}\pi_n(\mathrm{X},\mathrm{A},\mathrm{x}_0)$$
$$\xrightarrow{\partial_*}\cdots\to\pi_2(\mathrm{X},\mathrm{A},\mathrm{x}_0)\xrightarrow{\partial_*}\pi_1(\mathrm{A},\mathrm{x}_0)\xrightarrow{i_*}\pi_1(\mathrm{X},\mathrm{x}_0)$$

これを対 (X, A) の**ホモトピー完全系列**という.

証明. (i) $\mathrm{Im}\,i_*=\mathrm{Ker}\,j_*$: 次の補題による.

補題 21.5. 写像 $f:(\mathrm{I}^n,\dot{\mathrm{I}}^n,\mathrm{J}^{n-1})\to(\mathrm{X},\mathrm{A},\mathrm{x}_0)$ が $f(\mathrm{I}^n)\subset \mathrm{A}$ を満たせば f は $\pi_n(\mathrm{X},\mathrm{A},\mathrm{x}_0)$ の零元の代表である.

証明. ホモトピー $F_t(t_1,t_2,\cdots,t_n)=f(t_1,\cdots,t_{n-1},(1-t)\cdot t_n+t)$ は，任意の t に関して $F_t(\dot{\mathrm{I}}^n)\subset\mathrm{A}$, $F_t(\mathrm{J}^{n-1})=\mathrm{x}_0$ である. しかも $F_0=f$, $F_1(\mathrm{I}^n)=\mathrm{x}_0$. よって $f\simeq 0$.

(ii) $\mathrm{Im}\,j_*\subset\mathrm{Ker}\,\partial_*$: $\mathrm{I}^{n-1}\subset\dot{\mathrm{I}}^n$ であるから, $f:(\mathrm{I}^n,\dot{\mathrm{I}}^n,\mathrm{J}^{n-1})\to(\mathrm{X},\mathrm{x}_0,\mathrm{x}_0)$ に対しては $\partial f(\mathrm{I}^{n-1})=\mathrm{x}_0$.

(iii) $\mathrm{Im}\,\partial_*\subset\mathrm{Ker}\,i_*$: $g=\partial f$, $f:(\mathrm{I}^{n+1},\ \dot{\mathrm{I}}^{n+1},\ \mathrm{J}^n)\to(\mathrm{X},\ \mathrm{A},\mathrm{x}_0)$ とする. $F_t(t_1,t_2,\cdots,t_n)=f(t_1,\cdots,t_n,t)$ と定義すると, $F_t(\dot{\mathrm{I}}^n)=\mathrm{x}_0$, $F_0=i\circ g$, $F_1(\mathrm{I}^n)=\mathrm{x}_0$ であるから, $i\circ g\simeq 0$.

(iv) $\mathrm{Im}\,j_*\supset\mathrm{Ker}\,\partial_*$: 写像 $f:(\mathrm{I}^n,\dot{\mathrm{I}}^n,\mathrm{J}^{n-1})\to(\mathrm{X},\mathrm{A},\mathrm{x}_0)$ に対して, ∂f: $(\mathrm{I}^{n-1},\ \dot{\mathrm{I}}^{n-1})\to(\mathrm{A},\ \mathrm{x}_0)$ と $g(\mathrm{I}^{n-1})=\mathrm{x}_0$ なる写像 g とを結ぶホモトピー $F:(\mathrm{I}^{n-1}\times\mathrm{I},\dot{\mathrm{I}}^{n-1}\times\mathrm{I})\to(\mathrm{A},\mathrm{x}_0)$ があるとしよう: $F_0=\partial f$, $F_1=g$. $F|\mathrm{I}^n\times 0=f$, $F(\mathrm{J}^{n-1}\times\mathrm{I})=\mathrm{x}_0$ と定義すると, F は $\mathrm{I}^n\times\mathrm{I}=\mathrm{I}^{n+1}$ の部分集合 $\mathrm{I}^n\times 0\cup\dot{\mathrm{I}}^n\times\mathrm{I}$ の上で定義されている. 補題 18.2 によってホモトピー F は I^{n+1} 全体の上に拡張される. $F_1=h$ は $\dot{\mathrm{I}}^n=\mathrm{I}^{n-1}\cup\mathrm{J}^{n-1}$ を x_0 に写すから, $\pi_n(\mathrm{X},\mathrm{x}_0)$ の元である. すなわち $\{f\}=\{h\}$ は j_* の像に含まれる.

(v) $\mathrm{Im}\,\partial_*\supset\mathrm{Ker}\,i_*$: 写像 $f:(\mathrm{I}^n,\dot{\mathrm{I}}^n)\to(\mathrm{A},\mathrm{x}_0)$ と $g(\mathrm{I}^n)=\mathrm{x}_0$ とを結ぶホモトピー $F:(\mathrm{I}^n\times\mathrm{I},\dot{\mathrm{I}}^n\times\mathrm{I})\to(\mathrm{X},\mathrm{x}_0)$ があるとする: $F_0=i\circ f$, $F_1=g$. 写像 $F:\mathrm{I}^{n+1}\to\mathrm{X}$ は, $F(\dot{\mathrm{I}}^{n+1})\subset\mathrm{A}$ および $F(\mathrm{J}^n)=\mathrm{x}_0$ を満たしているから, $\pi_{n+1}(\mathrm{X},\mathrm{A},\mathrm{x}_0)$ のある元の代表である. ∂ の定義によって $\partial_*\{F\}=\{\partial F\}=\{F_0\}=\{f\}$. よって証明は完了した.

補題 21.6. 任意の写像 $f:(X, A, x_0)\to(Y, B, y_0)$ に関して

$$f_*\circ\partial_*=\partial_*\circ f_*$$

が成立する．すなわち次の図式は可換である：

$$\begin{array}{ccc} \pi_n(X, A, x_0) & \xrightarrow{f_*} & \pi_n(Y, B, y_0) \\ \partial_*\downarrow & & \downarrow\partial_* \\ \pi_{n-1}(A, x_0) & \xrightarrow{f_*} & \pi_{n-1}(B, y_0) \end{array} \qquad (n\geqq 2).$$

証明． $\pi_n(X, A, x_0)$ の元 α の代表を $g:(I^n, I^{n-1}, J^{n-1})\to(X, A, x_0)$ とする．明らかに $f\circ(g|I^{n-1})=(f\circ g)|I^{n-1}$ であるから，$f\circ\partial g=\partial(f\circ g)$，すなわち $f_*\circ\partial(\alpha)=\partial\circ f_*(\alpha)$.

上の写像 f の定める写像 $(X, x_0)\to(Y, y_0)$ や，$(A, x_0)\to(B, y_0)$ を f と区別してそれぞれ f', f'' と表わそう．(f''_*, f'_*, f_*) は対 (X, A) のホモトピー完全系列から対 (Y, B) のホモトピー完全系列への準同形である．すなわち次の可換な図式を得る：

$$\begin{array}{ccccccccc} \cdots\to\pi_{n+1}(X, A, x_0) & \xrightarrow{\partial_*} & \pi_n(A, x_0) & \xrightarrow{i_*} & \pi_n(X, x_0) & \xrightarrow{j_*} & \pi_n(X, A, x_0) & \xrightarrow{\partial_*}\cdots \\ \downarrow f_* & & \downarrow f''_* & & \downarrow f'_* & & \downarrow f_* & \\ \cdots\to\pi_{n+1}(Y, B, y_0) & \xrightarrow{\partial_*} & \pi_n(B, y_0) & \xrightarrow{i_*} & \pi_n(Y, y_0) & \xrightarrow{j_*} & \pi_n(Y, B, y_0) & \xrightarrow{\partial_*}\cdots \end{array}$$

定理 21.7. (i) A が X のレトラクトならば

$$\pi_n(X, x_0)\cong\pi_n(A, x_0)+\pi_n(X, A, x_0) \quad (\text{直和}) \qquad (n\geqq 2).$$

(ii) $f:(X, x_0)\to(A, x_0)$，$f\simeq 1_X\ (x_0)$ なる写像 f が存在すれば

$$\pi_n(A, x_0)\cong\pi_n(X, x_0)+\pi_{n+1}(X, A, x_0) \quad (\text{直和}) \qquad (n\geqq 2).$$

$n=1$ のときは，$\pi_1(A, x_0)$ の部分群 M, N があって，N は正規部分群であり，$\partial_*:\pi_2(X, A, x_0)\cong N$，$f_*:\pi_1(X, x_0)\cong M$. しかも $\pi_1(A, x_0)$ の各元は M の元と N の元の積として一意に表わされる．

(iii) A が X の中で一点 x_0 に縮められるならば

$$\pi_n(X, A, x_0)\cong\pi_n(X, x_0)+\pi_{n-1}(A, x_0) \quad (\text{直和}) \qquad (n\geqq 2).$$

証明． 一般にアーベル群の完全系列

$$0\to G_1\xrightarrow{f}G_2\xrightarrow{g}G_3\to 0$$

において $f(G_1)$ が G_2 の直和因子なるとき，**分解する**完全系列と呼ぶ，このとき $G_2 \cong G_1 + G_3$（直和）である．

補題 21.8. アーベル群の完全系列

$$\cdots \to G^3{}_{r+1} \xrightarrow{h_{r+1}} G^1{}_r \xrightarrow{f_r} G^2{}_r \xrightarrow{g_r} G^3{}_r \xrightarrow{h_r} G^1{}_{r-1} \to \cdots$$

において

（a）各 r に対して準同形 $\rho_r : G^2{}_r \to G^1{}_r$ が存在して $\rho_r \circ f_r$ が恒等写像 $G^1{}_r \to G^1{}_r$ に等しければ，各 r に対して

(21.1)
$$0 \to G^1{}_r \xrightarrow{f_r} G^2{}_r \xrightarrow{g_r} G^3{}_r \to 0$$

は分解する完全系列である．

（b）各 r に対して準同形 $\sigma_r : G^3{}_r \to G^2{}_r$ が存在して $g_r \circ \sigma_r$ が恒等写像 $G^3{}_r \to G^3{}_r$ に等しければ，(a) と同じ結論が導かれる．

証明.（a）$\rho_r \circ f_r$ が同形なので $\mathrm{Ker}\, f_r = 0$，従って (21.1) は完全系列である(§ 9 問 1)．$M_r = \mathrm{Im}\, f_r$，$N_r = \mathrm{Ker}\, \rho_r$ とおけば $G^2{}_r = M_r + N_r$ である．実際，$G^2{}_r$ の各元 x に対して $f_r \circ \rho_r x = x'$ とおけば，$\rho_r(x - x') = \rho_r x - \rho_r \circ f_r \circ \rho_r x = \rho_r x - \rho_r x = 0$．従って $x'' = x - x'$ なる元 $x'' \in N_r$ がある．すなわち $G^2{}_r = M_r + N_r$．次に $M_r \cap N_r \ni y$ とする．$G^1{}_r$ のある元 z によって $f_r(z) = y$ と表わされるが，一方 $0 = \rho_r(y) = \rho_r \circ f_r(z) = z$，従って $y = 0$，すなわち $M_r \cap N_r = \{0\}$．ゆえに $G^2{}_r$ は M_r と N_r との直和である．$M_r = \mathrm{Im}\, f_r = \mathrm{Ker}\, g_r$ であるから $g_r : N_r = G^2{}_r / M_r \cong G^3{}_r$．

（b）の証明は同様であるから読者にお任せしよう．

さて定理 21.7 の証明にとりかかろう．

（i）$f : (\mathrm{X}, \mathrm{x}_0) \to (\mathrm{A}, \mathrm{x}_0)$ を引きこみとすれば，$f \circ i = 1_{\mathrm{A}}$，従って $f_* \circ i_* = 1_*$．対 (X, A) のホモトピー完全系列に補題 21.8 を適用すればよい．

（ii）$i \circ f \simeq 1_{\mathrm{X}}$ であるから $i_* \circ f_* = 1_*$．ゆえに $n \geqq 2$ の場合は補題 21.8 から導かれる．$n = 1$ の場合は $\pi_1(\mathrm{A}, \mathrm{x}_0)$ がアーベル群でないことに留意すれば，同様の議論によって証明される．

(iii) A を X の中で一点 x_0 に縮めるホモトピー $F : (\mathrm{A} \times \mathrm{I}, \mathrm{x}_0 \times \mathrm{I}) \to (\mathrm{X},$

x_0) がある．任意の写像 $g:(\mathrm{I}^{n-1},\dot{\mathrm{I}}^{n-1})\to(\mathrm{A},\mathrm{x}_0)$ に対して

$$\phi(g)(t_1,t_2,\cdots,t_n)=F(g(t_1,\cdots,t_{n-1}),t_n)$$

と定義すれば，$\phi(g)(\mathrm{I}^{n-1})\subset\mathrm{A}$, $\phi(g)(\mathrm{J}^{n-1})=\mathrm{x}_0$ を満たす．ϕ が和を保つこと，$f\simeq g$ ならば $\phi(f)\simeq\phi(g)$ なることは直ちに検証できる．こうして定義される準同形 $\phi_*:\pi_{n-1}(\mathrm{A},\mathrm{x}_0)\to\pi_n(\mathrm{X},\mathrm{A},\mathrm{x}_0)$ は，明らかに $\partial_*\circ\phi_*=1_*$ を満足する．ゆえに補題 21.8 から (iii) が導かれる．

注意． 対 (X, A) のホモロジー完全系列に対して定理 21.7 の (i) および (ii) と類似の命題が成立する(問題 4 の 7, 8 参照)．

問． $\pi_n(\mathrm{S}^n)\cong\boldsymbol{Z}$, $\pi_r(\mathrm{S}^n)=0$ $(1\leqq r<n)$ を仮定して，対 $(\mathrm{S}^{n+1},\mathrm{S}^n)$ の相対ホモトピー群 $\pi_r(\mathrm{S}^{n+1},\mathrm{S}^n)$ $(2\leqq r\leqq n+1)$ を求めよ．

§ 22. 基本群の作用

位相空間 X の点 x_0 を始点とする弧は，連続写像 $C:(\mathrm{I},\{0\})\to(\mathrm{X},\mathrm{x}_0)$ と考えられる．$C(1)$ を弧 C の終点とよぶ．終点から始点に向かって逆に走る弧を C^{-1} と表わす．すなわち

$$C^{-1}(t)=C(1-t) \qquad (0\leqq t\leqq 1).$$

弧 C_1 の終点が弧 C_2 の始点と一致しているとき

$$(22.1)\qquad C(t)=\begin{cases} C_1(2t) & \left(0\leqq t\leqq \dfrac{1}{2}\right), \\ C_2(2t-1) & \left(\dfrac{1}{2}\leqq t\leqq 1\right) \end{cases}$$

で定義される弧 C を C_1 と C_2 との積と呼び，$C=C_1\cdot C_2$ と表わす．

A を X の閉集合とする．A の 2 点 x_0, x_1 を結ぶ弧 $C:(\mathrm{I},\{0\},\{1\})\to(\mathrm{A},\mathrm{x}_0,\mathrm{x}_1)$ に対して，準同形 $C^\sharp:\pi_n(\mathrm{X},\mathrm{A},\mathrm{x}_1)\to\pi_n(\mathrm{X},\mathrm{A},\mathrm{x}_0)$ を定義し，$C^\sharp$ が C のホモトピー類によって定まること，および $C^\sharp$ は実は同形であることを証明しよう．

その方法を大づかみにいうと，写像 $f:(\mathrm{I}^n,\dot{\mathrm{I}}^n,\mathrm{J}^{n-1})\to(\mathrm{X},\mathrm{A},\mathrm{x}_1)$ に対して，J^{n-1} の像が C^{-1} に沿って x_1 から x_0 まで移動する間，$\dot{\mathrm{I}}^n$ が常に A の中に写されるようなホモトピー $F[f,C]$ を構成するのである．

一般に U∩V が U のレトラクトならば，V は U∪V のレトラクトで，任意の写像 $F'':(\mathrm{V}, \mathrm{U}\cap\mathrm{V})\to(\mathrm{X}, \mathrm{A})$ の拡張 $F':(\mathrm{U}\cup\mathrm{V}, \mathrm{U})\to(\mathrm{X}, \mathrm{A})$ が存在する(§ 18 問 1). $\mathrm{I}^n\times\mathrm{I}$ の部分集合 $\mathrm{I}^{n-1}\times\mathrm{I}$ を U，$\mathrm{I}^n\times 0\cup\mathrm{J}^{n-1}\times\mathrm{I}$ を V とおくと

$$\begin{cases} \mathrm{U}\cap\mathrm{V}=\mathrm{I}^{n-1}\times 0\cup\dot{\mathrm{I}}^{n-1}\times\mathrm{I}, \\ \mathrm{U}\cup\mathrm{V}=\mathrm{I}^n\times 0\cup\dot{\mathrm{I}}^n\times\mathrm{I}. \end{cases}$$

補題 18.2 によって U∩V は U のレトラクト，U∪V は $\mathrm{I}^n\times\mathrm{I}$ のレトラクトである．いま写像 $F'':(\mathrm{V}, \mathrm{U}\cap\mathrm{V})\to(\mathrm{X}, \mathrm{A})$ として

$$\begin{cases} F''(\mathrm{p}, 0)=f(\mathrm{p}) & (\mathrm{p}\in\mathrm{I}^n), \\ F''(\mathrm{p}, t)=C^{-1}(t) & (\mathrm{p}\in\mathrm{J}^{n-1}, t\in\mathrm{I}) \end{cases}$$

をとる．明らかに F'' は連続である．F'' の拡張 $F':(\mathrm{U}\cup\mathrm{V}, \mathrm{U})\to(\mathrm{X}, \mathrm{A})$をさらに $\mathrm{I}^n\times\mathrm{I}$ 全体の上に拡張した写像を $F=F[f, C]$ と表わそう．F' は $\mathrm{U}=\mathrm{I}^{n-1}\times\mathrm{I}$ を A の中に写すから，

$$\begin{cases} F(\mathrm{I}^{n-1}\times\mathrm{I})\subset\mathrm{A}, \\ F(\mathrm{J}^{n-1}\times t)=C^{-1}(t) \end{cases} \tag{22.2}$$

である．$\varphi=F_1$ とおくと，$\varphi(\mathrm{I}^{n-1})=F(\mathrm{I}^{n-1}\times 1)\subset\mathrm{A}$, $\varphi(\mathrm{J}^{n-1})=F(\mathrm{J}^{n-1}\times 1)=C^{-1}(1)=\mathrm{x}_0$ となる．従って φ は $\pi_n(\mathrm{X}, \mathrm{A}, \mathrm{x}_0)$ の元を代表している．φ は写像 f，弧 C，およびホモトピー F のつくり方に依存するから，必要に応じて $\varphi[f, C, F]$と表わす．

両端を固定してホモトープな二つの孤 $C_i:(\mathrm{I}, \{0\}, \{1\})\to(\mathrm{A}, \mathrm{x}_0, \mathrm{x}_1)$ $(i=0, 1)$ をとり，$C^{-1}{}_0$ と $C^{-1}{}_1$ とを結ぶホモトピーを $C:\mathrm{I}'\times\mathrm{I}\to\mathrm{A}$ とする：

$$\begin{cases} C(t', 0)=\mathrm{x}_1, \quad C(t', 1)=\mathrm{x}_0 & (t'\in\mathrm{I}'), \\ C(0, t)=C^{-1}{}_0(t), \quad C(1, t)=C^{-1}{}_1(t) & (t\in\mathrm{I}). \end{cases}$$

次に $\pi_n(\mathrm{X}, \mathrm{A}, \mathrm{x}_1)$ の元 α の代表 f_0 と f_1 とを結ぶホモトピー $f:(\mathrm{I}^n\times\mathrm{I}', \dot{\mathrm{I}}^n\times\mathrm{I}', \mathrm{J}^{n-1}\times\mathrm{I}')\to(\mathrm{X}, \mathrm{A}, \mathrm{x}_1)$ をとる：

$$\begin{cases} f(\mathrm{p}, 0)=f_0(\mathrm{p}), \\ f(\mathrm{p}, 1)=f_1(\mathrm{p}) \end{cases} \quad (\mathrm{p}\in\mathrm{I}^n).$$

また写像 $F_i:(\mathrm{I}^n\times\mathrm{I}, \mathrm{I}^{n-1}\times\mathrm{I})\to(\mathrm{X}, \mathrm{A})$ $(i=0, 1)$ を

$$\begin{cases} F_0 = F[f_0, C_0], \\ F_1 = F[f_1, C_1] \end{cases}$$

とする．$I^n \times I' \times I$ の部分集合 U, V を

$$\begin{cases} U = I^{n-1} \times I' \times I, \\ V = I^n \times I' \times 0 \cup I^n \times 0 \times I \cup \\ \qquad I^n \times 1 \times I \cup J^{n-1} \times I' \times I \end{cases}$$

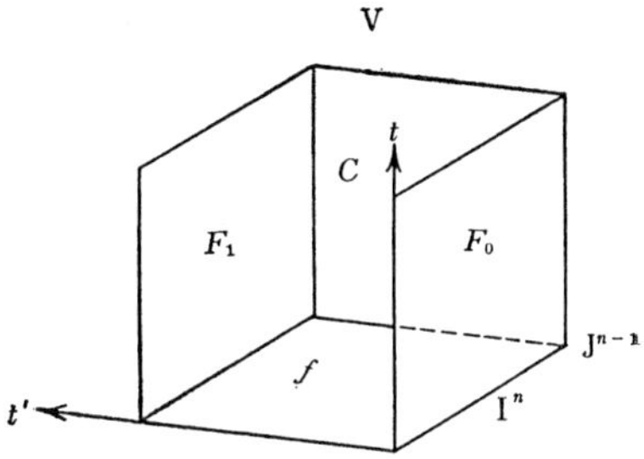

図 26

と定義すると，

$$\begin{cases} U \cap V = (I^{n-1} \times I') \times 0 \cup (I^{n-1} \times I')^{\boldsymbol{\cdot}} \times I, \\ U \cup V = (I^n \times I') \times 0 \cup (I^n \times I')^{\boldsymbol{\cdot}} \times I \end{cases}$$

である．補題 18.2 によって $U \cap V$ は U のレトラクト，$U \cup V$ は $I^n \times I' \times I$ のレトラクトである．

写像 $H'' : (V, U \cap V) \to (X, A)$ を

$$\begin{cases} H''(p, t', 0) = f(p, t', 0) & (p \in I^n,\ t' \in I'), \\ H''(p, 0, t) = F_0(p, t) & (p \in I^n,\ t \in I), \\ H''(p, 1, t) = F_1(p, t) & (p \in I^n,\ t \in I), \\ H''(p, t', t) = C(t', t) & (p \in J^{n-1},\ t' \in I',\ t \in I) \end{cases}$$

と定義すれば H'' の拡張 $H' : (U \cup V, U) \to (X, A)$ がある．さらに H' を $I^n \times I' \times I$ 全体に拡張した写像を H としよう．

$$\begin{cases} H(I^{n-1} \times I' \times I) \subset A, \\ H(J^{n-1} \times t' \times t) = C(t', t) \end{cases}$$

であるから，$\varphi(p, t') = H(p, t', 1)$ $(p \in I^n,\ t' \in I')$ と定義すると

$$\begin{cases} \varphi(I^{n-1} \times I') = H(I^{n-1} \times I' \times 1) \subset A, \\ \varphi(J^{n-1} \times I') = H(J^{n-1} \times I' \times 1) = x_0, \\ \varphi | I^n \times 0 = \varphi[f_0, C_0, F_0], \\ \varphi | I^n \times 1 = \varphi[f_1, C_1, F_1]. \end{cases}$$

従って $\varphi[f_0, C_0, F_0] \simeq \varphi[f_1, C_1, F_1]$ $(\dot{I}^n, J^{n-1})$ である．

以上によって，$\pi_n(X, A, x_1)$ の元 α の代表 f と，x_1 と x_0 とを結ぶ弧 C

と，条件 (22.2) を満足するホモトピー F とによって定義された写像 $\varphi[f, C, F]$ のホモトピー類は，f のホモトピー類と C のホモトピー類のみによって定まることがわかった．

注意． 上の証明において特に $f_0=f_1$, $C_0=C_1$ とおくと，φ は条件 (22.2) を満足するホモトピーのとり方には依存しないことが示されている．

そこで

$$C^{\#}(\alpha)=\{\varphi\}\in\pi_n(\mathrm{X}, \mathrm{A}, \mathrm{x}_0)$$

と定義する．ホモトピー F の構成のしかたから明らかに $C^{\#}$ は準同形である：

$$C^{\#}:\pi_n(\mathrm{X}, \mathrm{A}, \mathrm{x}_1)\to\pi_n(\mathrm{X}, \mathrm{A}, \mathrm{x}_0).$$

特に弧 $0:\mathrm{I}\to\mathrm{x}_0$ に関しては $0^{\#}=1$ (恒等写像) である．

補題．22.1.　　$(C_1\cdot C_2)^{\#}=C_1{}^{\#}\circ C_2{}^{\#}.$

証明． $C_1(0)=\mathrm{x}_0$, $C_1(1)=C_2(0)=\mathrm{x}_1$, $C_2(1)=\mathrm{x}_2$ とし，$\pi_n(\mathrm{X}, \mathrm{A}, \mathrm{x}_2)$ の元 α の代表 f をとる．条件 (22.2) を満足するホモトピー F_t'' をとる：

$$\begin{cases} F_t''(\dot{\mathrm{I}}^n)\subset\mathrm{A}, & F_t''(\mathrm{J}^{n-1})=C^{-1}{}_2(t), \\ F_0''=f, & \{F_1''\}=C_2{}^{\#}(\alpha). \end{cases}$$

次に再び条件 (22.2) を満足するホモトピー F_t' をとる：

$$\begin{cases} F_t'(\dot{\mathrm{I}}^n)\subset\mathrm{A}, & F_t'(\mathrm{J}^{n-1})=C^{-1}{}_1(t), \\ F_0'=F_1'', & \{F_1'\}=C_1{}^{\#}[C_2{}^{\#}(\alpha)]. \end{cases}$$

いまホモトピー F_t を

$$F_t(\mathrm{p})=\begin{cases} F_{2t}''(\mathrm{p}) & \left(0\leqq t\leqq\dfrac{1}{2}\right), \\ F_{2t-1}'(\mathrm{p}) & \left(\dfrac{1}{2}\leqq t\leqq 1\right) \end{cases}$$

と定義すると，F_t は条件 (22.2) を満たす：

$$F_t(\dot{\mathrm{I}}^n)\subset\mathrm{A}, \qquad F_t(\mathrm{J}^{n-1})=(C_2{}^{-1}\cdot C_1{}^{-1})(t).$$

$(C_1\cdot C_2)^{-1}=C_2{}^{-1}\cdot C_1{}^{-1}$ であるから

$$(C_1\cdot C_2)^{\#}(\alpha)=\{F_1\}=\{F_1'\}=(C_1{}^{\#}\circ C_2{}^{\#})(\alpha).$$

定理 22.2. A を位相空間 X の閉集合とする．A の2点 x_0, x_1 を結ぶ弧 $C:(\mathrm{I}, \{0\}, \{1\})\to(\mathrm{A}, \mathrm{x}_0, \mathrm{x}_1)$ は同形

$$C^{\sharp}:\pi_n(\mathrm{X},\mathrm{A},\mathrm{x}_1)\cong\pi_n(\mathrm{X},\mathrm{A},\mathrm{x}_0) \qquad (n\geqq 2)$$

をひきおこす．

特に X の 2 点 x_0 と x_1 とを結ぶ弧 C は同形

$$C^{\sharp}:\pi_n(\mathrm{X},\mathrm{x}_1)\cong\pi_n(\mathrm{X},\mathrm{x}_0) \qquad (n\geqq 1)$$

をひきおこす．

証明． x_0 と x_1 とを結ぶ弧を C とする．$C\cdot C^{-1}$ および $C^{-1}\cdot C$ は 0 とホモトープである．実際ホモトピー $h:(\mathrm{I}\times\mathrm{I}',\dot{\mathrm{I}}\times\mathrm{I}')\to(\mathrm{A},\mathrm{x}_0)$ を

$$h(t,t')=\begin{cases} C(2t't) & \left(0\leqq t\leqq\dfrac{1}{2}\right), \\ C^{-1}(1-2t'(1-t)) & \left(\dfrac{1}{2}\leqq t\leqq 1\right) \end{cases}$$

と定義すれば $C\cdot C^{-1}\simeq 0$ を得る．$C^{-1}\cdot C\simeq 0$ も同様である．ゆえに補題 22.1 によって

$$C^{\sharp}\circ(C^{-1})^{\sharp}=1, \qquad (C^{-1})^{\sharp}\circ C^{\sharp}=1.$$

従って $C^{\sharp}$ は同形で，$(C^{-1})^{\sharp}=(C^{\sharp})^{-1}$ である．

この定理によって A が弧状連結なるときは，基点 $\mathrm{x}_0\in\mathrm{A}$ のとり方に関せず，$\pi_n(\mathrm{X},\mathrm{A},\mathrm{x}_0)$ と同形な群がただ一つ定まることがわかった．特に X が弧状連結ならば，基 $\mathrm{x}_0\in\mathrm{X}$ のとり方にかかわらず $\pi_n(\mathrm{X},\mathrm{x}_0)$ と同形な群がただ一つ定まる．

注意． 一般の空間ではこれは成立しない．§ 20 の問 1 はその最も簡単な例を与える．

定理 22.3． A の 2 点 $\mathrm{x}_0,\mathrm{x}_1$ を結ぶ A 上の弧を C とすると次の図式は可換である：

$$\begin{array}{ccccccc}
\pi_n(\mathrm{A},\mathrm{x}_1) & \xrightarrow{i_*} & \pi_n(\mathrm{X},\mathrm{x}_1) & \xrightarrow{j_*} & \pi_n(\mathrm{X},\mathrm{A},\mathrm{x}_1) & \xrightarrow{\partial_*} & \pi_{n-1}(\mathrm{A},\mathrm{x}_1) \\
\downarrow C^{\sharp} & & \downarrow C^{\sharp} & & \downarrow C^{\sharp} & & \downarrow C^{\sharp} \\
\pi_n(\mathrm{A},\mathrm{x}_0) & \xrightarrow{i_*} & \pi_n(\mathrm{X},\mathrm{x}_0) & \xrightarrow{j_*} & \pi_n(\mathrm{X},\mathrm{A},\mathrm{x}_0) & \xrightarrow{\partial_*} & \pi_{n-1}(\mathrm{A},\mathrm{x}_0)
\end{array}$$

証明． $C^{\sharp}\circ i_*=i_*\circ C^{\sharp}$ および $C^{\sharp}\circ j_*=j_*\circ C^{\sharp}$ は，$C^{\sharp}$ の定義に用いたホモトピー F の構成のしかたから明らかであろう．$C^{\sharp}\circ\partial_*=\partial_*\circ C_*$ を示そう．条件 (22.2) を満たすホモトピー $F_t=F_t[f,C]$ をとる：

$$\begin{cases} F_t(\dot{\mathrm{I}}^n)\subset \mathrm{A}, & F_t(\mathrm{J}^{n-1})=C^{-1}(t), \\ F_0=f, & \{F_1\}=C^\sharp\{f\}. \end{cases}$$

F_t を I^{n-1} の上に制限した $\partial F_t:\mathrm{I}^{n-1}\to\mathrm{A}$ は $\partial F_t(\dot{\mathrm{I}}^{n-1})=C^{-1}(t)$ を満足する. 一方 $\partial F_0=\partial f$ であるから

$$C^\sharp\{\partial f\}=\{\partial F_1\}=\partial_*\{F_1\}=\partial_*\circ C^\sharp\{f\}.$$

特に C として x_0 を基点する A 上の閉じた道をとれば, 次の定理が導かれる.

定理 22.4. $\pi_1(\mathrm{A},\mathrm{x}_0)$ の元 γ は自己同形

$$\gamma^\sharp:\pi_n(\mathrm{X},\mathrm{A},\mathrm{x}_0)\cong\pi_n(\mathrm{X},\mathrm{A},\mathrm{x}_0) \qquad (n\geqq 2)$$

をひきおこす.

$\pi_1(\mathrm{X},\mathrm{x}_0)$ の元 γ は自己同形

$$\gamma^\sharp:\pi_n(\mathrm{X},\mathrm{x}_0)\cong\pi_n(\mathrm{X},\mathrm{x}_0) \qquad (n\geqq 1)$$

をひきおこす.

補題 22.1 によれば $(\gamma_1\cdot\gamma_2)^\sharp=\gamma_1{}^\sharp\circ\gamma_2{}^\sharp$ であるから, 基本群 $\pi_1(\mathrm{A},\mathrm{x}_0)$ は作用 $\gamma^\sharp$ を通じて $\pi_n(\mathrm{X},\mathrm{A},\mathrm{x}_0)$ の自己同形群として表現される. また定理 22.3 によれば $\gamma^\sharp$ は対 (X, A) のホモトピー完全系列の自己同形を与える.

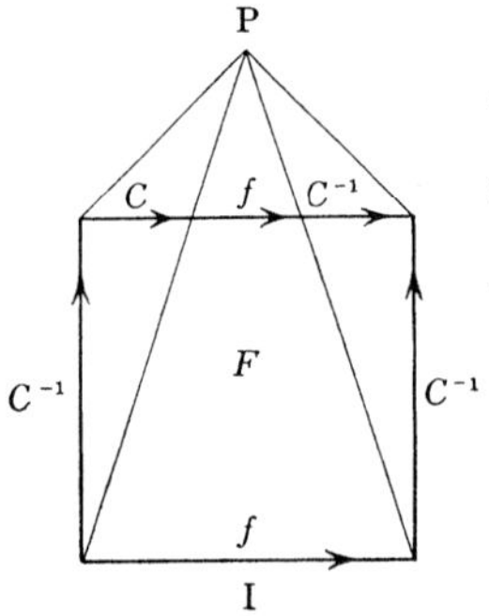

図 27

特に $n=1$ の場合, $\pi_1(\mathrm{X},\mathrm{x}_0)$ はそれ自身に作用する. このとき閉じた道 $C:(\mathrm{I},\dot{\mathrm{I}})\to(\mathrm{X},\mathrm{x}_0)$ と $\pi_1(\mathrm{X},\mathrm{x}_0)$ の元 α の代表 f に対して, ホモトピー $F[f,C]$ の定義をふりかえってみよう.

$F:\mathrm{I}\times\mathrm{I}'\to\mathrm{X}$ は, $t\in\mathrm{I}$, $t'\in\mathrm{I}'$ に対して

$$\begin{cases} F'(t,0)=f(t), \\ F'(0,t')=F'(1,t')=C^{-1}(t') \end{cases}$$

と定義される写像 $F':(\mathrm{I}\times 0\cup\dot{\mathrm{I}}\times\mathrm{I}')\to\mathrm{X}$ を $\mathrm{I}\times\mathrm{I}'$ に拡張した写像である. $C^\sharp(\alpha)$ はこの拡張のしかたによらないから, 図 27 のように, 点 P からの射影によるレトラクトを用いよう (すなわち引きこみ $\gamma:\mathrm{I}\times\mathrm{I}'\to\mathrm{I}\times 0\cup\dot{\mathrm{I}}\times\mathrm{I}$ として, P を通る直線上の点をすべてその直線と $\mathrm{I}\times 0\cup\dot{\mathrm{I}}\times\mathrm{I}$ との交点に写すものをとるのである). 図から

わかるように F_1 は積 $C\cdot f\cdot C^{-1}$ である．よって次の定理を得る．

定理 22.5. $\pi_1(X, x_0)$ が自身の上に作用してひきおこす自己同形は内部自己同形である．

例 1. 図 28 は**輪環面**とその展開図である．x_0 を基点とする閉じた道を a, b とすると，図 27 と比べて $\{b\}=\{a^{-1}\}^{\#}\{b\}$ である．$\{a\}=\alpha$, $\{b\}=\beta$ とすれば，$\beta=\alpha^{-1}\cdot\beta\cdot\alpha$ すなわち $\alpha\cdot\beta=\beta\cdot\alpha$ である．

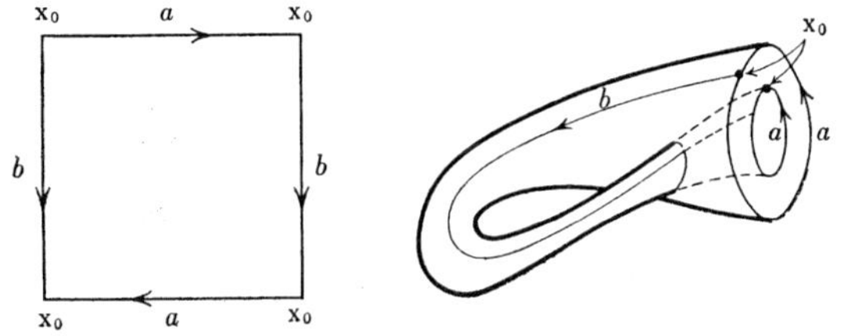

図 28

例 2. 図 29 はクラインの曲面とその展開図である．クラインの曲面は $\boldsymbol{R}^3$ の中には実現されない．x_0 を基点とする閉じた道 a, b のホモトピー類をそれぞれ α, β とすると，この場合は $\beta^{\#}(\alpha)=\alpha^{-1}$，すなわち $\beta^{-1}\cdot\alpha\cdot\beta=\alpha^{-1}$ である．従って α と β とは交換可能でなく，基本群はアーベル群ではない．

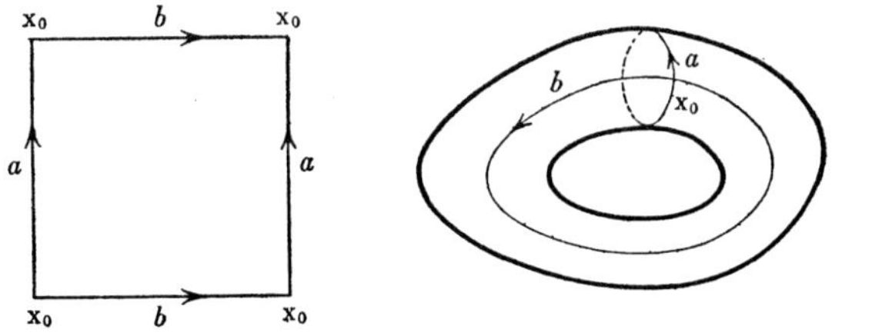

図 29

一般に弧状連結な位相空間の基本群がアーベル群ならば，自身への作用はすべて自明である．このような位相空間を**1 単純**と呼ぶ．

さらに一般に A を弧状連結とする．$\pi_1(A, x_0)$ の各元 γ の $\pi_n(X, A, x_0)$ への作用が自明なるとき，すなわち $\gamma^{\#}$ が常に恒等写像に等しいとき，対 (X, A) は ***n* 単純**であるという．このことは，x_0 と x_1 とを結ぶ弧 C のとり方に関係なく $C^{\#}(\alpha)$ が一意に定まることと同値である．

同様に，弧状連結空間 X の基本群の $\pi_n(X, x_0)$ への作用がすべて自明なるとき，X は n 単純であるという．例えば $\pi_1(X, x_0)=0$ ならば任意の n に関して n 単純である．

(X, A) が n 単純ならば，基点の選び方に関係なく，写像 $f:(I^n, \dot{I}^n)\to(X, A)$ のホモトピー類がただ一つ定まる．従って (X, A) の n 次元ホモトピー群を $\pi_n(X, A)$ と表わしてもよい．特に X が n 単純ならば，$\dot{I}^n$ を一点に写す写像 $f: I^n\to X$ のホモトピー類がただ一つ定まる．従って $\pi_n(X)$ と表わしてよい．

問． 連続写像 $f_0, f_1: X\to Y$ を結ぶホモトピー f_t が与えられているものとする．X の基点 x_0 をとり，$f_0(x_0)=y_0$，$f_1(x_0)=y_1$ とすると，$f_t(x_0)$ は y_0 と y_1 とを結ぶ Y 上の弧 C を与える．

$$f_{0*}=C^{\sharp}\circ f_{1*}:\pi_n(X, x_0)\xrightarrow{f_{1*}}\pi_n(Y, y_1)\xrightarrow{C^{\sharp}}\pi_n(Y, y_0)$$

となることを証明せよ．

問　題　5

1． n 次元球面 S^n から任意の位相空間 X への連続写像 $f: S^n\to X$ は，拡張 $f': E^{n+1}\to X$ をもつとき，またそのときに限って零写像とホモトープであることを証明せよ．

2． m, n を正の整数とする．m 次元球面 S_1 の基点を s_1，n 次元球面 S_2 の基点を s_2 とする．直積空間 $S_1\times S_2$ の部分集合 $S_1\times s_2\cup s_1\times S_2$ を $S_1\vee S_2$ と表わすと，$S_1\vee S_2$ は $S_1\times S_2-\{x_0\}$ の強変位レトラクトなることを証明せよ．ただし $x_0\in S_1\times S_2-S_1\vee S_2$．

3． K, L をともに S^n の単体分割，$f: K\to L$ を単体写像とする．K のすべての n 単体に S^n と同じ向きをつけて並べたものを $x^n{}_1, x^n{}_2, \cdots, x^n{}_m$，L のすべての n 単体に S^n と同じ向きをつけて並べたものを $y^n{}_1, y^n{}_2, \cdots, y^n{}_l$ とする．

$f(x^n{}_i)=y^n{}_j$ なる $x^n{}_i$ の個数を t_j，

$f(x^n{}_i)=-y^n{}_j$ なる $x^n{}_i$ の個数を t_j'

とすると，t_j-t_j' の値は j のいかんに関せず一定で，写像 f の次数に等しいことを証明せよ．

4． G を位相群(§ 27 参照)とし，その単位元 e を基点にとる．連続写像 $f, g:(I^n, \dot{I}^n)\to(G, e)$ に対して，$h:(I^n, \dot{I}^n)\to(G, e)$ を

$$h(x)=f(x)\cdot g(x)$$

と定義すると，

$$\{h\}=\{f\}+\{g\}$$

である．これを証明せよ．

5． H を位相群 G の部分群とする．H が弧状連結ならば (G, H) は任意の n に関し

て n 単純であり，また G が弧状連結ならば G は任意の n に関して n 単純であることを証明せよ．

6. $\Omega_n(X, x_0)$ を $\pi_n(X, x_0)$ の部分群で，$\alpha-\gamma^{\sharp}(\alpha)$ なる形の元で生成されるものとする（ただし $\alpha\in\pi_n(X, x_0)$，$\gamma\in\pi_1(X, x_0)$）．$\Omega_n(X, x_0)$ は $\pi_n(X, x_0)$ の正規部分群で，特に $\Omega_1(X, x_0)$ は $\pi_1(X, x_0)$ の交換子群なることを示せ．

7. $\pi_2(X, A, x_0)$ は一般にアーベル群ではないから，基本群の場合のようにホモトピー群における演算を積の形に書く（$\alpha\cdot\beta$，α^{-1} など）．$\alpha, \beta\in\pi_2(X, A, x_0)$，$\partial_*(\alpha)=\gamma\in\pi_1(A, x_0)$ とすると，

$$\gamma^{\sharp}(\beta)=\alpha\cdot\beta\cdot\alpha^{-1}$$

が成り立つことを証明せよ．

8. 上の問6を相対ホモトピー群の場合に一般化せよ．

9. A を位相空間 X の部分空間，B を A の部分空間とし，基点 $x_0\in B$ をとる．

$$\begin{aligned} k &: (A, x_0, x_0) \to (A, B, x_0), \\ i &: (A, B, x_0) \to (X, B, x_0), \\ j &: (X, B, x_0) \to (X, A, x_0) \end{aligned}$$

をそれぞれ包含写像，準同形 Δ を対 (X, A) の相対ホモトピー群の境界準同形 ∂_* と k_* の合成写像とする：

$$\Delta : \pi_{n+1}(X, A, x_0) \xrightarrow{\partial_*} \pi_n(A, x_0, x_0) \xrightarrow{k_*} \pi_n(A, B, x_0).$$

次の系列は完全系列をなすことを証明せよ：

$$\cdots\to \pi_{n+1}(X, A, x_0) \xrightarrow{\Delta} \pi_n(A, B, x_0) \xrightarrow{i_*} \pi_n(X, B, x_0) \xrightarrow{j_*} \pi_n(X, A, x_0)$$
$$\xrightarrow{\Delta} \cdots\to \pi_2(X, A, x_0)$$

［注意］上の系列を三つ組 (X, A, B) のホモトピー完全系列という．

第6章　ホモロジー群とホモトピー群

§ 23. ホモトピー加法定理

第5章においては胞体 E^n や I^n を用いてホモトピー群を定義したが，本節では球面 S^n を用いてみよう．場合に応じてこれらの定義を適宜利用すると便利である．

S^1 の点は，$\boldsymbol{R}^2$ における極座標を用いて，$(1,\theta)$ $(-\pi\leqq\theta<\pi)$ と表わされる．写像 $\psi_1:(E^1,\dot{E}^1)\to(S^1,e_0)$ を

$$\psi_1(t)=(1,-t\pi) \qquad (-1\leqq t\leqq 1)$$

と定義する．ψ_1 は向きを保つ写像である(§ 19 参照)．

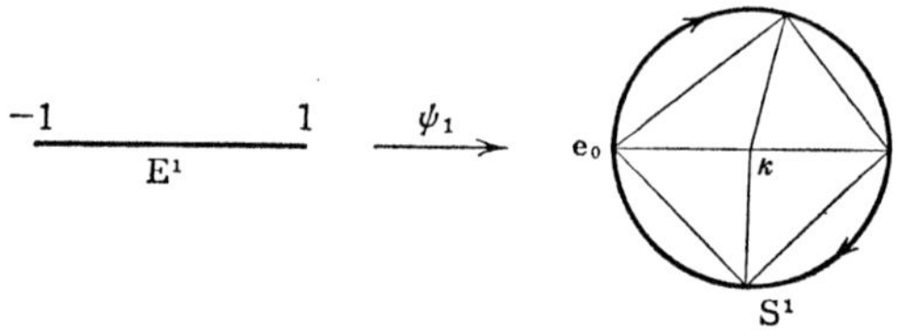

図　30

次に

$$P_-:(E^n,S^{n-1})\to(V^n{}_-,S^{n-1}),$$
$$P_+:(E^n,S^{n-1})\to(V^n{}_+,S^{n-1})$$

を第 $n+1$ 軸に平行な射影とする．E^n の各点は，S^{n-1} の点 p と e_0 とを結ぶ線分 $\overline{e_0p}$ を $(1-t):t$ の比に分かつ点

$$[t,p]=t\cdot p+(1-t)\cdot e_0 \qquad (0\leqq t\leqq 1)$$

として表わされる：

$$\begin{cases}[0,p]=e_0,\\ [1,p]=p\end{cases} \qquad (p\in S^{n-1}).$$

この記号を用いて写像 $d_{n-1}:(S^{n-1}\times E^1,S^{n-1}\times\dot{E}^1)\to(S^n,e_0)$ を

$$d_{n-1}(p,t)=\begin{cases}P_-[1+t,p] & (-1\leqq t\leqq 0),\\ P_+[1-t,p] & (0\leqq t\leqq 1)\end{cases}$$

と定義しよう. 図31に示したように, 線分$\overline{\mathrm{e}_0\mathrm{p}}$は P_- によって $\mathrm{V}^n{}_-$ 上の半円に写され, P_+ によって $\mathrm{V}^n{}_+$ 上の半円に写される. 従って t が -1 から $+1$ まで変動する間に d_{n-1} は $\mathrm{p}\times\mathrm{E}^1$ を図の小円上矢印の向きに写すことになる. 特に

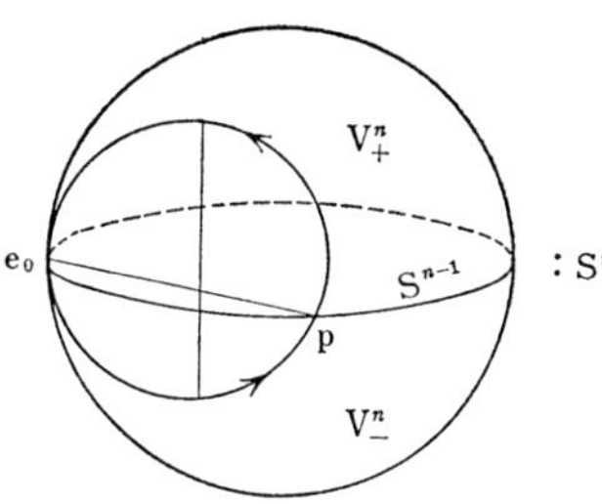

図 31

$$\begin{cases} d_{n-1}(\mathrm{e}_0, t)=\mathrm{e}_0 & (-1\leqq t\leqq 1), \\ d_{n-1}(\mathrm{p}, 0)=\mathrm{p} & (\mathrm{p}\in\mathrm{S}^{n-1}). \end{cases}$$

この写像を用いて帰納的に写像 $\psi_n:(\mathrm{E}^n, \mathrm{S}^{n-1})\to(\mathrm{S}^n, \mathrm{e}_0)$ $(n\geqq 2)$ を次のように定める:

(23.1) $$\psi_n(t_1, t_2, \cdots, t_n)=d_{n-1}(\psi_{n-1}(t_1, t_2, \cdots, t_{n-1}), t_n).$$

ψ_n は $\mathrm{E}^n{}_-, \mathrm{E}^n{}_+$ をそれぞれ $\mathrm{V}^n{}_-, \mathrm{V}^n{}_+$ の上に写す:

$$\psi_n(\mathrm{E}^n{}_-)\subset\mathrm{V}^n{}_-, \qquad \psi_n(\mathrm{E}^n{}_+)\subset\mathrm{V}^n{}_+.$$

また ψ_n は $\mathrm{E}^n-\mathrm{S}^{n-1}$ の上で同相写像である.

ψ_1 は向きを保つ写像であったから, 帰納法を用いるために ψ_{n-1} は向きを保つものと仮定する. ψ_n の向きを調べるには, 例えば $\psi_n|\mathrm{E}^n{}_-$ の向きを知ればよく(問題5の3を参照せよ), それにはまた $\psi_n|\dot{\mathrm{E}}^n{}_-$ の向きを調べればよい(§ 19 問2).

$$\dot{\mathrm{E}}^n{}_-=(\mathrm{E}^{n-1}\times\mathrm{E}^1{}_-)^{\bullet}=\mathrm{S}^{n-1}\times\mathrm{E}^1{}_-\cup\mathrm{E}^{n-1}\times\{0\}\cup\mathrm{E}^{n-1}\times\{1\}$$

であるが, ψ_n と d_{n-1} の定義によって

$$\psi_n|\mathrm{E}^{n-1}\times\{0\}=\psi_{n-1}$$

であるから, 帰納法の仮定によって ψ_n は $\mathrm{E}^{n-1}\times\{0\}$ の上で向きを保つ. 結局 ψ_n は任意の n に関して向きを保つ写像であることがわかった.

写像 $f, g:(\mathrm{S}^n, \mathrm{e}_0)\to(\mathrm{X}, \mathrm{x}_0)$ の和を

$$(f+g)\psi_n(\mathrm{p})=(f\circ\psi_n+g\circ\psi_n)(\mathrm{p}) \qquad (\mathrm{p}\in\mathrm{E}^n)$$

と定義すれば, 対応 $f\longleftrightarrow f\circ\psi_n$ は $\Pi(\mathrm{S}^n, \mathrm{e}_0;\ \mathrm{X}, \mathrm{x}_0)$ と $\Pi(\mathrm{E}^n, \mathrm{S}^{n-1};\ \mathrm{X}, \mathrm{x}_0)$ との間の同形対応を与える.

補題 20.1 をこの場合に書き直せば, $\pi_n(\mathrm{X}, \mathrm{x}_0)$ の元 α の代表 f として

$f(V^n_+)=x_0$ なるものがとれる．このとき $f|V^n_-:(V^n_-, S^{n-1})\to(X, x_0)$ は $\pi_n(X, x_0)$ の元 $\{f\circ P_-\}$ を定める．$\{f\circ P_-\}$ は α に等しいであろう．これを確かめるために，E^n_- は E^n の強変位レトラクトなることを用いて，向きを保つ同相写像 $r:(E^n, S^{n-1})\to(E^n_-, \dot{E}^n_-)$ をとろう．(23.1) の ψ_n の定義を参照することによって

$$\{f\circ\psi_n\}=\{f\circ\psi_n\circ r\}=\{f\circ P_-\}.$$

これで確かめられた．

同様に，$g(V^n_-)=x_0$ なる写像 $g:(V^n_+, S^{n-1})\to(X, x_0)$ の定める $\pi_n(X, x_0)$ の元を β とすると，補題 20.2 によって，$h|V^n_-=f$, $h|V^n_+=g$ によって定義される写像 $h:(S^n, e_0)\to(X, x_0)$ は $\alpha+\beta$ を代表する．

いま位相空間 X を n 単純としよう．従って任意の写像 $f:S^n\to X$ は $\pi_n(X)$ の唯一の元を定める．

S^n を単体分割し，その一つの n 単体を E_1, S^n から E_1 の内部を引き去った残りの n 胞体を E_2 としよう．$E_1\cap E_2$ は S^{n-1} と同相である．各 E_i に S^n と同じ向きをつけておく．S^n の変位 $r:S^n\to S^n$ で，V^n_- を E_1 に写し，V^n_+ を E_2 に写し，S^{n-1} を $E_1\cap E_2$ に写すものが存在する．写像

$$\begin{cases}\varphi_1:(E^n, S^{n-1})\xrightarrow{P_-}(V^n_-, S^{n-1})\xrightarrow{r}(E_1, \dot{E}_1),\\ \varphi_2:(E^n, S^{n-1})\xrightarrow{P_+}(V^n_+, S^{n-1})\xrightarrow{r}(E_2, \dot{E}_2)\end{cases}$$

は向きを保つ位相写像である．$x_0\in X$ とすると，写像

$$f_i:(E_i, \dot{E}_i)\to(X, x_0) \qquad (i=1, 2)$$

の定める $\pi_n(X)$ の元 $\{f_i\circ\varphi_i\}$ を α_i としよう $(i=1, 2)$．$h_1|E_1=f_1$, $h_1(E_2)=x_0$ で定義される写像 $h_1:S^n\to X$ は α_1 を代表し，$h_2|E_2=f_2$, $h_2(E_1)=x_0$ で定義される写像 h_2 は α_2 を代表する．補題 20.2 から次の補題が導かれる．

補題 23.1. $h|E_1=f_1$, $h|E_2=f_2$ で定義される写像 $h:S^n\to X$ は $\alpha_1+\alpha_2$ を代表する．

S^n を単体分割し，その各 n 単体に S^n と同じ向きをつけて並べたものを E_1, $E_2, \cdots, E_m$ とする．前述のようにして向きを保つ同相写像 $\varphi_i:(E^n, S^{n-1})\to(E_i, \dot{E}_i)$ $(1\leq i\leq m)$ をとる．

注意. この φ_i としては, V^n_- を E_i に写す変位を用いても, V^n_+ を E_i に写す変位を用いてもよい. それは, V^n_- と V^n_+ を入れ換える変位があるからである. ともかく各 E_i に対して向きを保つ位相写像 φ_i を一つとって固定しておくのである.

補題 23.1 を繰り返し用いることによって, ホモトピー加法定理と呼ばれる重要な定理を得る.

定理 23.2. X を n 単純, $x_0 \in X$ とする. 写像 $f_i : (E_i, \dot{E}_i) \to (X, x_0)$ の定める $\pi_n(X)$ の元 $\{f_i \circ \varphi_i\}$ を α_i $(1 \leqq i \leqq m)$ とすれば, $h|E_i$ $(1 \leqq i \leqq m)$ で定義される写像 $h : S^n \to X$ は $\alpha_1 + \alpha_2 + \cdots + \alpha_m$ を代表する.

証明. f_1 以外がすべて零写像ならば, h が α_1 を代表することはすでに述べた. 帰納法を用いるために, f_i のうち零写像ならざるものが $m-1$ 個以下のとき命題は真なるものと仮定する. 写像 $f_1' : S^n \to X$ を $f_1'|E_1 = f_1$, $f_1'(E_2 \cup \cdots \cup E_m) = x_0$ とし, また写像 $g : S^n \to X$ を, $g|E_i = f_i$ $(2 \leqq i \leqq m)$, $g(E_1) = x_0$ と定義する. 補題 23.1 によって

$$\{h\} = \{f_1'\} + \{g\}.$$

$\{f_1'\} = \alpha_1$ で, $\{g\}$ は帰納法の仮定から $\alpha_2 + \cdots + \alpha_m$ である. よって証明された.

注意. X を n 単純と仮定しなくとも, S^n を単体分割するとき, あらかじめ e_0 をその頂点の一つとするような分割をとっておけばよい.

問. ガウスの平面を $\boldsymbol{R}^2$ と同一視する (x 軸を実軸, y 軸を虚軸に重ね合わせて, $\boldsymbol{R}^2$ と同じ向きを与える). 1次元球面 S^1 を複素変数 λ を用いて, $S^1 = \{\lambda ; |\lambda| = 1\}$ と表わす. 写像 $f : S^1 \to S^1$ を $f(\lambda) = \lambda^n$ ($\lambda \in S^1$, n は任意の整数) で定義するとき, 写像 f のホモトピー類を, 恒等写像 $S^1 \to S^1$ のホモトピー類 ι_1 を用いて表わせ.

§ 24. n 連結空間

S^0 は2点 $\{-1, 1\}$ からなる集合である. 位相空間 X の基点を x_0 とし, 写像 $f : (S^0, \{-1\}) \to (X, x_0)$ の集合を考える. 二つの元 f, g は $f(1)$ と $g(1)$ とが X 上の弧で連結できるとき, またそのときに限って互いにホモトープである. 従ってこの集合をホモトピー類に分けたものを $\pi_0(X, x_0)$ と表わせば, これは空間 X の弧状連結成分の集合と考えられる. $\pi_0(X, x_0)$ は群をなさないが, x_0 を含む弧状連結成分を便宜上 0 と表わそう. 従って X が弧状

連結ならば基点のとり方に関係なく $\pi_0(X, x_0)=0$ である．

X を弧状連結とし，x_0 を X の基点とする．§ 22 で考察したように，$\pi_n(X, x_0)$ は基点 x_0 のとり方に関係なく互いに同形である．

さらに X の基本群が0なるとき，X は**単連結**であるという．このとき任意の正の整数 n に対して X は n 単純である(§ 22)．ゆえに任意の写像 $S^n \to X$ は，X の任意の基点 x_0 に対して $\pi_n(X, x_0)$ の唯一の元を定める．

一般に次の補題が成立する．

補題 24.1. X を弧状連結な位相空間，x_0 を X の基点とする．

(i)　Pを多面体，p_0 を P の基点とする．任意の写像 $f: P \to X$ に対して，f とホモトープな写像 $g: (P, p_0) \to (X, x_0)$ が存在する．

(ii)　X を単連結とすると，二つの写像 $f, g: (P, p_0) \to (X, x_0)$ を結ぶホモトピー $F: P \times I \to X$ があれば，相対ホモトピー $F'(P \times I, p_0 \times I) \to (X, x_0)$ が存在する．すなわち

$$f \simeq g \quad \text{ならば} \quad f \simeq g \quad (p_0).$$

証明. (i)　p_0 を一つの頂点とするような P の単体分割 K をとる．X は弧状連結であるから，$f(p_0)$ と x_0 とを結ぶ弧 $C: (I, \{0\}, \{1\}) \to (X, f(p_0), x_0)$ がある．$\{p_0\}$ は確かに K の部分複体であるから，この弧 C を $\{p_0\}$ 上のホモトピーとみれば，ホモトピー拡張定理 18.4′ によって $|K|=P$ 上のホモトピー $H: P \times I \to X$; $H(p, 0)=f(p)$ $(p \in P)$ に拡張できる．$g(p)=H(p, 1)$ $(p \in P)$ と定義すれば，g は求める写像である．

(ii)　与えられたホモトピー $F: P \times I \to X$ によって

$$C(t)=F(p_0, t) \qquad (t \in I)$$

で定義される写像 $C: I \to X$ は，x_0 を基点とする閉じた道である．$\pi_1(X)=0$ であるから，弧 C を一点 x_0 に縮めるホモトピー $H'': (p_0 \times I \times I', p_0 \times \dot{I} \times I') \to (X, x_0)$ がある：

$$\begin{cases} H''(p_0, t, 0)=C(t), \\ H''(p_0, t, 1)=x_0 \end{cases} \qquad (t \in I).$$

H'' を次のように拡張して，写像 $H': |L| \times I' \to X$ を作る．ただし $L=p_0 \times I$

$\cup K\times 0\cup K\times 1$.

$$\begin{cases} H'|p_0\times I\times I'=H'', \\ H'(p,0,t')=f(p), \\ H'(p,1,t')=g(p) \end{cases} \qquad (p\in P,\ t'\in I').$$

H' の連続性は明らかである．L は K の部分複体で，$t'=0$ とおくと H' は拡張 F をもつから，$|L|$ 上のホモトピー H' は $|K|\times I=P\times I$ 全体に拡張される(定理 18.4′)：$H: P\times I\times I'\to X$. そこで

$$F'(p,t)=H(p,t,1) \qquad (p\in P,\ t\in I)$$

とおくと，

$$\begin{cases} F'(p,0)=f(p), \qquad F'(p,1)=g(p), \\ F'(p_0\times I)=x_0 \end{cases}$$

となって，F' が求めるホモトピーであることがわかる．

一般に $\pi_i(X,x_0)=0 \quad (0\leqq i\leqq n)$ なるとき，X は $\boldsymbol{n}$ **連結**であるという．0 連結は弧状連結，1 連結は単連結を意味する．補題 24.1 を拡張すると次の定理を得る．

定理 24.2. X を n 連結な位相空間，x_0 を X の基点とする．P を多面体，K をその単体分割としよう．

(i) 任意の写像 $f: |K|\to X$ に対して，f とホモトープな写像 $g: (|K|, |K^n|)\to(X,x_0)$ が存在する．

(ii) 二つの写像 $f,g: (|K|,|K^{n-1}|)\to(X,x_0)$ を結ぶホモトピー $F_t: |K|\to X$ があれば，ホモトピー $F_t': (|K|,|K^{n-1}|)\to(X,x_0)$ がある．すなわち

$$f\simeq g \quad ならば \quad f\simeq g \quad (|K^{n-1}|).$$

証明. (i) Kの頂点を$\{a_1,a_2,\cdots,a_m\}$ とする．補題 24.1 と同様に，$f(a_i)$ と x_0 とを結ぶ弧を $C_i: (I,\{0\},\{1\})\to(X,f(a_i),x_0) \quad (1\leqq i\leqq m)$ とする．ホモトピー$H_t': |K^0|\to X$ を

$$H_t'(a_i)=C_i(t)$$

と定義すれば，$H_0'=f||K^0|$ であるから，定理 18.4′ によって H_t' は $|K|$ 全体に拡張される：$H_t: |K|\to X$; $H_0=f$, $H_1(|K^0|)=x_0$. そこで $f^0=H_1$ と定義

しよう．帰納法を用いるために，f とホモトープな写像 $f^{n-1}:(|\mathrm{K}|, |\mathrm{K}^{n-1}|)\to(\mathrm{X}, \mathrm{x}_0)$ が存在すると仮定する．

K の n 単体に向きをつけて並べたものを $y^n{}_1, y^n{}_2, \cdots, y^n{}_m$ とし，各 $y^n{}_i$ に対して向きを保つ同相写像 $\varphi_i:(\mathrm{E}^n, \mathrm{S}^{n-1})\to(y^n{}_i, \dot{y}^n{}_i)$ をとっておく．$\pi_n(\mathrm{X})=0$ であるから $f^{n-1}\circ\varphi_i\simeq 0$ (S^{n-1})．φ_i は同相写像であるから，各 $y^n{}_i$ に対して次のようなホモトピーがある：

$$H^i{}_t:(y^n{}_i, \dot{y}^n{}_i)\to(\mathrm{X}, \mathrm{x}_0),$$

$$\begin{cases} H^i{}_0=f^{n-1}|y^n{}_i, \\ H^i{}_1(y^n{}_i)=\mathrm{x}_0. \end{cases}$$

ホモトピー $H_t':|\mathrm{K}^n|\to\mathrm{X}$ を

$$\begin{cases} H_t'(|\mathrm{K}^{n-1}|)=\mathrm{x}_0, \\ H_t'|y^n{}_i=H^i{}_t \qquad (1\leqq i\leqq m) \end{cases}$$

と定義する．$H_0'=f^{n-1}|\,|\mathrm{K}^n|$ であるから定理 18.4′ が適用されて，H_t' の拡張 $H_t:|\mathrm{K}|\to\mathrm{X}$ がある：

$$\begin{cases} H_0=f^{n-1}, \\ H_1(|\mathrm{K}^n|)=\mathrm{x}_0. \end{cases}$$

$g=H_1$ が求める写像である．

(ii) 補題 24.1 と同様の方法を K の各頂点 a_i に適用することによって，ホモトピー

$$\begin{cases} F^0:(|\mathrm{K}|\times\mathrm{I}, |\mathrm{K}^0|\times\mathrm{I})\to(\mathrm{X}, \mathrm{x}_0), \\ F^0|\,|\mathrm{K}|\times 0=f, \qquad F^0|\,|\mathrm{K}|\times 1=g \end{cases}$$

が存在することは容易に理解できよう．帰納法を用いるために，ホモトピー

$$\begin{cases} F^{n-2}:(|\mathrm{K}|\times\mathrm{I}, |\mathrm{K}^{n-2}|\times\mathrm{I})\to(\mathrm{X}, \mathrm{x}_0), \\ F^{n-2}|\,|\mathrm{K}|\times 0=f, \qquad F^{n-2}|\,|\mathrm{K}|\times 1=g \end{cases}$$

なるものが存在すると仮定する．

K の $n-1$ 単体を $y^{n-1}{}_1, y^{n-1}{}_2, \cdots, y^{n-1}{}_m$ とする．各 $y^{n-1}{}_i$ に対して $F^{n-2}:y^{n-1}{}_i\times\mathrm{I}\to\mathrm{X}$ は，$F^{n-2}(\dot{y}^{n-1}{}_i\times\mathrm{I}\cup y^{n-1}{}_i\times\dot{\mathrm{I}})=\mathrm{x}_0$ を満足する．適当な同相写像 $\varphi_i:(\mathrm{I}^n, \dot{\mathrm{I}}^n)\to(y^{n-1}{}_i\times\mathrm{I}, \dot{y}^{n-1}{}_i\times\mathrm{I}\cup y^{n-1}{}_i\times\dot{\mathrm{I}})$ をとれば，$F^{n-2}\circ\varphi_i$ は $\pi_n(\mathrm{X})$ の

元を代表する．しかるに $\pi_n(\mathrm{X})=0$ であるから，次のようなホモトピーがある：

$$H^i{}_{t'}:(y^{n-1}{}_i\times\mathrm{I},\ \dot{y}^{n-1}{}_i\times\mathrm{I}\cup y^{n-1}{}_i\times\dot{\mathrm{I}})\to(\mathrm{X},\mathrm{x}_0),$$

$$\begin{cases} H^i{}_0=F^{n-2}|y^{n-1}{}_i\times\mathrm{I},\\ H^i{}_1(y^{n-1}{}_i\times\mathrm{I})=\mathrm{x}_0. \end{cases}$$

K×I の部分複体 $\mathrm{K}\times0\cup\mathrm{K}\times1\cup\mathrm{K}^{n-1}\times\mathrm{I}$ を L とする．$|\mathrm{L}|$ 上のホモトピー $H_{t'}{}':|\mathrm{L}|\to\mathrm{X}$ を

$$\begin{cases} H_{t'}{}'|\,|\mathrm{K}|\times0=f, \qquad H_{t'}{}'|\,|\mathrm{K}|\times1=g,\\ H_{t'}{}'(|\mathrm{K}^{n-2}|\times\mathrm{I})=\mathrm{x}_0,\\ H_{t'}{}'|y^{n-1}{}_i\times\mathrm{I}=H^i{}_{t'} \qquad\qquad (1\leqq i\leqq m) \end{cases}$$

と定義する．H' の連続性は容易に確かめられる．$H_0{}'=F^{n-2}|\,|\mathrm{L}|$ であるから定理 18.4′ が適用されて H' の拡張 $H_{t'}:|\mathrm{K}|\times\mathrm{I}\to\mathrm{X}$ が存在する．$H_1=F'$ と定義すると，

$$\begin{cases} F'|\,|\mathrm{K}|\times0=f, \qquad F'|\,|\mathrm{K}|\times1=g,\\ F'(|\mathrm{K}^{n-1}|\times\mathrm{I})=\mathrm{x}_0. \end{cases}$$

よって $f\simeq g\ (|\mathrm{K}^{n-1}|)$ である．

問． n 次元球面 S^n は $n-1$ 連結，n 次元ユークリッド空間 $\boldsymbol{R}^n$ は任意の m に関して m 連結なることを証明せよ．

§ 25. フレビッチの定理

X を連結多面体とする．従って X は弧状連結である(定理 3.2 系)．X の基点 x_0 を固定する．$\pi_n(\mathrm{X},\mathrm{x}_0)$ の元 α の代表 $f:(\mathrm{S}^n,\mathrm{e}_0)\to(\mathrm{X},\mathrm{x}_0)$ は準同形

$$f_*:H_n(\mathrm{S}^n)\to H_n(\mathrm{X})$$

を誘導する．$f\simeq g$ ならば $f_*=g_*$ であるから(定理 17.1)，S^n の基本輪体 z^n の像 $f_*(z^n)$ のホモロジー類は，f の属するホモトピー類 α によって一意に定まる．これを $\phi(\alpha)$ と表わす．

補題 25.1. $$\phi:\pi_n(\mathrm{X},\mathrm{x}_0)\to H_n(\mathrm{X}) \qquad (n\geqq1)$$

は準同形である．これを**フレビッチの準同形**と呼ぶ．

証明． $\pi_n(\mathrm{X},\mathrm{x}_0)$ の元 α,β の代表 $f,g:(\mathrm{S}^n,\mathrm{e}_0)\to(\mathrm{X},\mathrm{x}_0)$ として，$f(\mathrm{V}^n{}_+)$

$=g(V^n_-)=x_0$ なるものをとる．e_0 を一つの頂点とする S^{n-1} の単体分割 L をとり，V^n_-, V^n_+ の内点 κ_-, κ_+ をそれぞれ頂点とする錐複体 $\kappa_-[L]=K_-$, $\kappa_+[L]=K_+$ とすれば，$K_-\cup K_+=K$ は S^n の一つの単体分割を与える．$|K_-|$, $|K_+|$ をそれぞれ V^n_-, V^n_+ と同一視しよう．f, g のとり方から

$$\hat{f}|C_n(K_+)=0, \qquad \hat{g}|C_n(K_-)=0$$

である．S^n の基本輪体 z^n は

$$z^n=c^n{}_1+c^n{}_2, \qquad c^n{}_1\in C_n(K_-), \qquad c^n{}_2\in C_n(K_+)$$

と表わされる．一方

$$h|V^n_-=f, \qquad h|V^n_+=g$$

で定義される写像 $h:(S^n, e_0)\to(X, x_0)$ は $\alpha+\beta$ を代表する．

$$\hat{h}(z^n)=\hat{f}(c^n{}_1)+\hat{g}(c^n{}_2)=\hat{f}(z^n)+\hat{g}(z^n).$$

従って

$$h_*(z^n)=f_*(z^n)+g_*(z^n).$$

すなわち

$$\phi(\alpha+\beta)=\phi(\alpha)+\phi(\beta).$$

本節の目標は，ホモロジー群とホモトピー群の間の関係を求めるのに最も重要なものの一つ，フレビッチの同形定理を証明することである．

定理 25.2. X を $n-1$ 連結な多面体とすると，フレビッチの準同形 $\phi:\pi_n(X, x_0)\to H_n(X)$　$(n\geqq 2)$ は同形である．また，$n=1$ のとき ϕ は全射で，その核 $\phi^{-1}(0)$ は $\pi_1(X, x_0)$ の交換子群[1]である．

換言すれば，X が連結多面体なるとき，$H_1(X)$ は $\pi_1(X, x_0)$ のアーベル化である．

系 1. 連結多面体 X の基本群 $\pi_1(X, x_0)$ がアーベル群ならば，$\phi:\pi_1(X, x_0)\to H_1(X)$ は同形である．

定理 25.2 から次の系が導かれることは容易にわかる．

系 2. X を単連結な多面体とすると，次の二つの命題は同値である：

1）一般に，群 G の演算を "・" の記号で表わすと，G の元のうち $a\cdot b\cdot a^{-1}\cdot b^{-1}$ の形の元全体の生成する G の部分群を G の交換子群という．

(i) $H_i(\mathrm{X})=0 \quad (1\leqq i\leqq n)$,

(ii) $\pi_i(\mathrm{X})=0 \quad (1\leqq i\leqq n)$.

かつ，両者の 0 ならざる最小の正次元の群は互いに同形である．

定理の証明を四つの補題（A～D）に分ける．

補題 A. $\phi:\pi_n(\mathrm{X})\to H_n(\mathrm{X}) \quad (n\geqq 2)$ は単射準同形である．

証明. S^n の単体分割をとり，各 n 単体に S^n と同じ向きをつけて並べたものを $y^n{}_1, y^n{}_2, \cdots, y^n{}_m$ とすると，S^n の基本単体 z^n は

$$z^n=y^n{}_1+y^n{}_2+\cdots+y^n{}_m \tag{25.1}$$

である(定理 19.1′)．X の単体分割を K としよう．$\pi_n(\mathrm{X})$ の元 α の代表 $f:\mathrm{S}^n\to\mathrm{X}$ は，両者の単体分割に関して単体写像であると仮定して一般性を失わない．§18 に定義した f の写像柱 $\mathrm{M}=\mathrm{M}(f)$ を構成する．M の中で

$$z^n\sim\hat{f}(z^n)$$

であるから (定理 18.7)，$\hat{f}(z^n)\sim 0$ と仮定すると M の $n+1$ 鎖 c^{n+1} が存在して

$$z^n=\partial c^{n+1}$$

となる．

$$c^{n+1}=u^{n+1}{}_1+u^{n+2}{}_2+\cdots+u^{n+1}{}_p$$

とする．ただし $\{u^{n+1}{}_i\}$ の中には重複しているものもあるであろう．

$$\partial u^{n+1}{}_i=v^n{}_{i,1}+v^n{}_{i,2}+\cdots+v^n{}_{i,n+2} \qquad (1\leqq i\leqq p)$$

とすると

$$z^n=\sum_{i=1}^{p}\sum_{j=1}^{n+2}v^n{}_{i,j} \tag{25.2}$$

となる．

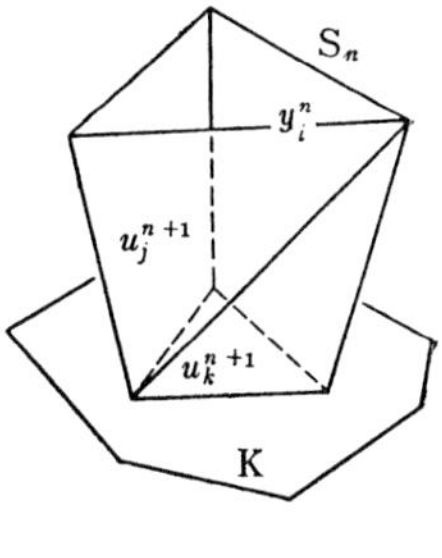

図 32

いま S^n の頂点を f によって K の頂点に写し，K の各頂点をそれ自身に写すことによって定義される単体写像を $g:\mathrm{M}\to\mathrm{K}$ とする：

$$g|\mathrm{S}^n=f, \qquad g|\mathrm{K}=1_{\mathrm{K}}.$$

$|\mathrm{K}|$ は $|\mathrm{M}|$ の強変位レトラクトであるから(補題 18.5)，$|\mathrm{M}|$ もまた $n-1$ 連

結である: $\pi_i(\mathrm{M})=0\ (0\leqq i\leqq n-1)$. $\mathrm{x}_0\in|\mathrm{K}|=\mathrm{X}$ とすれば定理 24.2 によってgとホモトープな写像 g': $(|\mathrm{M}|, |\mathrm{M}^{n-1}|)\to(\mathrm{X}, \mathrm{x}_0)$ がある. $g'|\mathrm{S}^n\simeq g|\mathrm{S}^n=f$ であるから $\{g'|\mathrm{S}^n\}=\alpha$.

いま, 写像 $g_i'=g'|y^n{}_i: (y^n{}_i, \dot{y}^n{}_i)\to(\mathrm{X}, \mathrm{x}_0)$ が定める $\pi_n(\mathrm{X})$ の元を α_i とする. ホモトピー加法定理(定理 23.2)によれば

(25.3)
$$\alpha=\alpha_1+\alpha_2+\cdots+\alpha_m$$

である. 一方 (25.1) と (25.2) とを比べてみると, $\{v^n{}_{i,j}\}$ の中に, 集合としては同一で向きの逆になっているものがいく組かあり, それらが互いに打ち消し合った残りが $y^n{}_i$ の和である. 各 $v^n{}_{i,j}$ に対して向きを保つ同相写像 $\varphi_{ij}: (\mathrm{E}^n, \mathrm{S}^{n-1})\to(v^n{}_{i,j}, \dot{v}^n{}_{i,j})$ を適当にとって, 写像 $g'_{ij}=g'|v^n{}_{i,j}: (v^n{}_{i,j}, \dot{v}^n{}_{i,j})\to(\mathrm{X}, \mathrm{x}_0)$ の定める $\pi_n(\mathrm{X})$ の元 $\{g'_{i,j}\circ\varphi_{i,j}\}$ を $\alpha_{i,j}$ とすれば, それらの和は適当に打ち消し合う項があって(§ 20 問 2), その残りがちょうど α_i の和になるはずである:

(25.4)
$$\sum_{i=1}^{p}(\alpha_{i,1}+\alpha_{i,2}+\cdots+\alpha_{i,n+2})=\sum_{j=1}^{m}\alpha_j.$$

各 $\dot{u}^{n+1}{}_i$ に関するホモトピー加法定理を用いれば, $h_i=g'|\dot{u}^{n+1}{}_i: \dot{u}^{n+1}{}_i\to\mathrm{X}$ の定める $\pi_n(\mathrm{X})$ の元 β_i は

$$\beta_i=\alpha_{i,1}+\alpha_{i,2}+\cdots+\alpha_{i,n+2}$$

である. しかるに g' は $u^{n+1}{}_i$ 全体で定義されているから, 補題 18.1 によって各 $\beta_i=0$ である. (25.4) の左辺が0になるゆえ, (25.3) から $\alpha=0$ を得る.

補題 B. $\phi: \pi_n(\mathrm{X})\to H_n(\mathrm{X})\quad(n\geqq 2)$ は全射準同形である.

証明. X の単体分割 K をとり, K の各 n 輪体 v^n に対して写像 $f: \mathrm{S}^n\to\mathrm{X}$ が存在して, $f_*(z^n)=\{v^n\}$ となることを示そう.

$\mathrm{X}=|\mathrm{K}|$ に対して一般の位置にある一点 κ をとり, 複体 $\tilde{\mathrm{K}}$ を K と錐複体 $\kappa[\mathrm{K}^{n-1}]$ との和:

$$\tilde{\mathrm{K}}=\mathrm{K}\cup\kappa[\mathrm{K}^{n-1}]$$

と定義する. 定理 24.2 によれば包含写像 $|\mathrm{K}^{n-1}|\to|\mathrm{K}|$ は零写像とホモトープであるから, 拡張 $\rho: |\kappa[\mathrm{K}^{n-1}]|\to|\mathrm{K}|$ を有する(補題 18.1). $|\mathrm{K}|$ の各点 p

に対しては $\rho(\mathrm{p})=\mathrm{p}$ と定義すれば，写像

$$\rho : |\widetilde{\mathrm{K}}| \to |\mathrm{K}|$$

は引きこみである．従って

$$\rho_*\{v^n\}=\{v^n\}.$$

いま，$v^n=u^n{}_1+u^n{}_2+\cdots+u^n{}_m$ とする．

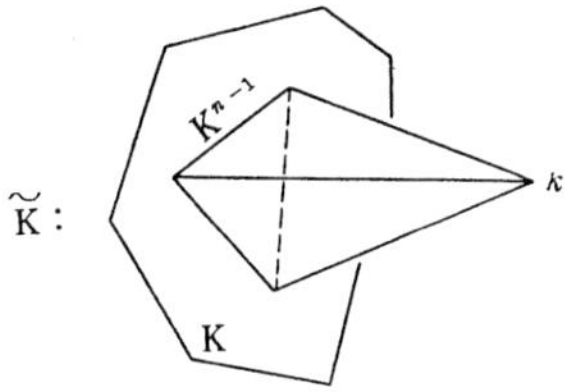

図 33

各単体 $u^n{}_i$ に対して，$u^n{}_i\cup\kappa\dot{u}^n{}_i$ は n 次元球面と同相であるから，これを S_i と表わそう．$\partial(\kappa(\dot{u}^n{}_i))=\dot{u}^n{}_i$ であるから(補題 13.1)，S_i の基本輪体は $u^n{}_i-\kappa(\dot{u}^n{}_i)$ となる．しかるに

$$\kappa(\dot{u}^n{}_1)+\cdots+\kappa(\dot{u}^n{}_m)=\kappa(\dot{u}^n{}_1+\cdots+\dot{u}^n{}_m)=\kappa(\partial v^n)=0$$

であるから，

$$v^n=(u^n{}_1-\kappa(\dot{u}^n{}_1))+\cdots+(u^n{}_m-\kappa(\dot{u}^n{}_m))$$

である．各 S_i に対して向きを保つ同相写像 $\varphi_i : \mathrm{S}^n\to\mathrm{S}_i$ をとり，

$$h_i : \mathrm{S}^n \xrightarrow{\varphi_i} \mathrm{S}_i \to |\widetilde{\mathrm{K}}|$$

と定義すれば，明らかに

$$h_i(z^n)=u^n{}_i-\kappa(\dot{u}^n{}_i)$$

となる．引きこみ ρ との合成写像

$$f_i : \mathrm{S}^n \xrightarrow{h_i} |\widetilde{\mathrm{K}}| \xrightarrow{\rho} |\mathrm{K}|$$

をとって

$$f=f_1+f_2+\cdots+f_m$$

とおくと，

$$\begin{aligned} f_*(z^n) &= f_{1*}(z^n)+f_{2*}(z^n)+\cdots+f_{m*}(z^n) \\ &= \rho_*\{h_{1*}(z^n)+\cdots+h_{m*}(z^n)\} \\ &= \rho_*\{(u^n{}_1-\kappa(\dot{u}^n{}_1))+\cdots+(u^n{}_m-\kappa(\dot{u}^n{}_m))\} \\ &= \rho_*\{v^n\}=\{v^n\}. \end{aligned}$$

よって証明された．

$n=1$ の場合に定理を証明するには，基本群 $\pi_n(\mathrm{X}, \mathrm{x}_1)$ がアーベル群でないことに留意せねばならない．

補題 C. $\phi:\pi_1(X, x_0)\to H_1(X)$ の核 $\phi^{-1}(0)$ は $\pi_1(X, x_0)$ の交換子群である.

証明. $H_1(X)$ はアーベル群であるから, $\pi_1(X, x_0)$ の交換子群の元 ($\alpha\cdot\beta\cdot\alpha^{-1}\cdot\beta^{-1}$ の形の元の積)は ϕ の核に属している.

逆に $\phi(\alpha)=0$ ならば α は交換子群の元なることを示そう.

S^1 を単体分割して, その頂点を S^1 の向きに沿って並べたものを

$$\{e_0=a_0, a_1, a_2, \cdots, a_n\}$$

とする. S^1 の基本輪体 z は

$$z=(a_0, a_1)+(a_1, a_2)+\cdots+(a_n, a_0)$$

となる. X の単体分割を K とし, その頂点を一定の順序に並べたものを

$$\{x_0=b_0, b_1, b_2, \cdots, b_m\}$$

とする. X は連結複体であるから, 各 b_i に対して b_0 と b_i とを結ぶ道 $\tau_i\in C_1(K)$ を一つとって固定しておく. (b_i, b_j) $(i<j)$ が K の1単体をなすときには, b_0 を基点とする閉じた道 $\omega_{i,j}=\tau_i\cdot\overrightarrow{b_ib_j}\cdot\tau_j^{-1}$ を対応させておく. $\pi_1(X, x_0)$ の元 α の代表 $f:(S^1, e_0)\to(X, x_0)$ は, この単体分割に関して単体写像であると仮定しても一般性を失わない.

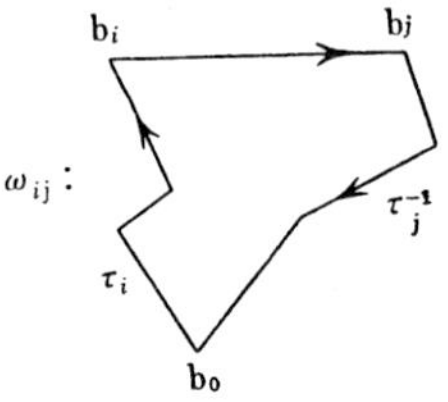

図　34

(fa_k, fa_{k+1}) に対応する閉じた道は, 適当な $\omega_{i,j}$ によって, $\omega_{i,j}$ または $\omega_{i,j}^{-1}$ と表わされる. この $\omega_{i,j}$ を $\widetilde{\omega}_{i_k}$ と表わそう. $fa_k=fa_{k+1}$ のときは $\widetilde{\omega}_{i_k}=0$ とおく. α はこれらの $\widetilde{\omega}_{i_k}$ によって

$$\alpha=\{\widetilde{\omega}_{i_0}^{\pm1}\cdot\widetilde{\omega}_{i_1}^{\pm1}\cdots\widetilde{\omega}_{i_n}^{\pm1}\} \tag{25.5}$$

と表わされる. いま任意の $\omega_{i,j}$ が (25.5) の右辺の中に $+1$ の符号で p 個, -1 の符号で q 個含まれているとする. $\hat{f}(z)$ が $C_1(K)$ の零鎖であると仮定すると, 各 $\widetilde{\omega}_{i_k}$ を K の1輪体と見なして

$$\begin{aligned}&\widetilde{\omega}_{i_0}^{\pm1}+\widetilde{\omega}_{i_1}^{\pm1}+\cdots+\widetilde{\omega}_{i_k}^{\pm1}\\&=(fa_0, fa_1)+\cdots+(fa_k, fa_0)\\&=\hat{f}(z)=0.\end{aligned}$$

従って $p=q$ でなくてはならない. 結局 α は $\{\omega_{i,j}\}$ の積として表わされ, そ

の中の任意の $\omega_{i,j}$ について $\omega_{i,j}$ と $\omega_{i,j}^{-1}$ とが同じ個数ずつ含まれていることになるから，α は $\pi_n(\mathrm{X}, \mathrm{x}_0)$ の交換子群の元である(演習 参照).

次に $\hat{f}(z)=\partial c^2$, $c^2=u^2{}_1+u^2{}_2+\cdots+u^2{}_k\in C(\mathrm{K})$ と仮定する．$u^2{}_i$ の中には重複するものもあるであろう．$u^2{}_i=(\mathrm{b}_{i_0}, \mathrm{b}_{i_1}, \mathrm{b}_{i_2})$ $(1\leqq i \leqq k)$ とすると

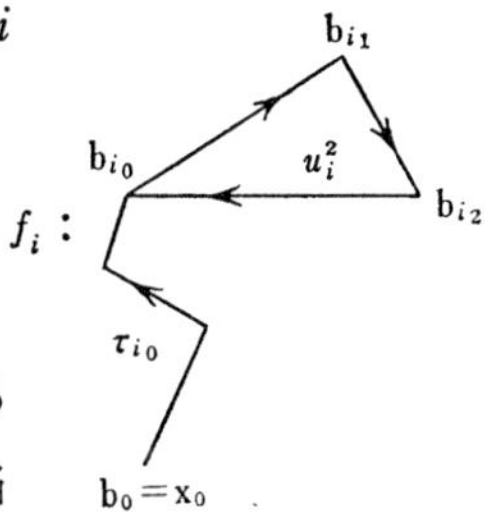

図 35

$$\hat{f}(z)=\partial u^2{}_1+\cdots+\partial u^2{}_k$$
$$=(\tau_{10}+\partial u^2{}_1-\tau_{10})+\cdots+(\tau_{k_0}+\partial u^2{}_k-\tau_{k_0}).$$

$f_i=\tau_{i_0}\cdot\overrightarrow{\mathrm{b}_{i_0}\mathrm{b}_{i_1}}\cdot\overrightarrow{\mathrm{b}_{i_1}\mathrm{b}_{i_2}}\cdot\overrightarrow{\mathrm{b}_{i_2}\mathrm{b}_{i_0}}\cdot\tau_{i_0}^{-1}$ は，$\pi_1(\mathrm{X}, \mathrm{x}_0)$ のある元 α_i を代表する．α は，$\pi_1(\mathrm{X}, \mathrm{x}_0)$ の交換子群の適当な元 β を用いて

$$\alpha=\beta\cdot\alpha_1\cdot\alpha_2\cdots\alpha_k$$

と表わされる．しかるに

$$f_i\simeq\tau_{i_0}\cdot\tau_{i_0}^{-1}\simeq 0 \qquad (1\leqq i\leqq k)$$

であるから，各 $\alpha_i=0$. すなわち α は交換子群の元である.

補題 D. $\phi:\pi_1(\mathrm{X}, \mathrm{x}_0)\to H_1(\mathrm{X})$ は全射準同形である.

証明. 補題 C と同様の記号において，K の任意の 1 輪体 v をとり，

$$v=\sigma_1+\sigma_2+\cdots+\sigma_m \qquad (\sigma_k\in C_1(\mathrm{K}))$$

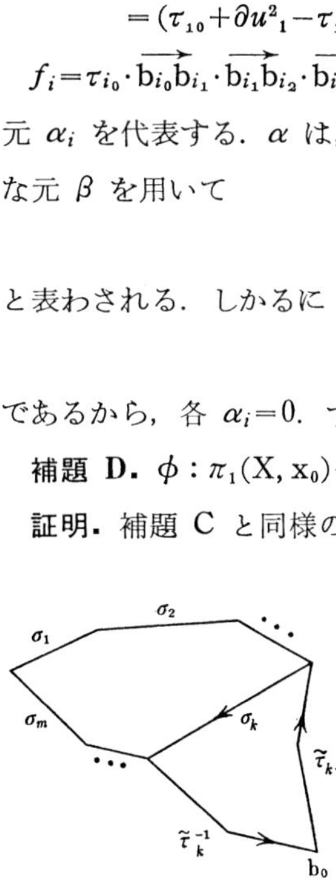

図 36

とする．各 σ_k に対する閉じた道 $\tilde{\tau}_{k-1}\cdot\sigma_k\cdot\tilde{\tau}_k$ は，適当な $\omega_{i,j}$ によって，$\omega_{i,j}$ または $\omega_{i,j}^{-1}$と表わされる．これを $\tilde{\omega}_k$ と表わす．各 $\tilde{\omega}_k$は点集合として S^1 のある連続写像による像であるから，適当な S^1 の単体分割 L をとって，その基本輪体を z とすれば，各 k に対して

$$\hat{f}_k(z)=\tilde{\tau}_{k-1}+\sigma_k-\tilde{\tau}_k$$

となるような単体写像 $f_k:(\mathrm{L}, \mathrm{a}_0)\to(\mathrm{K}, \mathrm{b}_0)$ がとれる．$\tilde{\tau}_0=\tilde{\tau}_m$ であるから，

$$f=f_1\cdot f_2\cdots f_m$$

とすると

$$\hat{f}(z)=\hat{f}_1(z)+\cdots+\hat{f}_m(z)$$

$$=(\widetilde{\tau}_0+\sigma_1-\widetilde{\tau}_1)+\cdots+(\widetilde{\tau}_m+\sigma_m-\widetilde{\tau}_0)$$
$$=\sigma_1+\cdots+\sigma_m=v.$$

よって $\{f\}=\alpha$ と定義すれば

$$\phi(\alpha)=\{v\}.$$

以上で定理 25.2 の証明は終った.

問. 連結多面体 X の基本群が2元 α,β で生成され，関係 $\beta^{-1}\cdot\alpha\cdot\beta=\alpha^{-1}$ をもつとき，$H_1(\mathrm{X})$ および $H_1(\mathrm{X},\boldsymbol{Z}_2)$ を求めよ.

§ 26. 球面のホモトピー群

胞体 E^n のホモトピー群はすべて0である. 胞体に次いで簡単な多面体は球面 S^n である. S^n のホモロジー群は簡単な構造をもっていたが(§17)，ホモトピー群の方は単純でない. その中のいくつかを求めてみよう.

S^n $(n\geqq 1)$ は弧状連結であるから，$\pi_0(\mathrm{S}^n)=0$ である. S^1 の基本群は明らかに恒等写像 $\mathrm{S}^1\to\mathrm{S}^1$ によって生成される無限巡回群である. この場合 $\pi_1(\mathrm{S}^1)$ はアーベル群であるから，$\phi:\pi_1(\mathrm{S}^1)\to H_1(\mathrm{S}^1)$ は同形を与える. 後に示すように(定理 31.5)

$$\pi_i(\mathrm{S}^1)=0 \qquad (i>1) \tag{26.1}$$

である.

$n\geqq 2$ としよう. S^n 上の閉じた道は常に一点に縮められるから $\pi_1(\mathrm{S}^n)=0$，すなわち S^n は単連結である. $H_i(\mathrm{S}^n)=0$ $(1\leqq i<n)$ であったから(§ 17)，定理 25.2 系2によって次の定理を得る.

定理 26.1.
$$\begin{cases}\pi_i(\mathrm{S}^n)=0 & (0\leqq i<n),\\ \pi_n(\mathrm{S}^n)\cong\boldsymbol{Z}\end{cases}$$

恒等写像 $\mathrm{S}^n\to\mathrm{S}^n$ のホモトピー類を ι_n とすると，S^n の基本輪体 z に対して $1_*(z)=z$ であるから $\phi(\iota_n)=\{z\}$. すなわち $\pi_n(\mathrm{S}^n)$ は ι_n によって生成される.

対 $(\mathrm{E}^n,\mathrm{S}^{n-1})$ のホモトピー完全系列から

$$(26.2)\qquad \begin{cases} \pi_i(\mathrm{E}^n, \mathrm{S}^{n-1}) = 0 & (2 \leqq i < n), \\ \pi_n(\mathrm{E}^n, \mathrm{S}^{n-1}) \cong \boldsymbol{Z} \end{cases}$$

となる．生成元は恒等写像 $(\mathrm{E}^n, \mathrm{S}^{n-1}) \to (\mathrm{E}^n, \mathrm{S}^{n-1})$ のホモトピー類である．

任意の写像 $f: \mathrm{S}^n \to \mathrm{S}^n$ のホモトピー類は，ある整数 m によって $m \cdot \iota_n$ と表わされる．m を f の**写像度**という．二つの写像 $f, g: \mathrm{S}^n \to \mathrm{S}^n$ は，写像度の等しいとき，またそのときに限って互いにホモトープである．

S^n の基本輪体を z, $f: \mathrm{S}^n \to \mathrm{S}^n$ の写像度を m とすると

$$f_*(z) = \phi(m \cdot \iota_n) = m \cdot \phi(\iota_n) = mz.$$

従って写像度は § 19 に定義した f の次数に等しい．

同様の議論は写像 $f: (\mathrm{E}^n, \mathrm{S}^{n-1}) \to (\mathrm{E}^n, \mathrm{S}^{n-1})$ に対しても成立する．よって次の命題を得る．

(i) 向きを保つ同相写像 $(\mathrm{E}^n, \mathrm{S}^{n-1}) \to (\mathrm{E}^n, \mathrm{S}^{n-1})$, $\mathrm{S}^n \to \mathrm{S}^n$ は恒等写像とホモトープである．

(ii) $\mathrm{E}_1, \mathrm{E}_2$ を向きづけられた n 胞体とする．同相写像 $\varphi_1, \varphi_2: (\mathrm{E}_1, \dot{\mathrm{E}}_1) \to (\mathrm{E}_2, \dot{\mathrm{E}}_2)$ (または $\dot{\mathrm{E}}_1 \to \dot{\mathrm{E}}_2$) がともに向きを保つか，またはともに向きを変えるならば，$\varphi_1 \simeq \varphi_2$ $(\dot{\mathrm{E}}_1)$ (または $\varphi_1 \simeq \varphi_2$) である．

(iii) 向きのついた n 胞体 E (または n 次元球面 S) が与えられれば，任意の写像 $f: (\mathrm{E}, \dot{\mathrm{E}}) \to (\mathrm{X}, \mathrm{x}_0)$ (または $f: (\mathrm{S}, \mathrm{a}_0) \to (\mathrm{X}, \mathrm{x}_0)$) は $\pi_n(\mathrm{X}, \mathrm{x}_0)$ の元を一意に定める．

(iv) 向きのついた n 胞体 E (または n 次元球面 S) に対して，向きを変える同相写像 $\varphi: (\mathrm{E}, \dot{\mathrm{E}}) \to (\mathrm{E}, \dot{\mathrm{E}})$ (または S→S) を任意に一つとる．写像 $f: (\mathrm{E}, \dot{\mathrm{E}}) \to (\mathrm{X}, \mathrm{x}_0)$ (または $(\mathrm{S}, \mathrm{a}_0) \to (\mathrm{X}, \mathrm{x}_0)$) の定める $\pi_n(\mathrm{X}, \mathrm{x}_0)$ の元を α とすれば，$\{f \circ \varphi\}$ は $-\alpha$ を代表する．

写像 $f: (\mathrm{S}^n, \mathrm{e}_0) \to (\mathrm{S}^m, \mathrm{e}_0)$ に対して，§ 23 で定義した写像 $d_m: (\mathrm{S}^m \times \mathrm{E}^1, \mathrm{S}^m \times \dot{\mathrm{E}}^1) \to (\mathrm{S}^{m+1}, \mathrm{e}_0)$ を用いて

$$(26.3)\qquad (Sf)(t_1, t_2, \cdots, t_{n+2}) = d_m(f(t_1, t_2, \cdots, t_{n+1}), t_{n+2}) \qquad (-1 \leqq t_{n+2} \leqq 1)$$

で定義される写像 $Sf: (\mathrm{S}^{n+1}, \mathrm{e}_0) \to (\mathrm{S}^{m+1}, \mathrm{e}_0)$ を写像 f の**懸垂**という．懸垂

Sf は次の性質がある.

$$(26.4)\qquad \begin{cases} Sf\,|\,S^n = f, \\ Sf(V^{n+1}_-) \subset V^{m+1}_-, \qquad Sf(V^{n+1}_+) \subset V^{m+1}_+. \end{cases}$$

逆に (26.4) を満たす任意の写像は明らかに互いにホモトープであるから, (26.4) を満たす写像のホモトピー類は一意に定まる. 従って (26.4) を懸垂 Sf の定義として採用してもよい. 次に $f_0 \simeq f_1$ ならば $Sf_0 \simeq Sf_1$ なることを示そう.

$f : S^n \times I \to S^m$ を f_0 と f_1 とを結ぶホモトピーとする. 写像 $f' : S^n \times I \cup V^{n+1}_- \times 0 \to V^{m+1}_-$ を

$$\begin{cases} f'|S^n \times I : S^n \times I \xrightarrow{f} S^m \to V^{m+1}_-, \\ f'|V^{n+1}_- \times 0 : V^{n+1}_- \xrightarrow{Sf_0} V^{m+1}_- \end{cases}$$

と定義すれば, 補題 18.2 によって f' の拡張 $g_- : V^{n+1}_- \times I \to V^{m+1}_-$ がある. 全く同様にして写像 $g_+ : V^{n+1}_+ \times I \to V^{m+1}_+$ を定義すると, g_- と g_+ とは $V^{n+1}_- \times I \cap V^{n+1}_+ \times I = S^n \times I$ の上で一致して, それは f に等しい. そこで写像 $g : S^{n+1} \times I \to S^{m+1}$ を

$$g|V^{n+1}_- \times I = g_-, \qquad g|V^{n+1}_+ = g_+$$

と定義すれば, g が Sf_0 と Sf_1 とを結ぶホモトピーであることは容易にわかる. よって作用素 S は $\pi_n(S^m)$ から $\pi_{n+1}(S^{m+1})$ への対応を与えることがわかった.

補題 26.2. $E\{f\} = \{Sf\}$ によって与えられる対応 $E : \pi_n(S^m) \to \pi_{n+1}(S^{m+1})$ は準同形である.

これを懸垂準同形と呼ぶ.

証明. $\pi_n(S^m)$ の元 α, β の代表 $f, g : S^n \to S^m$ として $f(V^n_+) = g(V^n_-) = e_0$ なるものをとる. $h|V^n_- = f$, $h|V^n_+ = g$ で定義される写像 $h : S^n \to S^m$ は $\alpha + \beta$ の代表である.

$$W^{n+1}_- = \{(t_1, t_2, \cdots, t_{n+2}) \in S^{n+1};\ t_{n+1} \leqq 0\},$$
$$W^{n+1}_+ = \{(t_1, t_2, \cdots, t_{n+2}) \in S^{n+1};\ t_{n+1} \geqq 0\}$$

としよう.

$$\begin{cases} Sf(\mathrm{W}^{n+1}{}_+)=\mathrm{e}_0, & Sg(\mathrm{W}^{n+1}{}_-)=\mathrm{e}_0, \\ Sh|\mathrm{W}^{n+1}{}_-=Sf, & Sh|\mathrm{W}^{n+1}{}_+=Sg. \end{cases}$$

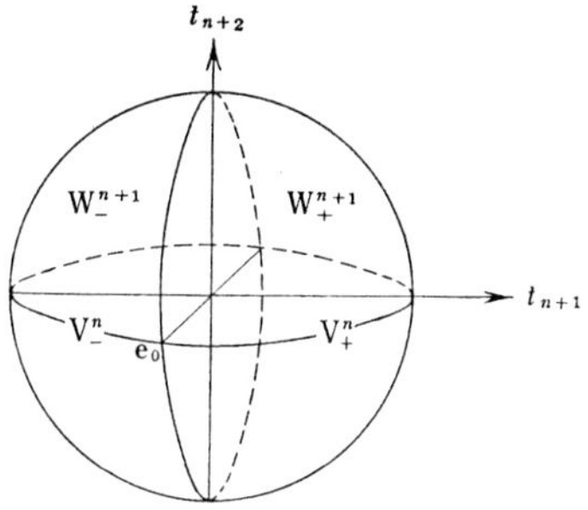

図　37

補題 23.1 によって

$$Sh=Sf+Sg,$$

すなわち $E(\alpha+\beta)=E(\alpha)+E(\beta)$ である.

f として特に恒等写像 $f_n:\mathrm{S}^n\to\mathrm{S}^n$をとろう. 恒等写像 $f_{n+1}:\mathrm{S}^{n+1}\to\mathrm{S}^{n+1}$ は

$$f_{n+1}|\mathrm{S}^n=f_n, \qquad f_{n+1}(\mathrm{V}^{n+1}{}_-)\subset\mathrm{V}^{n+1}{}_-,$$
$$f_{n+1}(\mathrm{V}^{n+1}{}_+)\subset\mathrm{V}^{n+1}{}_+$$

を満たすから, $Sf_n=f_{n+1}$ である. f_n のホモトピー類を ι_n と表わすと

$$E(\iota_n)=\iota_{n+1}.$$

従って

$$E:\pi_n(\mathrm{S}^n)\cong\pi_{n+1}(\mathrm{S}^{n+1}) \qquad (n\geqq 1)$$

である.

$$S^kf=S(S^{k-1}f):(S^{n+k},\mathrm{e}_0)\to(\mathrm{S}^{m+k},\mathrm{e}_0)$$

を f の (k 回)**反復懸垂**という. $E^k\{f\}=\{S^kf\}$ で定義される作用素 E^k : $\pi_n(\mathrm{S}^m)\to\pi_{n+k}(\mathrm{S}^{m+k})$ もまた準同形をなす.

付記. 懸垂は球面のホモトピー群の計算に際して,最も基本的な役割を荷うものである. 補題 26.2 において, $n<2m-1$ のとき E は同形, $n=2m-1$ のとき全射準同形であることが知られている(参考書 [17] 参照). よって $\pi_{n+k}(\mathrm{S}^n)$ の k を固定して n を十分大きくとれば, それらはあるアーベル群 G_k と同形になる. これを**球面の k 階の安定ホモトピー群**という.

問. $\psi_{m+1}:(\mathrm{E}^{m+1},\mathrm{S}^m)\to(\mathrm{S}^{m+1},\mathrm{e}_0)$ を (23.1) に定義した写像, $E:\pi_n(\mathrm{S}^m)\to\pi_{n+1}(\mathrm{S}^{m+1})$ を懸垂準同形とすると, 次の図式は可換であることを証明せよ:

$$\begin{array}{ccc} \pi_n(\mathrm{S}^m) & \xleftarrow{\partial_*} & \pi_{n+1}(\mathrm{E}^{m+1},\mathrm{S}^m) \\ & {\scriptstyle E}\searrow \quad \swarrow{\scriptstyle \psi_{m+1*}} & \\ & \pi_{n+1}(\mathrm{S}^{m+1}) & \end{array}$$

問　題　6

1. $\varphi: S^n \to S^n$ をある n 次元平面に関する S^n の対称変換とする．X を n 単純な位相空間，$f: S^n \to X$ を $\pi_n(X)$ の元 α の代表とすると，$f \circ \varphi$ は $-\alpha$ の代表であることを証明せよ．

2. 対 (X, A) の基点 $x_0 \in A$ を終点とし，A に始点をもつ X 上の道 $C: (I, \{0\}, \{1\}) \to (X, A, x_0)$ の集合を考える．二つの道 C_0, C_1 を結ぶホモトピー $C_t: (I, \{0\}, \{1\}) \to (X, A, x_0)$ $(0 \leqq t \leqq 1)$ が存在するとき，$C_0 \simeq C_1(\dot{I})$ と表わし，こうして得られる相対ホモトピー類の集合を $\pi_1(X, A, x_0)$ と表わす．次のことを証明せよ．

(i) $C(I) = x_0$ なる道のホモトピー類を0と表わすと，$C(I) \subset A$ なる道は0に属する．

(ii) $\partial C: (S^0, \{1\}) \to (A, x_0)$ は $\pi_0(A, x_0)$ の元と考えられる．$\partial(0)$ は A の x_0 を含む弧状連結成分である．

(iii) 対 (X, A) のホモトピー完全系列は次のように延長できる：

$$\cdots \to \pi_1(X, x_0) \xrightarrow{j_*} \pi_1(X, A, x_0) \xrightarrow{\partial} \pi_0(A, x_0) \xrightarrow{i_*} \pi_0(X, x_0)$$

(すなわち，集合として，$\mathrm{Im}\ \partial = i_*^{-1}(0)$，$\mathrm{Im}\ j_* = \partial^{-1}(0)$ が成立する)

3. $\pi_0(A) = \pi_0(X) = 0$，$\pi_r(X, A, x_0) = 0$ $(1 \leqq r \leqq n)$ なるとき，対 (X, A) は n 連結であるという．多面体 P の基点 p_0 を一つの頂点とするような P の単体分割を K とする．対 (X, A) が n 連結ならば，任意の写像 $f: |K| \to X$ に対して，f とホモトープな写像 $g: (|K|, |K^n|, p_0) \to (X, A, x_0)$ が存在することを示せ．

4. (X, A) を多面体の対，$\pi_0(A) = \pi_0(X) = 0$，$x_0 \in A$ とする．

(i) 本文(§ 25)にならって，準同形 $\phi: \pi_n(X, A, x_0) \to H_n(X, A)$ $(n \geqq 2)$ を定義せよ(これを**フレビッチの準同形**と呼ぶ)．

(ii) 任意の写像 $f: (X, A, x_0) \to (Y, B, y_0)$ に対して，次の図式は可換であることを証明せよ：

$$\begin{array}{ccc}
\pi_n(X, A, x_0) & \xrightarrow{f_*} & \pi_n(Y, B, y_0) \\
\phi\downarrow & & \downarrow\phi \\
H_n(X, A) & \xrightarrow[f_*]{} & H_n(Y, B)
\end{array}$$

(iii) 次の図式は可換であることを証明せよ：

$$\begin{array}{ccccccc}
\to \pi_{n+1}(X, A, x_0) & \xrightarrow{\partial_*} & \pi_n(A, x_0) & \xrightarrow{i_*} & \pi_n(X, x_0) & \xrightarrow{j_*} & \pi_n(X, A, x_0) \\
\phi\downarrow & & \phi\downarrow & & \phi\downarrow & & \phi\downarrow \\
\to H_{n+1}(X, A) & \xrightarrow{\partial_*} & H_n(A) & \xrightarrow{i_*} & H_n(X) & \xrightarrow{j_*} & H_n(X, A)
\end{array}$$

$$\begin{array}{ccccc}
\to \cdots \to \pi_2(X, A, x_0) & \to & \pi_1(A, x_0) & \to & \pi_1(X, x_0) \\
\phi\downarrow & & \phi\downarrow & & \phi\downarrow \\
\to \cdots \to H_2(X, A) & \to & H_1(A) & \to & H_1(X)
\end{array}$$

5. X, Y などを位相空間, $x_0 \in X$, $y_0 \in Y$ を基点とする. 直積空間 $X \times E^1$ において, $X \times \{-1\} \cup X \times \{1\} \cup x_0 \times E^1$ を一点 $x_0 \times \{0\}$ と同一視することによって得られる空間 S(X) を X の懸垂と呼ぶ. $X \times \{0\}$ と X とを同一視することによって, $X \subset S(X)$ と考える. 次のことを証明せよ.

(i) $(X, x_0) \simeq (Y, y_0)$ ならば $(S(X), x_0) \simeq (S(Y), y_0)$ である.

(ii) 写像 $f: (X, x_0) \to (Y, y_0)$ に対して, 写像 $Sf: (S(X), x_0) \to (S(Y), y_0)$ を

$$(Sf)(x, t) = (f(x), t) \qquad (x \in X,\ t \in E^1)$$

と定義する. $f \simeq g\ (x_0)$ ならば $Sf \simeq Sg\ (x_0)$ である.

6. x_0 を位相空間 X の基点とする. $\alpha \in \pi_m(X, x_0)$, $\beta \in \pi_n(X, x_0)$ の代表をそれぞれ $f: (I^m, \dot{I}^m) \to (X, x_0)$, $g: (I^n, \dot{I}^n) \to (X, x_0)$ とする. $I^{m+n} = I^m \times I^n$, $\dot{I}^{m+n} = (I^m \times \dot{I}^n) \cup (\dot{I}^m \times I^n)$ と考え, 写像 $h: (\dot{I}^{m+n}, 0) \to (X, x_0)$ を

$$h(p, q) = \begin{cases} f(p) & (p, q) \in I^m \times \dot{I}^n, \\ g(q) & (p, q) \in \dot{I}^m \times I^n \end{cases}$$

と定義すると, h は $\pi_{m+n-1}(X, x_0)$ の元 γ を定める.

次のことを証明せよ.

(i) γ は α, β のみに依存して一意に定まり, α, β の代表のとり方にはよらない. $\gamma = [\alpha, \beta]$ と表わして, これを α と β とのホワイトヘッド積という.

(ii) $m = n = 1$ ならば, $[\alpha, \beta] = \alpha \cdot \beta \cdot \alpha^{-1} \cdot \beta^{-1}$.

(iii) $m > 1$, $n = 1$ ならば, $[\alpha, \beta] = \beta^{\#}(\alpha) - \alpha$.

(iv) $m > 1$ とすると, $\beta \in \pi_n(X, x_0)$ に対して

$$\beta^{\natural}(\alpha) = [\alpha, \beta]$$

によって定義される写像 $\beta^{\natural}: \pi_m(X, x_0) \to \pi_{m+n-1}(X, x_0)$ は準同形である.

(v) $m + n > 2$ とすると,

$$[\beta, \alpha] = (-1)^{mn} [\alpha, \beta].$$

(vi) $\varphi: (X, x_0) \to (Y, y_0)$ なる写像 φ に対して,

$$\varphi_*([\alpha, \beta]) = [\varphi_*(\alpha), \varphi_*(\beta)].$$

7. 次のことを証明せよ.

(i) 恒等写像 $S^n \to S^n$ のホモトピー類を ι_n と表わすと

$$[\iota_1, \iota_1] = [\iota_3, \iota_3] = [\iota_7, \iota_7] = 0.$$

(ii) G を任意の位相群 (§ 27 参照) とすると, $\alpha \in \pi_m(G, e)$, $\beta \in \pi_n(G, e)$ に対して

$$[\alpha, \beta] = 0.$$

ただし, 基点 e は G の単位元である.

(iii) $\alpha \in \pi_m(X, x_0)$, $\beta \in \pi_1(X, x_0)$ で X が m 単純ならば

$$[\alpha, \beta] = 0.$$

第7章　ファイバー束

§ 27. 位相群と位相変換群

ホモトピー群の計算において，最も重要な働きを荷なうものにファイバー束がある．ファイバー束は元来大域的微分幾何学における重要な概念である．まず位相群および位相変換群について必要なことを述べる．

位相空間 G に群の構造が入っていて

（i） G の元 a, b に群の算法 $a \cdot b$ を対応させる写像 $G \times G \to G$ が，G および G の直積位相に関して連続であり，

（ii） G の各元 a に逆元 a^{-1} を対応させる写像が同相写像 $G \to G$ を与えるとき，

G を**位相群**と呼ぶ．位相群に対して部分群，剰余群，準同形，同形などを定義することができる．

（1） 部分群： (i) 群としては G の部分群で，(ii) 位相空間としては G の閉集合なるとき，位相群 G の**部分群**と呼ぶ．特に群として正規部分群なるとき，**正規部分群**という．

（2） 剰余群： H を G の正規部分群とする．(i) 群としては H を法とする G の剰余群に，(ii) 次のような位相を入れる：$\{\mathrm{U}_\alpha\}$ を位相空間 G の元 g の近傍系とするとき，$\{\mathrm{U}_\alpha\}$ の任意の元 U_β に対し，$\mathrm{U}_\beta{}^* = \mathrm{U}_\beta H$ の全体 $\{\mathrm{U}_\alpha{}^*\}$ を gH の近傍系と定める．

このようにして作られた位相群を G の H を法とする**剰余群**または**商群**と呼び，G/H と表わす．

（3） 準同形： 位相群 G_1 から G_2 への写像 f が，(i) 群として G_1 から G_2 への準同形で，(ii) 位相空間として G_1 から G_2 への連続写像なるとき，f を G_1 から G_2 への**準同形**と呼ぶ．さらに f が開写像(すなわち，U が G_1 の開集合ならば $f(\mathrm{U})$ も G_2 の開集合)なるとき，f を**開準同形写像**という．特に f が位相空間として G_1 から G_2 への同相写像なるとき**同形**であるとい

う．群の場合と同様に次の定理が成立する．

定理 27.1. f を位相群 G_1 から G_2 への開準同形写像とする．e を G_2 の単位元とすると，f の核 $f^{-1}(e)=N$ は G_1 の正規部分群であって，G_2 は G_1/N に同形である．

位相群の例を挙げよう．

例 1. 任意の群 G の元の集合に離散位相(参考書 [2] 参照)を入れれば位相群になる．

例 2. 実数全体の集合 $\boldsymbol{R}$ に普通の意味の位相を入れると，加法に関して位相群をなす．

例 3. $\boldsymbol{R}^n$ から $\boldsymbol{R}^n$ への退化しない一次変換の全体は積(変換の合成)に関して群をなす．これはまた正則な n 次正方行列の全体と考えてもよい．行列の n^2 個の要素を成分とみれば，これは $\boldsymbol{R}^n\times\boldsymbol{R}^n\times\cdots\times\boldsymbol{R}^n$ (n 個の直積) の閉部分集合である．これによって位相を導入したものを $GL(n, \boldsymbol{R})$ と表わして，一般一次変換群という．位相群をなすことは容易にわかる．

特に内積を不変とする変換(行列でいえば，A の転置行列を ${}^tA$ で表わすと，$A{}^tA={}^tAA=E$ (単位行列)を満たす行列)の全体は $GL(n, \boldsymbol{R})$ のコンパクトな部分群をなす．これを**直交群**と呼んで $O(n)$ と表わす．

例 4. 複素数や四元数を成分とするベクトル空間にも，内積が定義される．例3の直交群に相当するものは，それぞれ**ユニタリ群** $U(n)$，**シンプレクティック群** $Sp(n)$ と呼ばれて，位相群の重要な例である．

次に位相変換群を定義しよう．

位相群 G が位相空間 Y の上に作用するものとする．すなわち G の各元 g と Y の各点 y に対して $g\cdot\mathrm{y}$ が一意に定まるものとする．次の三つの条件が満たされるとき，G を Y の**位相変換群**と呼ぶ：

(i) $G\times\mathrm{Y}$ から Y への写像 $(g, \mathrm{y})\to g\cdot\mathrm{y}$ は連続である．

(ii) G の単位元 e と Y の各点 y に対して

$$e\cdot\mathrm{y}=\mathrm{y}$$

となる．

(iii)　任意の $g_1, g_2 \in G$ および Y の各点 y に対し

$$(g_1 \cdot g_2) \cdot \mathrm{y} = g_1 \cdot (g_2 \cdot \mathrm{y})$$

が成り立つ.

G を Y の位相変換群とするとき，Y の各点 y に対して $g_1 \cdot \mathrm{y} = g_2 \cdot \mathrm{y}$ であっても，$g_1 = g_2$ であるとは限らない．Y の各点 y に対して $g \cdot \mathrm{y} = \mathrm{y}$ を満たす元 g の集合 N は G の正規部分群をなす．$G_1 = G/N$ とすると，G_1 に関して次の命題が成立する.

(27.1)　任意の $\mathrm{y} \in \mathrm{Y}$ に対して $g \cdot \mathrm{y} = \mathrm{y}$ ならば g は G_1 の単位元である．

以下の各節において位相変換群 G は条件 (27.1) を満足するものとしよう.

位相変換群の例を挙げよう.

例 5. Y を線分，G を恒等変換 $e: \mathrm{Y} \to \mathrm{Y}$ と，Y の中点に関する対称変換 g との二元からなる群とする．$G \cong \boldsymbol{Z}_2$ に離散位相を入れれば，G は Y の位相変換群である.

例 6. 上の例において Y を S^1 とし，g を任意の直径に関する対称変換としても同様である.

例 7. Y を $\boldsymbol{R}^n$，G を $GL(n, \boldsymbol{R})$ とすれば，作用 $G \times \boldsymbol{R}^n \to \boldsymbol{R}^n$ は，$\boldsymbol{R}^n$ と $G \times \boldsymbol{R}^n$ の位相に関して連続である．その他の条件は自明であるから，G は $\boldsymbol{R}^n$ の位相変換群である.

例 8. Y を S^{n-1}，G を $O(n)$ とすれば，例7と同様に $O(n)$ は S^{n-1} の位相変換群である ($n \geqq 2$).

$\boldsymbol{n}$ 次元複素ベクトル空間において，

$$\mathrm{S}^{2n-1} = \{(\lambda^1, \lambda^2, \cdots, \lambda^n);\ |\lambda^1|^2 + |\lambda^2|^2 + \cdots + |\lambda^n|^2 = 1\}$$

と考えると，ユニタリ群 $U(n)$ は S^{2n-1} の位相変換群である．複素数の代りに四元数を成分とする $\boldsymbol{n}$ 次元ベクトル空間を考えると，シンプレクティック群 $Sp(n)$ は S^{4n-1} の位相変換群であることがわかる.

例 9. 位相群 G は G 自身の位相変換群と見なされる．G の各元 h は変換 $g \to h \cdot g$ を与えるからである．G は位相群であるから，対応 $(h, g) \to h \cdot g$ は連続である．このとき G は G 自身の上に**左から作用する**という．同様に**右か**

ら作用すると考えることによっても位相変換群と見なし得る．後に引用するときは，特に断わらない限り前者を指すものとする．

問 1. G を位相空間 Y の位相変換群とする．$N=\{g\in G;\ g\cdot \mathrm{y}=\mathrm{y}\ (\mathrm{y}\in \mathrm{Y})\}$ は G の正規部分群なることを証明せよ．特に，$G=O(n)$，$\mathrm{Y}=S^{n-r}$ $(1\leqq r<n)$ の場合に，N はどのような位相群になるか．

問 2. 直交群 $O(n)$ は二つの連結成分をもつことを証明せよ．単位元(恒等変換)を含む連結成分を $SO(n)$ と表わし，**特殊直交群**という．

$$\pi_r(O(n))\cong\pi_r(SO(n)) \qquad (n\geqq 2)$$

を証明せよ．

§ 28. ファイバー束

位相空間 X と Y の直積空間 $\mathrm{X}\times\mathrm{Y}=\mathrm{B}$ を考えよう．射影を $p:\mathrm{B}\to\mathrm{X}$ と表わせば，X の各点 x に対して，$\mathrm{Y_x}=p^{-1}(\mathrm{x})$ は Y と同相である．$(\mathrm{B}, p, \mathrm{X}, \mathrm{Y})$ はファイバー束の最も簡単な例である．逆にいうと，ファイバー束は直積空間を一般化した概念である．

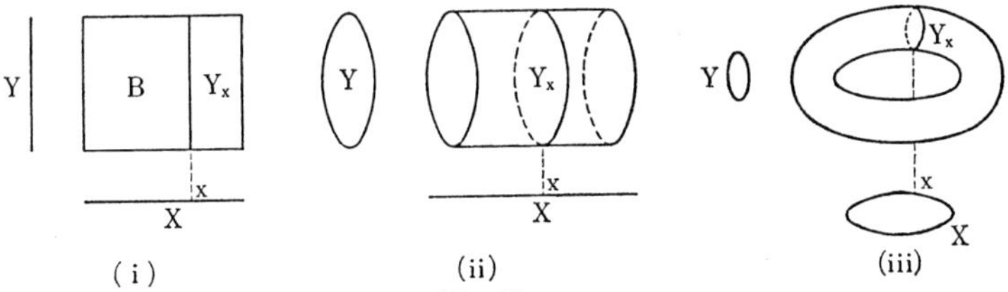

図 38

いま，X の開被覆 $\{\mathrm{V}_j\}_{j\in \mathrm{J}}$ があって，次の条件 (i)～(iv) を満足する位相空間 B を考えよう：

(i) B から X の上への連続写像 $p:\mathrm{B}\to\mathrm{X}$ がある．

(ii) Y を位相空間とする．X の開被覆 $\{\mathrm{V}_j\}_{j\in \mathrm{J}}$ の各元 V_j に対し，同相写像 $\phi_j:\mathrm{V}_j\times\mathrm{Y}\to p^{-1}(\mathrm{V}_j)$ が存在して

$$p\circ\phi_j(\mathrm{x}, \mathrm{y})=\mathrm{x} \qquad (\mathrm{x}\in\mathrm{V}_j,\ \ \mathrm{y}\in\mathrm{Y})$$

となっている．

$\mathrm{Y_x}=p^{-1}(\mathrm{x})$ とし，同相写像 $\phi_{j,\mathrm{x}}:\mathrm{Y}\to\mathrm{Y_x}$ を

$$\phi_{j,\mathrm{x}}(\mathrm{y})=\phi_j(\mathrm{x}, \mathrm{y})$$

と定義する．Y の位相変換群 G があって，次の条件を満たしている：

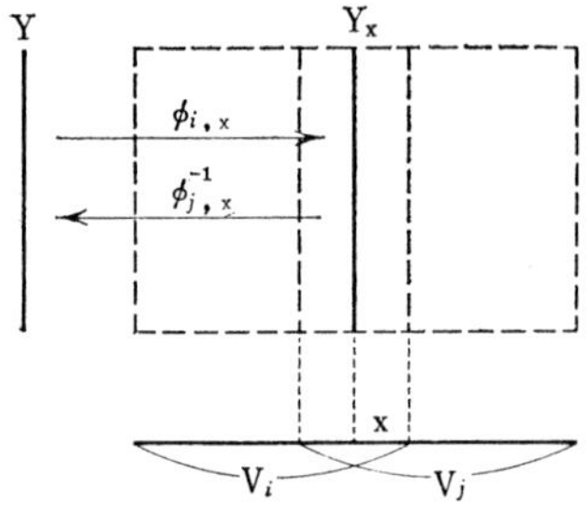

図　39

(iii)　$V_i \cap V_j$ の各点 x に対して同相写像

$$\phi_{j,x}^{-1} \circ \phi_{i,x} : Y \to Y$$

は位相変換群 G の元である．

(iv)　$$g_{ji}(x) = \phi_{j,x}^{-1} \circ \phi_{i,x}$$

とおけば，g_{ji} は連続写像

$$g_{ji} : V_i \cap V_j \to G$$

である．

以上の4条件 (i)～(iv) が満たされるとき，これらをまとめて

$$\mathfrak{B} = \{B, p, X, Y, G, V_j, \phi_j\}$$

と書いて，**ファイバー束**という．B を**束空間**，p を**射影**，X を**基礎空間**，Y を**ファイバー**，G を**構造群**，$\{V_j\}$ を**座標近傍**，ϕ_j を**座標函数**，また g_{ji} を**座標変換**という．

直積空間の例では開被覆が $\{X\}$ で，構造群は単位元 e のみからなる群である．一般に構造群 G が単位元 e のみからなる群であるとき，**積束**と呼ばれる．

定義から直ちに導かれる g_{ji} の性質がある：

(28.1)　$V_i \cap V_j \cap V_k$ の各点 x に対して

$$g_{kj}(x) \cdot g_{ji}(x) = g_{ki}(x),$$

特に，
$$g_{ii}(x) = e \quad (x \in V_i).$$

また，$V_i \cap V_j$ の各点 x に対して

$$g_{ij}(x) = [g_{ji}(x)]^{-1}.$$

次に，各 $j \in J$ に対して $p^{-1}(V_j)$ から Y への射影を p_j とする．すなわち，$p(b) = x \in V_j$ なる各点 b に対し

$$p_j(b) = \phi_{j,x}^{-1}(b)$$

と定義する．p_j の性質は：

$$\{ \text{(i)} \quad p_j \circ \phi_j(x, y) = y,$$

$$(28.2)\quad \begin{cases} \text{(ii)} & \phi_j(p(b), p_j(b)) = b, \\ \text{(iii)} & g_{ji}(p(b)) \cdot p_i(b) = p_j(b) \end{cases} \qquad (p(b) \in V_i \cap V_j).$$

例えば (iii) を確かめるには，$p(b)=x$ とおいて

$$g_{ji}(x) \cdot p_i(b) = \phi_{j,x}^{-1} \circ \phi_{i,x} \circ \phi_{i,x}^{-1}(b)$$
$$= \phi_{j,x}^{-1}(b) = p_j(b).$$

同一の基礎空間，ファイバー，および構造群をもつ二つのファイバー束 $\mathfrak{B} = \{B, p, X, Y, G, V_j, \phi_j\}$，$\mathfrak{B}' = \{B', p', X, Y, G, V'_i. \phi'_j\}$ の座標変換 g_{ji}, g'_{ji} に対し，写像

$$\bar{g}_{kj} : V_j \cap V'_k \to G \qquad (j \in J,\ k \in J')$$

が存在し，条件

$$(28.3)\quad \begin{cases} \bar{g}_{ki}(x) = \bar{g}_{kj}(x) \cdot g_{ji}(x) & (x \in V_i \cap V_j \cap V'_k), \\ \bar{g}_{lj}(x) = \bar{g}'_{lk}(x) \cdot \bar{g}_{kj}(x) & (x \in V_j \cap V'_k \cap V'_l) \end{cases}$$

を満たすとき，$\mathfrak{B} \sim \mathfrak{B}'$ と表わして，$\mathfrak{B}$ と $\mathfrak{B}'$ とは互いに**同値**であるという．この関係“$\sim$”が同値律を満たすことは容易に確かめられる．

補題 28.1. ファイバー束 $\mathfrak{B} = \{B, p, X, Y, G, V_j, \phi_j\}$ と $\mathfrak{B}' = \{B', p', X, Y, G, V'_j, \phi'_j\}$ とが同値になるための必要十分条件は，各 V_j に対し連続写像 $\lambda_j : V_j \to G$ が存在して

$$(28.4)\quad g'_{ji}(x) = [\lambda_j(x)]^{-1} \cdot g_{ji}(x) \cdot \lambda_i(x) \qquad (x \in V_i \cap V_j)$$

となることである．

証明. (i) 必要性： $V_i \cap V_j$ の各点 x に対して $\lambda_j(x) = [\bar{g}_{jj}(x)]^{-1}$ とおけば，(28.4) の右辺は

$$\bar{g}_{jj}(x) \cdot g_{ji}(x) \cdot [\bar{g}_{ii}(x)]^{-1}$$

に等しく，(28.3) によって $g'_{ji}(x)$ に等しい．

(ii) 十分性： $V_j \cap V_k$ の各点 x に対して $\bar{g}_{kj}(x) = [\lambda_k(x)]^{-1} \cdot g_{kj}(x)$ とおけば

$$\bar{g}_{kj}(x) \cdot g_{ji}(x) = [\lambda_k(x)]^{-1} \cdot g_{kj}(x) \cdot g_{ji}(x)$$
$$= [\lambda_k(x)]^{-1} \cdot g_{ki}(x) = \bar{g}_{ki}(x) \qquad (x \in V_i \cap V_j \cap V'_k).$$

同様にして (28.3) の後半も証明される．

座標近傍と座標函数だけが異なる二つのファイバー束 $\mathfrak{B}, \mathfrak{B}'$ において，

$V_i \cap V'_j$ の各点 x に対し

(28.5)
$$\bar{g}_{ji}(x) = \phi'^{-1}_{j,x} \circ \phi_{i,x}$$

で定義される同相写像 $Y \to Y$ が G の元であって,

$$\bar{g}_{ji} : V_i \cap V'_j \to G$$

が連続写像なるとき, $\mathfrak{B}$ と $\mathfrak{B}'$ とは**強い意味で同値**であるという.

注意. このとき, $\mathfrak{B}$ と $\mathfrak{B}'$ とは先に定義した意味で同値である. この条件は座標近傍 $\{V_j\}$ と $\{V'_j\}$ とを併合した座標近傍 $\{V_j, V'_j\}$ と, 座標函数 $\{\phi_j, \phi'_j\}$ に関して, 新たなファイバー束を構成することを意味している.

この同値関係によってファイバー束を類別し, その同値類を改めて**ファイバー束**と呼び, 個々のものを**座標束**と呼ぶことがある. ここでは一律にファイバー束と呼んでおく. つまり, 同値類の一つの代表を任意にとって議論をしているのである.

位相空間 X の開被覆 $\{V_j\}_{j \in J}$ と, $V_i \cap V_j$ から位相群 G への連続写像 $g_{ji} : V_i \cap V_j \to G$ の系 $\{g_{ji}\}$ で (28.1) を満たすものとを合わせて, X の**座標変換系**という. ファイバー束の構造は本質的にいって, これだけで決定されることが次の定理によって示される.

定理 28.2. 位相空間 Y の位相変換群 G と, X の座標変換系 $\{V_j\}_{j \in J}$, $\{g_{ji}\}$ が与えられたとき, X を基礎空間, Y をファイバー, G を構造群, $\{g_{ji}\}$ を座標変換とするファイバー束が存在する. またこのようなファイバー束は, 同値を除いて一意に定まる.

証明. $\{V_j\}$ の添数の集合 J を離散位相をもつ位相空間と考える. いま, 直積集合 $X \times Y \times J$ の開部分集合 $V_j \times Y \times J$ のすべての和集合を T とすると, T は $X \times Y \times J$ の部分空間である. T の任意の 2点 (x, y, j) と (x', y', k) $(x \in V_j,\ x' \in V_k)$ が

$$x = x', \qquad g_{kj}(x) \cdot y = y'$$

なる関係をもつとき, $(x, y, j) \sim (x', y', k)$ と書いて同値であるといおう. 実際この関係 "$\sim$" が同値関係を満たすことは容易に確かめられる. T の点をこの関係によって類別し, その同値類 $\{x, y, j\}$ の集合を B とする. T の各点

(x, y, j) に，その同値類 $\{x, y, j\}$ を対応させる写像を $q: T \to B$ とし，B の集合 U は $q^{-1}(U)$ が T の開集合なるときに限って B の開集合と呼ぶことにする．B は位相空間となり，q はこの位相に関して連続写像になる．

さて，写像 $p: B \to X$ を

$$p\{x, y, j\} = x$$

と定義すれば，B を束空間とし p を射影とするファイバー束の構造が導入されることを証明しよう．

（i） p の連続性： X の開集合 W に対し，

$$(p \circ q)^{-1}(W) = q^{-1}[p^{-1}(W)] = T \cap (W \times Y \times J)$$

は T の開集合であるから，B の位相の定義によって $p^{-1}(W)$ は B の開集合である．

（ii） 座標函数： $\phi_j: V_j \times Y \to p^{-1}(V_j)$ を

$$\phi_j(x, y) = q(x, y, j) \qquad (x \in V_j,\ \ y \in Y)$$

と定義すれば，q の連続性によって ϕ_j は連続である．

$p^{-1}(V_j)$ の各点 $b = \{x, y, k\}$ に対し，$x \in V_j \cap V_k$ だから

$$(x, y, k) \sim (x, g_{jk}(x) \cdot y, j).$$

よって $b = \phi_j(x, g_{jk}(x) \cdot y)$ と表わすことができる．すなわち ϕ_j は全射である．

$\phi_j(x, y) = \phi_j(x', y')$ とすると，$(x, y, j) \sim (x', y', j)$ であるから，

$$x' = x, \qquad y' = g_{jj}(x) \cdot y = e \cdot y = y.$$

すなわち ϕ_j は単射である．

W を $V_j \times Y$ の開集合とする．$\phi_j(W)$ が開集合ならば ϕ_j^{-1} は連続である．それには，B の位相の定義によって，$q^{-1} \circ \phi_j(W)$ が開集合なることをいえばよい．$V_k \times Y \times k$ は T の開集合で，これらは T の開被覆をなすから，$q^{-1} \circ \phi_j(W) \cap (V_k \times Y \times k)$ が開集合なることを示せばよい．しかるにこれは，T の開集合 $(V_j \cap V_k) \times Y \times k$ に含まれ，その集合の上で写像 q は

$$(V_j \cap V_k) \times Y \times k \xrightarrow{r} V_j \times Y \xrightarrow{\phi_j} B$$

と分解される．ここに r は，

$$r(\mathrm{x}, \mathrm{y}, k) = (\mathrm{x}, g_{jk}(\mathrm{x}) \cdot \mathrm{y})$$

で定義される写像である．r は明らかに連続写像であるから $r^{-1}(\mathrm{W})$ は開集合，従って $q^{-1} \circ \phi_j(\mathrm{W}) \cap (\mathrm{V}_k \times \mathrm{Y} \times k)$ は開集合である．

以上によって，ϕ_j は同相写像であることがわかった．

$$p \circ \phi_j(\mathrm{x}, \mathrm{y}) = \mathrm{x}$$

は ϕ_j の定義から明白である．よって ϕ_j は座標函数としての資格を備えている．

(iii)　座標変換：$\mathrm{V}_i \cap \mathrm{V}_j$ の各点 x に対して

$$\mathrm{y}' = \phi_{j,\mathrm{x}}^{-1} \circ \phi_{i,\mathrm{x}}(\mathrm{y}) \qquad (\mathrm{y} \in \mathrm{Y})$$

とおくと，$\phi_j(\mathrm{x}, \mathrm{y}') = \phi_i(\mathrm{x}, \mathrm{y})$，すなわち $(\mathrm{x}, \mathrm{y}', j) \sim (\mathrm{x}, \mathrm{y}, i)$ であるから

$$\mathrm{y}' = g_{ji}(\mathrm{x}) \cdot \mathrm{y}$$

結局，変換 $\phi_{j,\mathrm{x}}^{-1} \circ \phi_{i,\mathrm{x}}$ は G の元で，しかもそれはちょうど $g_{ji}(\mathrm{x})$ に等しい．従って，その連続性はすでに保証されている．

(i)～(iii) によって，$(\mathrm{B}, p, \mathrm{X}, \mathrm{Y}, G, \mathrm{V}_j, \phi_j)$ は $\{g_{ji}\}$ を座標変換とするファイバー束であることが証明された．

このようなファイバー束がもう一つあったとすると，各 V_j と任意の $\mathrm{x} \in \mathrm{V}_j$ に対し

$$\lambda_j(\mathrm{x}) = e$$

とおけば，明らかに同値の条件 (28.4) を満たす．従って定理は完全に証明された．

この定理によって，同一の基礎空間，ファイバー，構造群，座標変換をもつ二つのファイバー束は常に同値であることがわかった．従って，今後ファイバー束を表わす記号において V_j, ϕ_j を省略することがある．

ファイバー束 $\mathfrak{B}, \mathfrak{B}'$ の間の同値の概念の拡張として，$\mathfrak{B}$ から $\mathfrak{B}'$ への束写像と呼ばれるものを定義しよう．

二つのファイバー束 $\mathfrak{B} = \{\mathrm{B}, p, \mathrm{X}, \mathrm{Y}, G, \mathrm{V}_j, \phi_j\}$，$\mathfrak{B}' = \{\mathrm{B}', p, \mathrm{X}', \mathrm{Y}, G, \mathrm{V}'_j, \phi'_j\}$ に対し，連続写像 $h: \mathrm{B} \to \mathrm{B}'$ が次の条件を満足するものとする：

(i)　h は各 Y_x $(\mathrm{x} \in \mathrm{X})$ を，ある $\mathrm{Y}_{\mathrm{x}'}$ $(\mathrm{x}' \in \mathrm{X}')$ に写し，しかも

$$h|\mathrm{Y_x}=h_{\mathrm{x}}:\mathrm{Y_x}\to\mathrm{Y_{x'}}$$

は同相写像である．従って h は連続写像 $\bar{h}:\mathrm{X}\to\mathrm{X}'$ を定め，

$$p'\circ h=\bar{h}\circ p$$

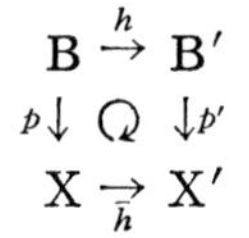

が成立する．

(ii) $\mathrm{V}_i\cap\bar{h}^{-1}(\mathrm{V}'_j)$ の各点 x に対し，$\mathrm{x}'=\bar{h}(\mathrm{x})$ とすれば

(28.6) $$\bar{g}_{ji}(\mathrm{x})=\phi_{j,\mathrm{x}'}^{-1}\circ h_{\mathrm{x}}\circ\phi_{i,\mathrm{x}}=p'_j\circ h_{\mathrm{x}}\circ\phi_{i,\mathrm{x}}$$

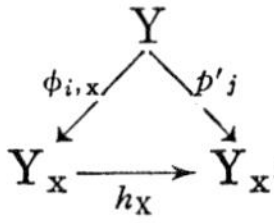

は G の元である．

(iii) $\bar{g}_{ji}:\mathrm{V}_i\cap\bar{h}^{-1}(\mathrm{V}'_j)\to G$ は連続写像である．

(i)～(iii) を満足する写像を**束写像**と呼び，

$$h:\mathfrak{B}\to\mathfrak{B}'$$

と書く．特に $\mathrm{X}=\mathrm{X}'$ で $\bar{h}:\mathrm{X}\to\mathrm{X}$ が恒等写像ならば，(28.6) は条件 (28.3) を満たすから，$\mathfrak{B}$ と $\mathfrak{B}'$ とは同値になる．

補題 28.3. $\mathfrak{B}=\{\mathrm{B},p,\mathrm{X},\mathrm{Y},G\}$ と $\mathfrak{B}'=\{\mathrm{B}',p',\mathrm{X},\mathrm{Y},G\}$ とが同値となるための必要十分条件は，束写像 h で，h が定める X から X への写像 $\bar{h}$ が恒等写像となるようなものが存在することである．

証明. 十分なることはすでに述べた．必要なることを証明しよう．

(28.3) を満足する写像 $\bar{g}_{kj}:\mathrm{V}_j\cap\mathrm{V}'_k\to G$ が与えられているとする．B の各点 b に対し，$p(\mathrm{b})=\mathrm{x}\in\mathrm{V}_j\cap\mathrm{V}'_k$ とすると，

$$h(\mathrm{b})=\phi'_{k,\mathrm{x}}\circ\bar{g}_{kj}(\mathrm{x})\circ p_j$$

で定義される h が束写像になることを示そう．

$\mathrm{x}\in\mathrm{V}_i\cap\mathrm{V}_j\cap\mathrm{V}'_k$ とすると，(28.3) と (28.2) の (iii) とから

$$\bar{g}_{kj}(\mathrm{x})\circ p_j=\bar{g}_{ki}(\mathrm{x})\circ g_{ij}(\mathrm{x})\circ p_j$$
$$=\bar{g}_{ki}(\mathrm{x})\circ p_i.$$

同様にして $\mathrm{x}\in\mathrm{V}_j\cap\mathrm{V}'_k\cap\mathrm{V}'_l$ なるときは

$$\phi'_{k,\mathrm{x}}\circ\bar{g}_{kj}(\mathrm{x})=\phi'_{l,\mathrm{x}}\circ\bar{g}_{lj}(\mathrm{x})$$

なることが示される．よって $h(\mathrm{b})$ は $p(\mathrm{b})$ の属する座標近傍のとり方に関係なく一意に定まる．h は $\mathrm{Y_x}$ から $\mathrm{Y_{x'}}$ への同相写像を与えるから $\bar{h}$ は恒等写像で，かつ明らかに $p'\circ h=\bar{h}\circ p$ である．(ii) および (iii) の条件は h の定

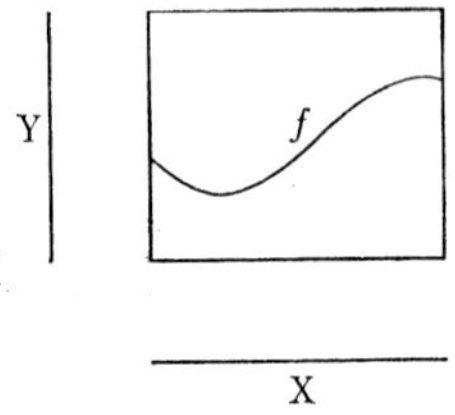

図 40

義から明白であろう.

直積空間 $B=X\times Y$ において，図 40 に示されるようなグラフは，写像 $f: X\to B$ で，X の各点 x に対し

$$p\circ f(x)=x \tag{28.7}$$

なる性質をもっている．このような写像は一般に無数にある.

一般にファイバー束 $\mathfrak{B}=\{B, p, X, Y, G\}$ において，連続写像 $f: X\to B$ で，(28.7) なる性質を有するものを**断面**という．断面は常に存在するとは限らない．次の定理に示されるように，断面の有無は，ファイバー束の構造が積束に似ているかどうかを決定する一つの規準になるものである．その意味で断面の有無は重要な問題である.

一般に G を自身の位相変換群と見なすとき(§ 27 例 9 参照)，構造群 G をファイバーとするファイバー束を**主束**という.

与えられたファイバー束 $\mathfrak{B}=\{B, p, X, Y, G\}$ に対して，Y の代りに G とおき，定理 28.2 によって決定される主束 $\widetilde{\mathfrak{B}}=\{\widetilde{B}, p, X, G, G\}$ を $\mathfrak{B}$ と**同伴な主束**という.

主束の断面に関して次の重要な定理がある.

定理 28.4. 主束 $\mathfrak{B}=\{B, p, X, G, G\}$ が積束と同値であるための必要十分条件は，$\mathfrak{B}$ が断面をもつことである.

証明. (i) 十分性: $\mathfrak{B}$ の断面 $f: X\to B$ を用いて，$V_i\cap V_j$ の各点 x に対して

$$[\lambda_j(x)]^{-1}\cdot g_{ji}(x)\cdot\lambda_i(x)=e \tag{28.8}$$

となるような連続写像 $\lambda_i: V_i\to G$ をつくることができれば，補題 28.1 によって $\mathfrak{B}$ は積束と同値である.

V_i の各点 x に対し

$$\lambda_i(x)=p_i[f(x)]$$

とおく．$x\in V_i\cap V_j$ に対し，(28.2) の (iii) を用いて

$$g_{ji}(\mathrm{x})\cdot\lambda_i(\mathrm{x})=g_{ji}(\mathrm{x})\cdot p_i[f(\mathrm{x})]$$
$$=p_j[f(\mathrm{x})]=\lambda_j(\mathrm{x}).$$

すなわち (28.8) が成り立つ.

(ii) 必要性：$\mathfrak{B}$ が積束に同値ならば連続写像 $\lambda_i:\mathrm{V}_i\to G$ があって，$\mathrm{V}_i\cap\mathrm{V}_j$ の各点 x に対して (28.8) が成立している．そこで各 V_i 上の断面 $f_i:\mathrm{V}_i\to\mathrm{B}$ を

$$f_i(\mathrm{x})=\phi_i(\mathrm{x},\lambda_i(\mathrm{x}))\qquad(\mathrm{x}\in\mathrm{V}_i)$$

と定義すれば，$\mathrm{V}_i\cap\mathrm{V}_j$ の各点 x に対して

$$f_j(\mathrm{x})=\phi_j(\mathrm{x},\lambda_j(\mathrm{x}))$$
$$=\phi_j(\mathrm{x},g_{ji}(\mathrm{x})\cdot\lambda_i(\mathrm{x}))$$
$$=\phi_i(\mathrm{x},\lambda_i(\mathrm{x}))=f_i(\mathrm{x})$$

となるから $\{f_i\}$ は X 全体の上で一つの連続写像 $f:\mathrm{X}\to\mathrm{B}$ を定義している．各 V_i の上で $p\circ f_i(\mathrm{x})=\mathrm{x}$ であるから，X の各点 x に対して $p\circ f(\mathrm{x})=\mathrm{x}$ となる．すなわち f は一つの断面である．

さて，補題 28.1 によれば，同値の条件は座標近傍と座標変換のみで定まるから，次の補題を得る．

補題 28.5. 二つのファイバー束 $\mathfrak{B}=\{\mathrm{B},p,\mathrm{X},\mathrm{Y},G\}$ と $\mathfrak{B}'=\{\mathrm{B}',p',\mathrm{X},\mathrm{Y},G\}$ とは，それぞれと同伴な主束 $\tilde{\mathfrak{B}}$ と $\tilde{\mathfrak{B}}'$ とが同値であるとき，またそのときに限って同値である．

補題 28.4 と組合せれば，

系. ファイバー束 $\mathfrak{B}$ が積束と同値であるための必要十分条件は $\mathfrak{B}$ と同伴な主束が断面をもつことである．

注意. Y の位相変換群 G が位相変換群 H の部分群なるとき，G を構造群にもつファイバー束は，H を構造群とするファイバー束と見なされる．補題 28.1 の連続写像 $\lambda_j:\mathrm{V}_j\to G$ が存在しない場合でも，H の中では連続写像 $\lambda_j:\mathrm{V}_j\to H$ の存在する場合がある．このとき二つのファイバー束は H **の中で同値**であるという．例えば $\boldsymbol{H}$ **の中で積**束と同値ということがあり得る．これらの例は §29 で示されるであろう．

問 1. $\mathfrak{B}=(\mathrm{B},p,\mathrm{X},\mathrm{Y},G)$，$\mathfrak{B}'=(\mathrm{B}',p',\mathrm{X}',\mathrm{Y},G)$，$h:\mathfrak{B}\to\mathfrak{B}'$ を束写像とする．$\mathfrak{B}'$ が断面 $f':\mathrm{X}'\to\mathrm{B}'$ をもてば，$h\circ f=f'\circ\bar{h}$ を満足する $\mathfrak{B}$ の断面 $f:\mathrm{X}\to\mathrm{B}$ が存在するこ

とを証明せよ．ただし $\bar{h}$ は h の定める写像 $X \to X'$ である．

問 2. $\mathfrak{B}$ と $\mathfrak{B}'$ とが互いに同値であるとする．$\mathfrak{B}$ が断面をもつとき，またそのときに限って $\mathfrak{B}'$ も断面をもつことを証明せよ．

§ 29. ファイバー束の例

ファイバー束の最も簡単な例として，直積空間についてはすでに述べた．その他の例を示そう．

例 1. メービウスの帯： 長方形の一辺を，3次元空間の中で1回ねじって，図 41 のようにつけ合わせたものを**メービウスの帯**という．

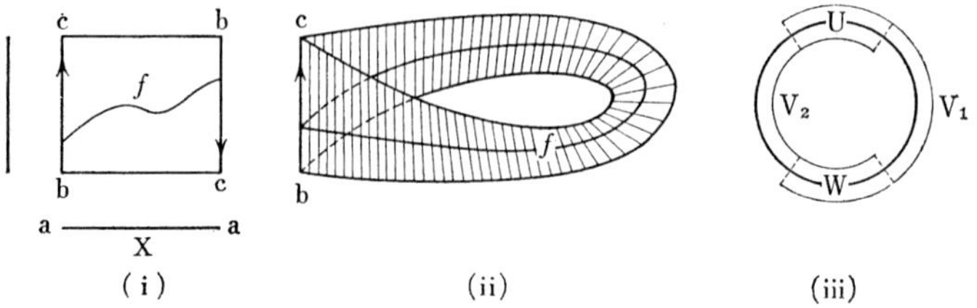

図 41

X： 線分の両端を結び合わせた円周．

Y： 線分．

G： Y の中点に関する対称変換 g によって生成される巡回群 $\boldsymbol{Z}_2$ (§27 例5)．

$\{V_1, V_2\}$： 両端の開いた二つの弧．従って $V_1 \cap V_2 = U \cup W$ で，U，W は共通点のない両端の開いた弧である．

$x \in U$ に対しては $g_{12}(x) = e$，$x \in W$ に対しては $g_{12}(x) = g$，$g_{11} = g_{22} = e$，$g_{21} = g_{12}{}^{-1} = g$ と定義する．

こうして得られるファイバー束がメービウスの帯と考えられる．図 41 に示したように，メービウスの帯は断面をもつ．

例 2. クラインの曲面： 円柱面(図 38 (ii)，ただしここでは円周を基礎空間，線分をファイバーと考える)に輪環面(図 38 (iii))を対応させて考えるならば，メービウスの帯に対応するものがクラインの曲面とねじれ輪環面

（例3）である．円柱の一端を裏返して，図 29 のように他端につけ合わせたものが**クラインの曲面**である．例1と異なる点は，ファイバー Y が円周で，$G=\boldsymbol{Z}_2$ の生成元 g が，Y の一つの直径 $(\overline{\mathrm{bd}})$ に関する対称変換(§ 27 例 6) なることである．図 42 に示したように，クラインの曲面も断面をもつ．メービウスの帯とクラインの曲面とは共通の同伴な主束をもつ．

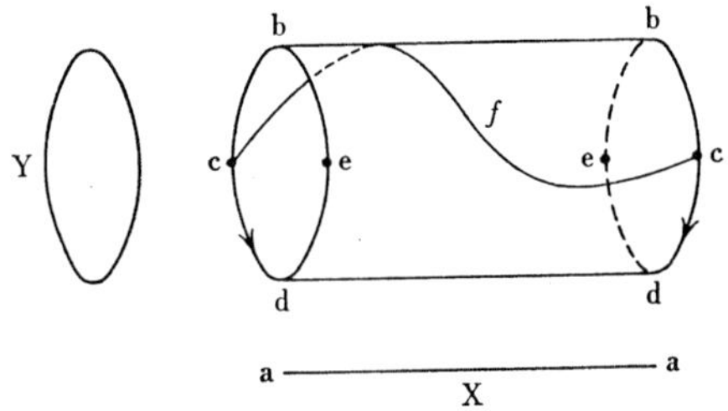

図 42

例 3. ねじれ輪環面： 円柱の一端を半回転ねじって他端につけ合わせたものを，**ねじれ輪環面**という．例2と異なる点は，g が Y の 180° の回転変換になっていることである．この場合にも断面が存在する．

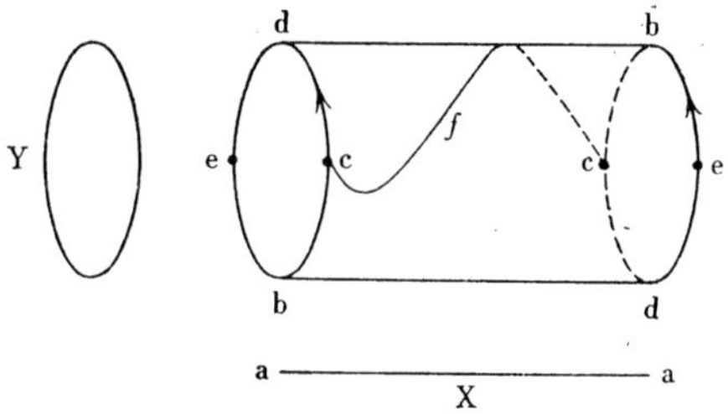

図 43

以上の3例はいずれも積束と同値ではない．これらと同伴な主束が断面をもち得ないからである．しかしながら例3の場合には，G を Y の回転群 $O(2)$ の中に埋めこんでやると積束と同値になる．従って，ねじれ輪環面は "$O(2)$ の中で" 輪環面と同値である．

例 4. 接束： $\mathrm{Y}=\boldsymbol{R}^n$，$G=GL(n, \boldsymbol{R})$ なるファイバー束を**ベクトル束**という．微分幾何学との関連において最も重要なファイバー束の例である．中でも重要なものに**接ベクトル束**または**接束**と呼ばれるものがある．$\boldsymbol{n}$ 次元の滑らかな多様体の各点における接ベクトルの全体である．

位相空間 X が局所的にユークリッド空間 $\boldsymbol{R}^n$ の開集合 $\mathrm{E}^n-\mathrm{S}^{n-1}$ と同相なるとき，**$\boldsymbol{n}$ 次元多様体**と呼ぶ．例えば球面 S^n などがある．例1は境界のある2次元多様体，例2と例3は境界のない多様体の例である．一層精密にいえば，$\mathrm{E}^n-\mathrm{S}^{n-1}=\mathring{\mathrm{E}}^n$ と表わすと，X の各点 x に対して x の近傍 V_j と同相

写像

$$(29.1) \qquad \psi_j : \mathring{\mathrm{E}}^n \to \mathrm{V}_j$$

が存在する．写像

$$(29.2) \qquad \psi_j^{-1}\circ\psi_i : \psi_i^{-1}(\mathrm{V}_i\cap\mathrm{V}_j) \to \psi_j^{-1}(\mathrm{V}_i\cap\mathrm{V}_j)$$

は，n 変数函数の n 個の組と考えられるから，それらが r 回微分可能なるとき，X は r 級の微分可能多様体であるという．$r\geqq 2$ ならば，(29.2) のヤコビアン行列 $g_{ji}(\mathrm{x})$ は n に関して連続で，関係 (28.1) を満足するから，$\{\mathrm{V}_j, g_{ji}\}$ は X の座標変換系をなす．$g_{ji}(\mathrm{x})\in GL(n, \boldsymbol{R})$ であるから，$\mathrm{Y}=\boldsymbol{R}^n$ として定理 28.2 によって構成されるベクトル束がある．これを接束という．x 上のファイバー $\mathrm{Y_x}$ は点 x における接ベクトルの全体，換言すれば点 x における接平面で，$\mathrm{x}\in\mathrm{V}_i\cap\mathrm{V}_j$ なるとき $g_{ji}(\mathrm{x})$ は，ψ_i による接平面の局所座標から，ψ_j による局所座標への座標変換を与える．射影 p は，各接ベクトルに始点を対応させる写像である．接束は常に断面をもつことが知られている．接束の断面は X のベクトル場である．

例 5. リー群： 位相群 B が微分可能な多様体で，積 $B\times B\to B$ および逆元をとる写像 $B\to B$ がともに微分可能なるとき，B を**リー群**と呼ぶ．G をリー群 B の部分群，B/G を左剰余，$p: B\to B/G$ を射影とすると，B は B/G を基礎空間，G をファイバーおよび構造群とする主束の束空間なることが知られている(演習 参照)．直交群 $O(n)$，ユニタリ群 $U(n)$，シンプレクティック群 $Sp(n)$ などは古典的によく知られたリー群である．

特に S^n の一点 $\mathrm{s}_0=(1, 0, \cdots, 0)$ を動かさないような $O(n+1)$ の元の集合は $O(n)$ で，$O(n+1)/O(n)$ は S^n と同相であることが証明される(演習 § 27 参照)．従って $\{O(n+1),\ p,\ \mathrm{S}^n,\ O(n),\ O(n)\}$ は基礎空間 S^n 上の主束をなす．射影 $p: O(n+1)\to\mathrm{S}^n$ は $p(r)=r\cdot\mathrm{s}_0$ で与えられる．

§ 27 の例 8 に示したように，ユニタリ群 $U(n)$ は S^{2n-1} の位相変換群である．S^{2n-1} の一点 $\mathrm{s}_0'=(1, 0, \cdots, 0)$ を動かさないような $U(n)$ の元の集合は $U(n-1)$ で，$U(n)/U(n-1)$ は S^{2n-1} と同相であることが証明される．従って $\{U(n),\ p', \mathrm{S}^{2n-1}, U(n-1), U(n-1)\}$ も主束をなすことがわかる．射影

p' は $p'(u)=u\cdot s_0'$ $(u\in U(n))$ で与えられる．

同様に，シンプレクティック群 $Sp(n)$ は S^{4n-1} の位相変換群で，$\{Sp(n), p'', S^{4n-1}, Sp(n-1), Sp(n-1)\}$ も主束をなすことがわかる．

3次元球面 S^3 は，四元数を用いて，

$$S^3=\{q=x_1+ix_2+jx_3+kx_4;\ |q|=1\}$$

と表わすことができる．S^3 の各点 q に対して，$q'\to q\cdot q'$ なる変換 $f(q)$ を対応させれば，$f(q)\in O(4)$ で，しかも

$$p\circ f(q)=f(q)(1)=q\cdot 1=q$$

であるから，f は主束 $\{O(4), p, S^3, O(3), O(3)\}$ の断面 $f: S^3\to O(4)$ を与える．従って $O(4)$ は積束 $S^3\times O(3)$ と同値である．

全く同様にして八元数[1] を用いれば，S^7 を基礎空間とする主束 $O(8)$ は，積束 $S^7\times O(7)$ と同値であることがわかる．

例 6. 球束： $Y=S^n$, $G=O(n+1)$ なるとき，$\mathfrak{B}$ を**球束**という．次の球束はなかでも重要である．

3次元球面 S^3 を，2次元複素数空間 $\boldsymbol{C}^2$ の中の長さ1の点の集合と見なす：

$$S^3=\{(z_1, z_2);\ |z_1|^2+|z_2|^2=1\}.$$

また S^2 を，(z_1, z_2) と $(\lambda z_1, \lambda z_2)$（$\lambda$ は任意の複素数）とを同一視することによって得られる $\boldsymbol{C}^2$ の点の類 $[z_1, z_2]$ の集合，すなわち2次元複素射影空間と考えることができる．写像 $p: S^3\to S^2$ を

$$p(z_1, z_2)=[z_1, z_2]$$

と定義すれば，p は S^3 から S^2 の上への連続写像である．$|\lambda|=1$ とすると，$(\lambda z_1, \lambda z_2)\in S^3$ で，

$$\begin{aligned} p(\lambda z_1, \lambda z_2) &= [\lambda z_1, \lambda z_2] \\ &= [z_1, z_2]. \end{aligned}$$

逆に，$p(z_1, z_2)=p(z_1', z_2')$ とすれば $(z_1, z_2)=(\lambda z_1', \lambda z_2')$ で，

$$1=|\lambda z_1'|^2+|\lambda z_2'|^2=|\lambda^2|\cdot(|z_1'|^2+|z_2'|^2)=|\lambda|^2$$

1) 八元数については次ページの注意を参照．

となる．従って S^2 の各点の p による原像は，S^3 の一つの大円で S^1 と同相である．$\{S^3, p, S^2, S^1, O(2)\}$ はファイバー束，従って球束をなすことが知られている(演習 参照)．

複素数の代りに四元数や八元数を用いて，

$$\{S^7, p, S^4, S^3, O(4)\},$$
$$\{S^{15}, p, S^8, S^7, O(8)\}$$

なる球束の存在することもわかっている．

付記． 一般に S^{2n-1} が球束としての構造をもたないであろうか．また，$O(2^n)$ は積束 $S^{2n-1}\times O(2^n-1)$ と同値にはならないであろうか．これらは本質的に同種の問題で，2^n-1 次元球面に積が定義され得るか否かによるのであるが，$n\geqq 4$ に対しては否定的であることが最近明らかにされた（文献：J. F. Adams, On the non existence of elements of Hopf invariant one, Ann. of Math., vol. 72 (1960) 参照)．

注意． この積は，実数や複素数における積よりも一層一般なものを指す．すなわち，交換律や結合律を満たさなくともよい．実際，四元数の積は交換律を満たさず，八元数は結合律さえも満たさない(演習 参照)．

八元数とは四元数の順序対 (q_1, q_2) の集合に次のような演算，すなわち和 "+" と積 "・" とを導入したものである：

$$\begin{cases} (q_1, q_2)+(q_1', q_2')=(q_1+q_1', q_2+q_2'), \\ (q_1, q_2)\cdot(q_1', q_2')=(q_1q_1'-\bar{q}_2'q_2, q_2'q_1+q_2\bar{q}_1'). \end{cases}$$

問． $\mathfrak{B}$ をベクトル束とする．$b_1, b_2\in Y_x$, $x\in V_j$ に対して

$$\lambda^1 b_1+\lambda^2 b_2=\phi_{j,x}(\lambda^1 p_j(b_1)+\lambda^2 p_j(b_2)) \qquad (\lambda^1, \lambda^2\in \boldsymbol{R})$$

と定義する．

(i) この定義は座標函数 ϕ_j の選び方に依存せず，従って Y_x はベクトル空間をなすことを示せ．

(ii) f_1, f_2 を二つの断面とするとき，

$$(\lambda^1 f_1+\lambda^2 f_2)(x)=\lambda^1 f_1(x)+\lambda^2 f_2(x) \qquad (\lambda^1, \lambda^2\in \boldsymbol{R})$$

と定義すると，$\lambda^1 f_1+\lambda^2 f_2$ はまた $\mathfrak{B}$ の断面で，従って $\mathfrak{B}$ の断面の全体はまたベクトル空間をなすことを証明せよ．

§ 30. ファイバー束のホモトピー群

ファイバー束のホモトピーの問題を考える際に最も有効な定理は次の被覆ホモトピー定理である．

定理 30.1. $\mathfrak{B}=\{B, p, X, Y\}$ を任意のファイバー束，X' をコンパクトな位相空間とする．任意の連続写像 $f_0: X' \to B$ に対し

$$\bar{f}_0 = p \circ f_0$$

のホモトピー $\bar{f}_t: X' \to X$ $(0 \leqq t \leqq 1)$ は，次の条件を満たすホモトピー

$$f_t: X' \to B \qquad (0 \leqq t \leqq 1)$$

によって覆われる．

（i） $p \circ f_t = \bar{f}_t$ $(0 \leqq t \leqq 1)$；

（ii） X' の任意の点 x' に関して，閉区間 $[t_1, t_2]$ の各点 t で $\bar{f}_t(x')$ が一定ならば，$f_t(x')$ も $[t_1, t_2]$ の各点 t に対して一定である．

一般に条件 (i) を満たすホモトピー f_t は $\bar{f}_t$ を**覆う**という．

証明． $\mathfrak{B}$ が断面 $f: X \to B$ をもつときは

$$f_t = f \circ \bar{f}_t$$

とおけばよい．

一般の場合には，X' も $I=[0,1]$ もともにコンパクトであるから，X' の十分細かい有限個の開被覆 $\{V'_i\}$ と I の細分 $0=t_0<t_1<\cdots<t_N=1$ とをとって，各 V'_i と細区間 $I_m=[t_m, t_{m+1}]$ との直積 $V'_i \times I_m$ の $\bar{f}$ による像が，X のある座標近傍 V_j の中に完全に含まれるようにできる．このとき，(ii) なる区間の端点を分点の中に追加しておく．いま各細区間 $I_m=[t_m, t_{m+1}]$ において，$f|X' \times t_m$ がすでに定義されていると仮定して，V'_i の各点 x' と I_m の各点 t に対し

$$f_t(x') = \phi_j(\bar{f}_t(x'), p_j \circ f_{t_m}(x'))$$

と定義する．記号を簡略にして

$$\bar{f}_t(x') = x_t, \qquad f_{t_m}(x') = b_m, \qquad p(b_m) = x_{t_m} = x_m$$

とする．$\bar{f}(V'_i \times I_m) \subset V_j$, $\bar{f}(V'_l \times I_m) \subset V_k$ とすると，I_m の各点 t に対して $\bar{f}_t(V'_i \cap V'_l) \subset V_j \cap V_k$ であるから，$V'_i \cap V'_l$ の各点 x' に対して

$$\phi_k(x_t, p_k(b_m)) = \phi_j(x_t, g_{jk}(x_m) \cdot p_k(b_m)) = \phi_j(x_t, p_j(b_m))$$

[(28. 2) (iii)]．

従って f_t は $X' \times I_m$ において一つの連続函数を定義している．もしも I_m の

各点 t に対して

$$\bar{f}_t(x')=\bar{f}_{t_m}(x')=x_m$$

ならば，(28.2) の (ii) によって

$$f_t(x')=\phi_j(x_m, p_j(b_m))=b_m \qquad (x'\in V'_j)$$

となる．f_t が $\bar{f}_t$ を覆っていることは自明であるから，f は $X'\times I_m$ の上で条件 (i), (ii) を満足するホモトピーである．

f_t は $t=t_0=0$ において定義されているから，$X'\times I_0$ の上で定義される．帰納法の仮定によって $X'\times I_m$ の上ですでに定義されているとすれば，$t=t_{m+1}$ に対して定義されているわけだから，$X'\times I_{m+1}$ の上に拡張される．こうして $X'\times I$ 全体の上に f_t が拡張される．

注意． ファイバー束よりも一層一般な概念として，定理 30.1 を満足する系 (B, p, X) を**ファイバー空間**と呼ぶ．ファイバー束はファイバー空間の例であるが，その他に道空間の例がある．位相空間 X の基点 x_0 を終点とし，X の閉集合 A に始点をもつ道 $C:(I,\{0\},\{1\})\to(X, A, x_0)$ の集合に適当な位相[1]を入れた空間 $\Omega(X, A)$ は**道空間**である．任意の道にその始点を対応させる写像を p とすると，$(\Omega(X, A), p, A)$ はファイバー空間である(演習 参照)．

以下しばらくファイバー束 $\mathfrak{B}=\{B, p, X, Y, G\}$ を固定する．

定理 30.2． A を X の閉集合，$B_0=p^{-1}(A)$，$y_0\in B_0$，$x_0=p(y_0)$ とすると

$$p_*:\pi_n(B, B_0, y_0)\cong\pi_n(X, A, x_0) \qquad (n\geqq 2).$$

特に $A=x_0$，$Y_0=p^{-1}(x_0)$ とすると

$$p_*:\pi_n(B, Y_0, y_0)\cong\pi_n(X, x_0) \qquad (n\geqq 2).$$

証明． (i) p_* は単射準同形である：$\pi_n(B, B_0, y_0)$ の元 α に対し，$p_*(\alpha)=0$ と仮定する．α の代表 $f:(I^n, \dot{I}^n, J^{n-1})\to(B, B_0, y_0)$ は $p\circ f\simeq 0$ であるから，ホモトピー

$$\bar{h}_t:(I^n, \dot{I}^n, J^{n-1})\to(X, A, x_0) \qquad (0\leqq t\leqq 1)$$

があって，

---

1) 一般に位相空間 X から Y への写像全体の作る集合 Y^X に次のような位相を入れたものを**写像空間**という：Y の開集合 U と X のコンパクトな集合 C をとり，$f(C)\subset U$ を満たすような写像の集合を $W(C, U)$ と表わす．$\{W(C, U)\}$ を準基とするような Y^X の位相を**コンパクト開位相**という．Y がハウスドルフ空間ならば写像空間 Y^X もハウスドルフ空間である．

$$h_0=p\circ f,\qquad \bar{h}_1(\mathrm{I}^n)=\mathrm{x}_0$$

となっている．定理 30.1 によって条件 (i), (ii) を満たすホモトピー

$$h_t:\mathrm{I}^n\to\mathrm{B}$$

がある．(ii) から $h_t(\mathrm{J}^{n-1})=\mathrm{y}_0$ である．また $\bar{h}_t(\dot{\mathrm{I}}^n)\subset\mathrm{A}$ であるから (i) によって $h_t(\dot{\mathrm{I}}^n)\subset p^{-1}(\mathrm{A})=\mathrm{B}_0$．従って h_t は相対ホモトピー

$$h_t:(\mathrm{I}^n,\dot{\mathrm{I}}^n,\mathrm{J}^{n-1})\to(\mathrm{B},\mathrm{B}_0,\mathrm{y}_0)$$

を与える．$p\circ h_1(\mathrm{I}^n)=\bar{h}_1(\mathrm{I}^n)=\mathrm{x}_0$ であるから，$h_1(\mathrm{I}^n)\subset p^{-1}(\mathrm{A})=\mathrm{B}_0$ である．補題 21.5 によって h_1 は $\pi_n(\mathrm{B},\mathrm{B}_0,\mathrm{y}_0)$ の零元を代表する．すなわち $\alpha=\{h_1\}=0$.

(ii) p_* は全射準同形である： $\pi_n(\mathrm{X},\mathrm{A},\mathrm{x}_0)$ の任意の元 β の代表 $\bar{f}:(\dot{\mathrm{I}}^n,\mathrm{I}^n,\mathrm{J}^{n-1})\to(\mathrm{X},\mathrm{A},\mathrm{x}_0)$ をとる．これに対してホモトピー $\bar{h}_t:(\mathrm{I}^n,\mathrm{J}^{n-1})\to(\mathrm{X},\mathrm{x}_0)$ $(0\leqq t\leqq 1)$ を

$$\bar{h}_t(t_1,t_2,\cdots,t_n)=\bar{f}(t_1,\cdots,t_{n-1},(1-t)t_n-t)$$

と定義する．$\bar{h}_0=\bar{f}$, $\bar{h}_1(\mathrm{I}^n)=\mathrm{x}_0$ である．零写像 $f':\mathrm{I}^n\to\mathrm{B}$; $f'(\mathrm{I}^n)=\mathrm{y}_0$ は $p\circ f'=\bar{h}_1$ を満たすゆえ，この $f',\bar{h}_t$ に定理 30.1 を適用すれば，h_t を覆うようなホモトピー

$$h_t:(\mathrm{I}^n,\mathrm{J}^{n-1})\to(\mathrm{B},\mathrm{y}_0)$$

を得て，$h_1=f'$ である．$h_0=f$ とおけば

$$p\circ f=\bar{h}_0=\bar{f},\qquad f(\mathrm{J}^{n-1})=\mathrm{y}_0.$$

また $\bar{f}(\dot{\mathrm{I}}^n)\subset\mathrm{A}$ であるから $f(\dot{\mathrm{I}}^n)\subset p^{-1}(\mathrm{A})=\mathrm{B}_0$．すなわち f は $\pi_n(\mathrm{B},\mathrm{B}_0,\mathrm{y}_0)$ のある元 α の代表で，$p_*(\alpha)=\beta$ となる．これで証明できた．

いま，同形 $p'_*:\pi_n(\mathrm{B},\mathrm{Y}_0,\mathrm{y}_0)\cong\pi_n(\mathrm{X},\mathrm{x}_0)$ を用いて，準同形 $p_*:\pi_n(\mathrm{B},\mathrm{y}_0)\to\pi_n(\mathrm{X},\mathrm{x}_0)$，および $\varDelta:\pi_n(\mathrm{X},\mathrm{x}_0)\to\pi_{n-1}(\mathrm{Y}_0,\mathrm{y}_0)$ $(n\geqq 2)$ を

$$\begin{cases} p_*=p'_*\circ j_*, \\ \varDelta=\partial_*\circ p'^{-1}_* \end{cases}\tag{30.1}$$

と定義する．すなわち次の図式を可換にするように定義するのである：

$$\begin{array}{ccccc} \pi_n(\mathrm{B}, \mathrm{y}_0) & \xrightarrow{j_*} & \pi_n(\mathrm{B}, \mathrm{Y}_0, \mathrm{y}_0) & \xrightarrow{\partial_*} & \pi_{n-1}(\mathrm{Y}_0, \mathrm{y}_0) \\ & \searrow^{p_*} \ \curvearrowright & \approx\downarrow p'_* \ \curvearrowright & \nearrow_{\Delta} & \\ & & \pi_n(\mathrm{X}, \mathrm{x}_0) & & \end{array}$$

補題 30.3. 次の系列は完全系列である：

$$\cdots \to \pi_n(\mathrm{Y}_0, \mathrm{y}_0) \xrightarrow{i_*} \pi_n(\mathrm{B}, \mathrm{y}_0) \xrightarrow{p_*} \pi_n(\mathrm{X}, \mathrm{x}_0) \xrightarrow{\Delta} \pi_{n-1}(\mathrm{Y}_0, \mathrm{y}_0) \to \cdots$$

$$\cdots \to \pi_2(\mathrm{X}, \mathrm{x}_0) \xrightarrow{\Delta} \pi_1(\mathrm{Y}, \mathrm{y}_0) \xrightarrow{i_*} \pi_1(\mathrm{B}, \mathrm{b}_0) \xrightarrow{p_*} \pi_1(\mathrm{X}, \mathrm{x}_0)$$

これを**ファイバー束 $\mathfrak{B}$ のホモトピー完全系列**という.

証明. 対 $(\mathrm{B}, \mathrm{Y}_0)$ のホモトピー完全系列と, p_*, Δ の定義とによって, 最後の部分を除いて明白である.

$$\pi_1(\mathrm{Y}_0, \mathrm{y}_0) \xrightarrow{i_*} \pi_1(\mathrm{B}, \mathrm{y}_0) \xrightarrow{p_*} \pi_1(\mathrm{X}, \mathrm{x}_0)$$

の完全なることをいおう.

$p_* \circ i_* = 0$ なることは明らかである.

$p_*(\alpha) = 0$ なる $\pi_1(\mathrm{B}, \mathrm{y}_0)$ の元 α の代表を $f : (\mathrm{S}^1, \mathrm{e}_0) \to (\mathrm{B}, \mathrm{y}_0)$ とし, $p \circ f \simeq 0$ のホモトピーを $\bar{h}_t : (\mathrm{S}^1, \mathrm{e}_0) \to (\mathrm{X}, \mathrm{x}_0)$ $(0 \leqq t \leqq 1)$ とする：$\bar{h}_0 = p \circ f$, $\bar{h}_1(\mathrm{S}^1) = \mathrm{x}_0$. 定理 30.1 によって $\bar{h}_t$ を覆うホモトピー $h_t : (\mathrm{S}^1, \mathrm{e}_0) \to (\mathrm{B}, \mathrm{y}_0)$ が存在する: $p \circ h_t = \bar{h}_t$, $h_0 = f$. $p \circ h_1(\mathrm{S}^1) = \mathrm{x}_0$ であるから $h_1(\mathrm{S}^1) \subset \mathrm{Y}_0$ である. そこで, 写像 $h_1 : (\mathrm{S}^1, \mathrm{e}_0) \to (\mathrm{Y}, \mathrm{y}_0)$ のホモトピー類を $\beta \in \pi_1(\mathrm{Y}_0, \mathrm{y}_0)$ とすれば, $i_*(\beta) = \alpha$ である. よって定理の証明は完結した.

二つのファイバー束 $\mathfrak{B}, \mathfrak{B}'$ の間の束写像 $h : \mathfrak{B} \to \mathfrak{B}'$ は, 写像 $\bar{h} : \mathrm{X} \to \mathrm{X}'$ および $h_0 : \mathrm{Y}_0 \to \mathrm{Y}_0'$ をきめる. ここに $\bar{h}(\mathrm{x}_0) = \mathrm{x}_0'$, $\mathrm{Y}_0 = p^{-1}(\mathrm{x}_0)$, $\mathrm{Y}_0' = p'^{-1}(\mathrm{x}_0')$ とする. $(h_{0*}, h_*, \bar{h}_*)$ は $\mathfrak{B}$ のホモトピー完全系列から $\mathfrak{B}'$ のそれへの準同形である. すなわち次の図式は可換である：

$$\begin{array}{ccccccccc} \cdots \to \pi_n(\mathrm{Y}_0, \mathrm{y}_0) & \xrightarrow{i_*} & \pi_n(\mathrm{B}, \mathrm{y}_0) & \xrightarrow{p_*} & \pi_n(\mathrm{X}, \mathrm{x}_0) & \xrightarrow{\Delta} & \pi_{n-1}(\mathrm{Y}_0, \mathrm{y}_0) \to \cdots \\ \downarrow h_{0*} & & \downarrow h_* & & \downarrow \bar{h}_* & & \downarrow h_{0*} \\ \cdots \to \pi_n(\mathrm{Y}_0', \mathrm{y}_0') & \xrightarrow{i'_*} & \pi_n(\mathrm{B}', \mathrm{y}_0') & \xrightarrow{p'_*} & \pi_n(\mathrm{X}', \mathrm{x}_0') & \xrightarrow{\Delta'} & \pi_{n-1}(\mathrm{Y}_0', \mathrm{y}_0') \to \cdots \end{array}$$

これは (30.1) から明白であろう.

補題 21.8 をファイバー束 $\mathfrak{B} = \{\mathrm{B}, p, \mathrm{X}, \mathrm{Y}, G\}$ のホモトピー完全系列に対

して適用することによって，次の定理を得る．

定理 30.4. (i) ファイバー束 $\mathfrak{B}$ が断面 $f: \mathrm{X}\to\mathrm{B}$ をもてば，直和分解

$$\pi_n(\mathrm{B}, \mathrm{y}_0)=f_*\pi_n(\mathrm{X}, \mathrm{x}_0)+i_*\pi_n(\mathrm{Y}, \mathrm{y}_0) \qquad (n\geqq 2)$$

がある．

$\pi_1(\mathrm{B}, \mathrm{y}_0)$ は部分群 M, N を含み，$\pi_1(\mathrm{B}, \mathrm{y}_0)$ の元は M の元と N の元の積として一意に表わされる．ここに，M は $\pi_1(\mathrm{Y}, \mathrm{y}_0)$ と同形な $\pi_1(\mathrm{B}, \mathrm{y}_0)$ の正規部分群で，N は p_* によって $\pi_1(\mathrm{X}, \mathrm{x}_0)$ と同形である．

(ii) Y_0 が B の中で一点 y_0 に可縮ならば

$$\pi_n(\mathrm{X}, \mathrm{x}_0)\cong\pi_{n-1}(\mathrm{Y}_0, \mathrm{y}_0)+\pi_n(\mathrm{B}, \mathrm{y}_0) \qquad (n\geqq 2).$$

(iii) Y_0 が B のレトラクトならば

$$\pi_n(\mathrm{B}, \mathrm{y}_0)\cong\pi_n(\mathrm{Y}_0, \mathrm{y}_0)+\pi_n(\mathrm{X}, \mathrm{x}_0) \qquad (n\geqq 2).$$

系. $$\pi_n(\mathrm{X}\times\mathrm{Y}, \mathrm{x}_0\times\mathrm{y}_0)\cong\pi_n(\mathrm{X}, \mathrm{x}_0)+\pi_n(\mathrm{Y}, \mathrm{y}_0) \qquad (n\geqq 1).$$

証明. (i) による．X, Y に関して対称であるから，$n=1$ のとき，M, N ともに正規部分群である．

応用として二三のホモトピー群を計算する．空間 X が固定されている場合，$\pi_n(\mathrm{X})$ を π_n と略記する．

例 1. 輪環面は $\mathrm{S}^1\times\mathrm{S}^1$ であるから

$$\pi_1\cong\pi_1(\mathrm{S}^1)+\pi_1(\mathrm{S}^1)\cong\boldsymbol{Z}+\boldsymbol{Z}.$$

生成元は § 22 例 1 における a, b のホモトピー類 α, β で，π_1 はアーベル群である．

$\pi_n(\mathrm{S}^1)=0$ $(n\geqq 2)$ であるから（定理 31.5）

$$\pi_n=0 \qquad (n\geqq 2).$$

例 2. メービウスの帯は断面をもち，$\pi_n(\mathrm{Y})=0$ $(n\geqq 1)$ であるから（§ 29 例 1）

$$\pi_1\cong\pi_1(\mathrm{S}^1)\cong\boldsymbol{Z},$$
$$\pi_n\cong\pi_n(\mathrm{S}^1)=0.$$

π_1 は任意の断面 $f: \mathrm{S}^1\to\mathrm{B}$ のホモトピー類によって生成される．

例 3. クラインの曲面も断面をもつから

$$\pi_n = 0 \qquad (n \geqq 2)$$

である．基本群 π_1 は §29 例2の2元 α, β で生成され，関係 $\alpha\cdot\beta = \beta\cdot\alpha^{-1}$ をもつ群である．

注意． フレビッチの定理 25.2 によれば，H_1 は π_1 のアーベル化であるから，輪環面は $H_1 \cong \boldsymbol{Z}_1 + \boldsymbol{Z}_1$，メービウスの帯は $H_1 \cong \boldsymbol{Z}$，クラインの曲面は交換子が $\alpha^{-1}\cdot\beta^{-1}\cdot\alpha\cdot\beta = \alpha^{-2}$ であるから $H_1 \cong \boldsymbol{Z} + \boldsymbol{Z}_2$ である．

オイラーの標数は適当な単体分割によって計算できる．また，これらはいずれも連結であるから $H_0 \cong \boldsymbol{Z}$ で(補題 2.2 系)，H_2 はねじれ群をもたない(§6 問1)．以上のことから，これらの例に関するホモロジー群を完全に決定することができる．

例 4． 球面のホモトピー群は §26 において一部取り扱った．$\pi_n(\mathrm{S}^n) \cong \boldsymbol{Z}$ $(n \geqq 1)$，$\pi_n(\mathrm{S}^1) = 0$ $(n \geqq 2)$ である．§29 例6の球束において，ファイバー S^1 は S^3 の中で可縮であるから，定理 30.4 (ii) により

$$\pi_n(\mathrm{S}^2) \cong \pi_{n-1}(\mathrm{S}^1) + \pi_n(\mathrm{S}^3) \qquad (n \geqq 2)$$

である．$n=3$ とおくと

$$\pi_3(\mathrm{S}^2) \cong \boldsymbol{Z}.$$

球束の射影 $p : \mathrm{S}^3 \to \mathrm{S}^2$ を**ホップの写像**と呼ぶ．そのホモトピー類を η と表わすと，$\pi_3(\mathrm{S}^2)$ は η で生成され，

$$\eta_* : \pi_n(\mathrm{S}^3) \cong \pi_n(\mathrm{S}^2) \qquad (n \geqq 3)$$

である．全く同様に，$\mathrm{S}^7, \mathrm{S}^{15}$ の球束において

$$(30.2) \qquad \begin{cases} \pi_n(\mathrm{S}^4) \cong \pi_{n-1}(\mathrm{S}^3) + \pi_n(\mathrm{S}^7), \\ \pi_n(\mathrm{S}^8) \cong \pi_{n-1}(\mathrm{S}^7) + \pi_n(\mathrm{S}^{15}) \end{cases} \qquad (n \geqq 2).$$

従って次の関係を得る：

$$\begin{cases} \pi_n(\mathrm{S}^4) \cong \pi_{n-1}(\mathrm{S}^3) & (4 \leqq n \leqq 6), \\ \pi_n(\mathrm{S}^8) \cong \pi_{n-1}(\mathrm{S}^7) & (8 \leqq n \leqq 14). \end{cases}$$

付記． 球束の射影 $p' : \mathrm{S}^7 \to \mathrm{S}^4$，$p'' : \mathrm{S}^{15} \to \mathrm{S}^8$ のホモトピー類をそれぞれ ν, σ とすると，直和分解 (30.2) は

$$\begin{cases} \pi_n(\mathrm{S}^4) = E\pi_{n-1}(\mathrm{S}^3) + \nu_*\pi_n(\mathrm{S}^7) & (n \geqq 4), \\ \pi_n(\mathrm{S}^8) = E\pi_{n-1}(\mathrm{S}^7) + \sigma_*\pi_n(\mathrm{S}^{15}) & (n \geqq 8) \end{cases}$$

となることが知られている(参考書 [17] 参照)．

問 1． 次の同形を証明せよ．ただし $n < m$ とする．

(i) $\pi_r(O(n))\cong\pi_r(O(m))$ $(r<n-1)$.

(ii) $\pi_r(U(n))\cong\pi_r(U(m))$ $(r<2n)$.

(iii) $\pi_r(Sp(n))\cong\pi_r(Sp(m))$ $(r<4n+2)$.

ただし，基点としては恒等変換 e をとることにする.

付記. r を固定すると，十分大きな m に対して $\pi_r(O(m))$ は m に無関係な一定の群になる. これを**直交群の第 r 階の安定ホモトピー群**という. $U(n)$, $Sp(n)$ についても同様である. 近年になって，これらの安定ホモトピー群には，r に関する周期性のあることが証明された. 例えば，ユニタリ群に関しては，r (>0) が偶数のとき 0，r が奇数のとき $\boldsymbol{Z}$ に同形である (文献： R. Bott, The stable homotopy of the classical groups, Ann. of Math., vol. 70 (1959) 参照).

§ 31. 被 覆 空 間

最後に，ファイバー束の一例として被覆空間について述べよう. 位相空間X を弧状連結，かつ局所弧状連結とする. 弧状連結な位相空間 B から X への連続写像 p が次の条件を満たすものとする.

(31.1) X の各点 x の連結近傍 V があって，$p^{-1}(\mathrm{V})$ の各連結成分は B の開集合で，かつ p は各々の連結成分から V の上への同相写像である. このとき，B を X の**被覆空間**，p を**被覆写像**という.

例えば，半径1の円周 S^1 上の点は，極座標の偏角を通じて半開区間 $[0, 2\pi)$ と一対一対応をなす. 実数空間 $\boldsymbol{R}^1$ の各点 b に，偏角 b ラジアンなる S^1 上の点 $p(\mathrm{b})$ を対応させれば，$\boldsymbol{R}^1$ は S^1 の被覆空間で，$p: R^1\to \mathrm{S}^1$ はその被覆写像である. S^1 上の点 x の連結近傍を V とすると，$p^{-1}(\mathrm{V})$ は，$\boldsymbol{R}^1$ 上に 2π ごとに並んだ x の (p による) 原像 b_i $(i=0, \pm1, \cdots)$ の近傍 U_i $(i=0, \pm1, \cdots)$ の集りで，各 U_i は p によって V の上に同相に写される(図 44).

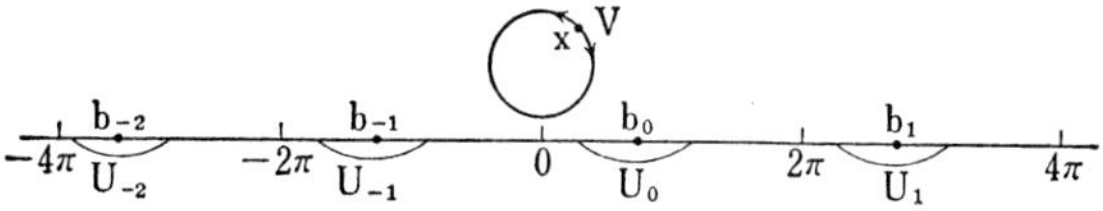

図 44

さて，被覆空間 B は，基礎空間を X，射影を p とするファイバー束の構造をもつことを証明しよう.

X の任意の点 x に対し $\mathrm{Y_x}=p^{-1}(\mathrm{x})$ とすると，$\mathrm{Y_x}$ の点 b の近傍 U を十

分小さくとれば，$U\cap Y_x=\{b\}$ となるから，Y_x は離散位相をもつ.

まず X の座標近傍として，条件 (31.1) を満たす近傍の系 $\{V_x\}$ をとる.

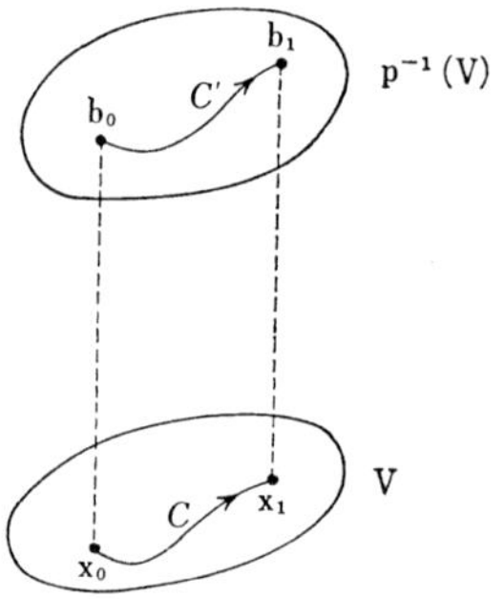

図 45

$V=V_x$ の中の2点 x_0, x_1 を結ぶ曲線 C を V の中で描く(X は局所弧状連結であるから，これは可能). $p(b_0)=x_0$ なる点 $b_0\in p^{-1}(V)$ をとれば，b_0 を始点とし弧 C を覆う弧 C' が $p^{-1}(V)$ の中にただ一つある：$p\circ C'(t)=C(t)$ $(t\in I)$.

次に X 上の点 x_0 と x_1 とを結ぶ弧 C をとる. 区間 $I=[0,1]$ はコンパクトであるから，弧 C を十分細かく分割して $C=C_1\cdot C_2\cdots C_n$ とし，各 C_i は X のある座標近傍 V_i に完全に含まれるようにできる. 各 C_i を覆う弧 C_i' は，C_i の始点が与えられれば一意に定まるから，始点 b_0 $(\in Y_{x_0})$ を一つ指定すれば，C_i' を B の中で順次つなぎ合わせることによって，C を覆う弧 C' がただ一つ定まり，従って C' の終点 $b_1\in Y_{x_1}$ が一意に定まる. $Y_{x_0}=Y_0$，$Y_{x_1}=Y_1$ と略記すれば，弧 C は Y_0 から Y_1 への対応

$$C^\sharp : Y_0 \to Y_1$$

を定義する. Y_i は離散位相をもっているから，$C^\sharp$ は連続である.

C_0, C_1 を x_0 から x_1 への両端を固定してホモトープな二つの弧とする. 被覆ホモトピー定理の証明 (§30) と同様に，C_0 と C_1 とを結ぶホモトピー C_t を覆うようなホモトピー C_t' を作ることができる：$p\circ C_t'=C_t$. ホモトピー C_t の両端は固定されているから，C_t' の始点は常に Y_0 の中に，終点は Y_1 の中にある. しかるに Y_0, Y_1 はともに離散位相をもつのであるから，ホモトピーの連続性によって C_t' の始点，終点は t の変動に関係なく一定である. 従って $C^\sharp$ は，弧 C のホモトピー類の代表のとり方に依存しない.

(31.2) $$(C_1\cdot C_2)^\sharp=C_2^\sharp\circ C_1^\sharp$$

なることは容易にわかるから，定理 22.2 の証明と同様にして，$C^\sharp\circ(C^{-1})^\sharp$ および $(C^{-1})^\sharp\circ C^\sharp$ がともに恒等写像なることが証明できる. よって $C^\sharp$ は同相

写像なること，および $(C^{-1})^{\sharp}=(C^{\sharp})^{-1}$ なることがわかる．便宜のために $(C^{\sharp})^{-1}: Y_1\to Y_0$ を改めて $C^{\sharp}: Y_1\to Y_0$ と定義し直せば，(31.2) は次のように自然な形になる：

(31.3) $$(C_1\cdot C_2)^{\sharp}=C_1^{\sharp}\circ C_2^{\sharp}.$$

以上のことから直ちに，基本群 $\pi_1(X, x_0)$ は $Y_0=p^{-1}(x_0)$ の変換群をなしていることがわかる．さらに基本群を詳細に考察するために，準同形

$$p_*: \pi_1(B, b_0)\to\pi_1(X, x_0)$$

を考える．$\pi_1(B, b_0)$ の元 α の代表 f に対して $p\circ f\cong 0$ ならば，そのホモトピーを覆うホモトピーを作ってみることによって，$\alpha=0$ なることが示される．すなわち p_* は単射準同形である．

b_0 を $Y_0=p^{-1}(x_0)$ 全体に動かすとき，$p_*\pi_1(B, b_0)$ の共通集合を H としよう：$H=\bigcap_{b_0\in Y_0} p_*\pi_1(B, b_0)$.

補題 31.1. $\pi_1(X, x_0)$ の元 α が H に属しているとき，またそのときに限って，α のひきおこす変換 $\alpha^{\sharp}: Y_0\to Y_0$ は恒等変換である．

証明. (i) 必要性：$\pi_1(X, x_0)$ の元 α が $\alpha^{\sharp}=id$ を満たしているとする．α の代表として x_0 を基点とする閉じた道 C をとれば，Y_0 の各点 b_0 を始点とし C を覆う B 内の弧 C' の終点はまた b_0 でなくてはならない．すなわち C' は $\pi_1(B, b_0)$ の元 β を代表し，$p_*(\beta)=\alpha$ である．

(ii) 十分性：これは H の定義から明白であろう．

次に，$\pi_1(X, x_0)$ の任意の元 γ と，H の任意の元 α に対し，$(\gamma\cdot\alpha\cdot\gamma^{-1})^{\sharp}$ はまた Y_0 の恒等変換になるから，$\gamma\cdot\alpha\cdot\gamma^{-1}\in H$，すなわち H は $\pi_1(X, x_0)$ の正規部分群である．

G を剰余群 $\pi_1(X, x_0)/H$ とし

(31.4) $$\chi: \pi_1(X, x_0)\to G$$

を自然な射影準同形とする．G に離散位相を入れると，G は Y_0 の位相変換群である．

被覆空間 B に束構造の入ることを証明しよう．

定理 31.2. X の被覆空間 B は，X を基礎空間，被覆写像 $p: B\to X$ を射

影，Y_0 をファイバー，G を構造群とするファイバー束の束空間である．

証明． X の座標近傍には条件 (31.1) を満たす近傍系 $\{V_j\}$ をとる．各 j に対し，V_j の一点 x_j，および x_j と基点 x_0 とを結ぶ弧 C_j を指定しておく．V_j の各点 x に対し，x と x_j とを結ぶ弧 D をとって，

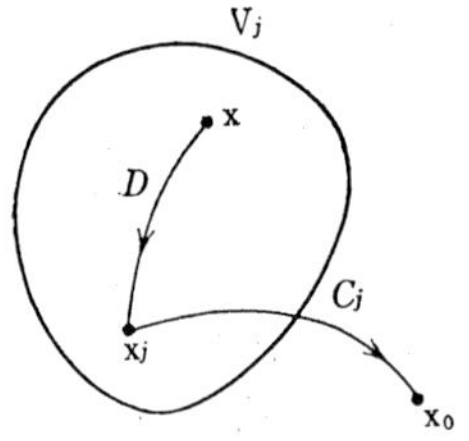

図　46

$$\phi_j(x, y) = D^{\#}\circ C_j^{\#}(y) \qquad (y \in Y_0)$$

と定義する．$p\circ\phi_j(x, y) = x$ は明白である．

$p^{-1}(V_j)$ の，$C_j^{\#}(y)$ を含む連結近傍を U とする．D を覆う弧 D' で $C_j^{\#}(y)$ を終点とするものは常に U に含まれている．従って ϕ_j は弧 D のとり方によらない．また y を固定すれば ϕ_j は p の逆写像 $V_j \to U$ である．$V_j \times y$ は $V_j \times Y_0$ の開集合であるから，ϕ_j は連続である．

写像 $p_j : p^{-1}(V_j) \to Y_0$ を次のように定義する：$p^{-1}(V_j)$ の各連結成分 U_λ の各点 b に対し，U_λ と $p^{-1}(x_j)$ との交点 $U_\lambda \cap p^{-1}(x_j)$ を，$C_j^{\#-1}$ によって Y_0 上の点に写したものを $p_j(b)$ と定義する．ϕ_j の定義から明らかに，$p_j\circ\phi_j(x, y) = y$ となる．従って ϕ_j は一対一対応で，ϕ_j^{-1} の連続性は p, p_j の連続性によって明らかであるから，ϕ_j は座標函数である．

次に，$V_i \cap V_j$ の点 x をとり，D_i, D_j をそれぞれ x から x_i, x_j への弧とする．

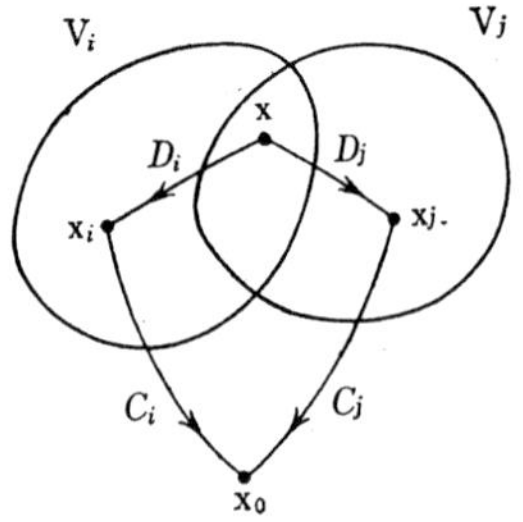

図　47

$$\begin{aligned} g_{ji}(x)\cdot y &= \phi_{j,x}^{-1}\circ\phi_{i,x}(y) \\ &= C_j^{\#-1}\circ D_j^{\#-1}\circ D_i^{\#}\circ C_i^{\#}(y) \\ &= (C_j^{-1}\circ D_j^{-1}\circ D_i\circ C_i)^{\#}(y) \\ &= \chi(C_j^{-1}\circ D_j^{-1}\circ D_i\circ C_i)(y). \end{aligned}$$

すなわち，$g_{ji}(x) \in G$.

最後に，$g_{ji} : V_i \cap V_j \to G$ の連続性であるが，X は弧状連結であるから，点 x の弧状連結近傍 N で，$V_i \cap V_j$ に含まれるものをとることができる．$x' \in N$ に対して x と x' とを結ぶ N 内の弧 E がある．

$$(C_j^{-1}\circ D_j^{-1}\circ E^{-1})\circ(E\circ D_i\circ C_i) \simeq C_j^{-1}\circ D_j^{-1}\circ D_i\circ C_i$$

であるから，$g_{ji}(x') = g_{ji}(x)$ となる．すなわち，g_{ji} は N 上で一定である．

よって g_{ji} は連続である.

以上で，ファイバー束の構造の入ることが証明された.

被覆空間のファイバー Y_0 は離散位相をもっているから $\pi_n(Y_0)=0$ $(n\geqq 1)$ である．従ってファイバー束のホモトピー完全系列によって次の定理を得る.

定理 31.3. $$p_*:\pi_n(B, y_0)\cong\pi_n(X, x_0) \qquad (n\geqq 2).$$

S^n はコンパクトであるから，任意の連続写像 $f:S^n\to \boldsymbol{R}^1$ による像 $f(S^n)$ は，ある有界な閉区間 E に含まれる．E は可縮であるから $f\simeq 0$．すなわち

補題 31.4. $$\pi_n(\boldsymbol{R}^1)=0 \qquad (n\geqq 1).$$

$\boldsymbol{R}^1$ は S^1 の被覆空間であるから，定理 31.3 によって次の定理が成り立つ.

定理 31.5. $$\pi_n(S^1)=0 \qquad (n\geqq 2).$$

Y_0 の任意の点 b に対して $p_*\circ\pi_1(B, b)=H(b)$ と表わそう．x_0 を基点とする X 上の閉じた道 C_1, C_2 のホモトピー類をそれぞれ α_1, α_2 とすれば，$C_1^{\#}(b_0)=C_2^{\#}(b_0)$ なるとき，またそのときに限って，$\alpha_2^{-1}\cdot\alpha_1\in H(b_0)$ である．よって，$\pi_1(X, x_0)$ の元 γ に対して，対応

$$\gamma^{\#}(b_0)\longleftrightarrow\gamma H(b_0)$$

は，Y_0 と左剰余類 $\pi_1(X, x_0)/H(b_0)$ との間の一対一対応を与える.

特に X が単連結ならば，構造群 G は単位元のみからなるゆえ B は積束 $X\times Y_0$ で，しかも Y_0 はただ一点からなるゆえに，X の被覆空間 B は X 自身以外に存在しない.

次に，Y_0 の点 b_1 と b_0 とを結ぶ弧を C' とし，$p\circ C'=C$ のホモトピー類を α とする．$\pi_1(B, b_1)$ の元 β の代表を D' とすると，$C'^{-1}\circ D'\circ C'$ は $\pi_1(B, b_0)$ のある元 γ を代表する.

$$p_*(\gamma)=\alpha^{-1}\cdot p_*(\beta)\cdot\alpha$$

となるから，$H(b_1)$ は $H(b_0)$ の共役類に属す．すなわち，X の被覆空間 B は $\pi_1(X, x_0)$ の一つの共役類を定める.

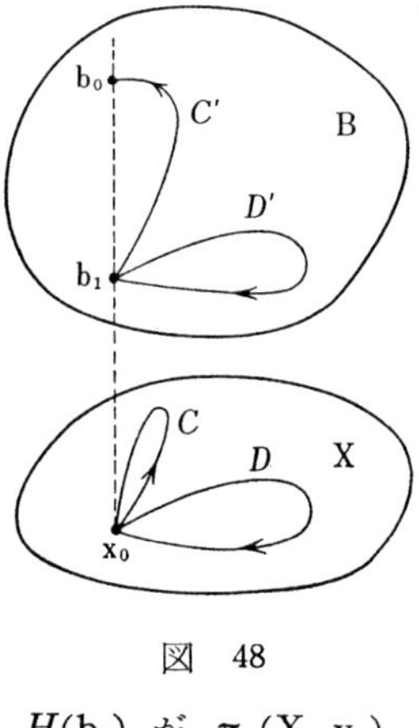

図 48

特に，共役類の元が互いに一致するとき，すなわち，$H(b_0)$ が $\pi_1(X, x_0)$

の正規部分群となるような被覆空間は，$G=\pi_1(X, x_0)/H(b_0)=Y_0$ なる主束をなす．このとき B を X の**正則被覆**という．

さらに $H(b_0)$ が $\pi_1(X, x_0)$ の単位元のみからなるとき，すなわち B が単連結なるとき，B を X の**普遍被覆空間**という．

付記. $\pi_1(X, x_0)$ の共役類 $\{H\}$ が与えられているとする．そのうちの一つを H_1，$\{H\}$ の各元の共通部分を H_0 とすると，左剰余類 $\pi_1(X, x_0)/H_1$ をファイバー Y_0 とし，$\pi_1(X, x_0)/H_0$ を構造群 G とするファイバー束，すなわち X の被覆空間の存在することが証明される(演習 参照)．従って特に X の普遍被覆空間 $\widetilde{X}$ は常に存在する．

一般に X の被覆空間 B_1 のさらに被覆空間 B_2 は，また X の被覆空間になっていることが容易にわかる．被覆写像をそれぞれ $p_1 : B_1 \to X$，$p_2 : B_2 \to X$，$p' : B_2 \to B_1$ とすると，$p_2 = p_1 \circ p'$ で，

$$p_{2*}[\pi_1(B_2, b_0')] \subset p_{1*}[\pi_1(B_1, b_0)] \subset \pi_1(X, x_0)$$

となる．X の普遍被覆空間 $\widetilde{X}$ は X の任意の被覆空間 B の被覆空間である．

ホモトピー群の計算は一般にホモロジー群の計算よりも難しい．従ってホモトピー群を求めるのに，フレビッチの定理 25.2 の系2を用いることがしばしば有効である．それには空間 X が単連結なるを要する．しかるに普遍被覆空間 $\widetilde{X}$ は単連結であって，しかもそのホモトピー群 $\pi_n(\widetilde{X})$ は $n \geqq 2$ のとき $\pi_n(X, x_0)$ と同形である．それゆえ $\widetilde{X}$ のホモロジーを考究することが $\pi_n(X, x_0)$ の計算に有効である．これが普遍被覆空間の重要性の一つである．

問 1. ファイバーが離散位相をもつような任意のベクトル束 $\mathfrak{B}=\{B, p, X, Y, G\}$ がある．B は X の被覆空間で，p は被覆写像であることを証明せよ．

問 2. (i)　$U(1)$ は S^1 と同相なことを示せ．

(ii)　$U(2)$ は積束 $S^3 \times U(1)$ の束空間なることを証明せよ．

(iii)　次のホモトピー群を計算せよ：

$$\pi_r(U(n)) \qquad (1 \leqq r \leqq 3,\ n \geqq 1).$$

問　題　7

1. $\mathfrak{B}'=\{B', p', X', Y, G, V_j, g_{ji}\}$ をファイバー束，$\eta : X \to X'$ を連続写像とする．X を基礎空間，Y をファイバー，G を構造群，$V_j=\eta^{-1}(V'_j)$ を座標近傍，$x \in V_i \cap V_j$ に対して

$$g_{ji}(x) = g'_{ji}(\eta(x))$$

で定義される $\{g_{ji}\}$ を座標変換とするファイバー束があることを証明せよ．この $\mathfrak{B}$ を **η による誘導ファイバー束**といって，$\eta^{-1}(\mathfrak{B}')$ と表わす．次のことを証明せよ：

(i)　$b \in p^{-1}(V_j)$ に対して

$$h(b) = \phi'_j(\eta \circ p(b), p_j(b))$$

と定義すると，$h: B \to B'$ は一つの連続写像になる．

(ii)　h は束写像 $\mathfrak{B} \to \mathfrak{B}'$ を与える．

(iii)　h の定める写像 $\bar{h}: X \to X'$ は η に等しい．

2. $\mathfrak{B}', X, \eta$ を前問と同じ意味とする．$X \times B'$ を直積空間，$p: X \times B' \to X$，$h: X \times B' \to B'$ をそれぞれ射影とする．$X \times B'$ の点 (x, b') の中で $\eta(x) = p'(b')$ を満足するような点の集合を B とする．$V_j = \eta^{-1}(V'_j)$ とし，$x \in V_j$，$y \in Y$ に対して

$$\phi_j(x, y) = (x, \phi'_j(\eta(x), y))$$

と定義すると，$\mathfrak{B} = (B, p, X, Y, G, V_j, \phi_j)$ はファイバー束をなし，かつ $\eta^{-1}(\mathfrak{B}')$ と同値であることを証明せよ．

3. $\mathfrak{B}, \mathfrak{B}'$ を同一のファイバーと構造群とをもつファイバー束，$g: \mathfrak{B} \to \mathfrak{B}'$ を束写像，η を g の定める写像 $X \to X'$ とする．η による誘導ファイバー束 $\eta^{-1}(\mathfrak{B}')$ は $\mathfrak{B}$ と同値で，次のような束写像 $k: \mathfrak{B} \to \eta^{-1}(\mathfrak{B}')$ が存在することを証明せよ：

(i)　η に対して前問で定義した束写像 $\eta^{-1}(\mathfrak{B}') \to \mathfrak{B}'$ を h とすると，$g = h \circ k$ が成り立つ．

(ii)　k の定める写像 $X \to X$ は恒等写像である．

4. G を位相群 B の閉部分群，H を G の閉部分群，B/H，G/H をともに左剰余，$H_0 = \bigcap_{g \in G} gHg^{-1}$ とする．G は左剰余 B/G の一点 x_0 である．x_0 の(B/G における)ある近傍 V から B への連続写像 $f: V \to B$ で，V の各点 x に対して $p_1 \circ f(x) = x$ を満たすものを G の局所断面という．ここに $p_1: B \to B/G$ は射影を表わす．

G が局所断面 $f: V \to B$ をもつとき，座標近傍 $\{V_b\}_{b \in B}$ を

$$V_b = bV \quad (B/G \text{ における近傍})$$

とし，函数 $f_b: V_b \to B$ を，V_b の各点 x に対し

$$f_b(x, y) = bf(b^{-1}x)$$

と定義する．任意の $x \in V_b$ と $y \in G/H$ に対して

$$\phi_b(x, y) = f_b(x) \cdot y$$

と定義すると，$(B/H, p, B/G, G/H, G/H_0, V_b, \phi_b)$ はファイバー束をなすことを証明せよ．ただし，$p: B/H \to B/G$ は bH に bG $(b \in B)$ を対応させる射影である．

5. $\boldsymbol{R}^n$ において互いに直交する，順序づけられた k 個の単位ベクトル全体の作る集合を $V_{n,k}$ と表わす．次のことを証明せよ：

(i)　$V_{n,k}$ は商群 $O(n)/O(n-k)$ と一対一対応をなす．これによって $V_{n,k}$ を多様体と見なすことができる．これを**スティーフェル多様体**と呼ぶ．

(ii)　$V_{n,n-k+1}$ は $V_{n,n-k}$ を基礎空間とし，S^{k-1} をファイバーとする球束をなす．

(iii)　任意の $j > k$ に対して $V_{n,j}$ は $V_{n,k}$ を基礎空間とするファイバー束をなす．これに対して $V_{n,k}$ を基礎空間とする主束 $O(n)$ は，$V_{n,j}$ と同伴な主束である．

(iv) $$\pi_r(V_{n+k,n})=0 \qquad (r<k),$$
$$\pi_{k+r}(V_{k+m,m})\cong\pi_{k+r}(V_{k+n,n}) \qquad (r+1<m<n).$$

6. A を位相空間 X の閉集合，基点 $x_0\in A$ を終点とし，A 上に始点をもつ X 上の道の作る空間(道空間)を $\Omega(X, A, x_0)$ とする．$\Omega(X, A, x_0)$ の基点として $O(I)=x_0$ なる道 O をとる．$\Omega(X, A, x_0)$ の任意の元に始点を対応させる写像 $p:\Omega(X, A, x_0)\to A$ を射影，$p^{-1}(x_0)=\Omega(X, x_0)$ をファイバーと呼ぶ．$\Omega(X, x_0)$ は x_0 を始点および終点とする X 上の閉じた道の集合である．次のことを証明せよ:

(i) $(\Omega(X, A, x_0), p, A)$ はファイバー空間(被覆ホモトピー定理 30.1 の成り立つ空間)である．

(ii) 次の系列は完全系列である(基点を省略する):
$$\cdots\xrightarrow{\partial_*}\pi_n(\Omega(X))\xrightarrow{i_*}\pi_n(\Omega(X, A))\xrightarrow{p_*}\pi_n(A)\xrightarrow{\partial_*}\pi_{n-1}(\Omega(X))\to\cdots$$

(iii) $\pi_{n+1}(X, A, x_0)$ の任意の元 α の代表 $f:(I^{n+1}, \dot{I}^{n+1}, J^n)\to(X, A, x_0)$ に対して
$$\theta f(t_1, \cdots, t_n)(t)=f(t_1, \cdots, t_n, t)$$
によって定義される写像 $\theta f:(I^n, \dot{I}^n)\to(\Omega(X, A, x_0), O)$ のホモトピー類を $\theta(\alpha)$ と表わす．$\theta(\alpha)$ は α の代表の選び方に依存せず，写像 $\theta:\pi_{n+1}(X, A, x_0)\to\pi_n(\Omega(X, A, x_0), O)$ は同形を与える．

7. $\boldsymbol{R}^{n+1}$ の原点O以外の2点 x, y は，$y=\lambda x$ (λ はある実数) と表わされるとき互いに同値であると定義し，その同値類の集合を $\boldsymbol{PR}^n$ と表わす．$\boldsymbol{R}^{n+1}-\{O\}$ の点 x に x を含む同値類 [x] を対応させる写像を p とする．$\boldsymbol{PR}^n$ の部分集合 W は，$p^{-1}(W)$ が $\boldsymbol{R}^{n+1}$ の開集合なるとき，またそのときに限って，$\boldsymbol{PR}^n$ の開集合であると定義することによって $\boldsymbol{PR}^n$ は位相空間になる．これを n 次元(実)射影空間という．

(i) S^n は $\boldsymbol{PR}^n$ の被覆空間であることを証明せよ．

(ii) $\pi_r(\boldsymbol{PR}^n)$ $(1\leqq r\leqq n)$ を求めよ．

(iii) $\boldsymbol{PR}^n$ の被覆空間としては，$\boldsymbol{PR}^n$ 自身かまたは S^n しか存在しないことを証明せよ．

[注意] $\boldsymbol{R}^n$ の代りに n 次元複素ベクトル空間 $\boldsymbol{C}^n$ から同様にして得られる空間を $\boldsymbol{PC}^n$ と表わして n 次元**複素射影空間**という．

8. 次のことを証明せよ:

(i) $SO(3)$ は $\boldsymbol{PR}^3$ と同相である;

(ii) $\pi_1(SO(3))\cong\boldsymbol{Z}_2$;

(iii) $\pi_r(SO(3))\cong\pi_r(S^3)$ $(r\geqq 2)$;

(iv) $\pi_1(SO(n))\cong\boldsymbol{Z}_2$ $(n\geqq 3)$;

(v) $SO(4)$ は積束 $S^3\times SO(3)$ の束空間なることを用いて，$\pi_r(SO(4))$ $(1\leqq r\leqq 3)$ を計算せよ．

第8章　応　　用

§ 32. ユークリッド空間の次元

ユークリッド空間を点集合とみれば，一般集合論においてよく知られているように，次元に関係なく同じ濃度を有している．従って例えば，直線と平面とは(連続性を考えなければ)一対一の対応をつけることができる．また，有名なペアノ曲線の例によれば，直線と平面とは(一対一の性質をやめにすれば)全体として連続的に対応する．それならば直線と平面の間の同相写像が存在するのではあるまいか．ブラウアーは，$m \neq n$ なる限り $\boldsymbol{R}^m$ と $\boldsymbol{R}^n$ とは同相でないことを証明して，この古典的な問題の解答を出した．ここに紹介するのは，基本的には有限な閉被覆による次元の新しい定義と結びつけたルベーグの証明である．

距離空間 X の部分集合からなる系 $\sum=\{F_1, F_2, \cdots, F_k\}$ が X を覆っているとする：$X=\bigcup_{i=1}^{k} F_k$．各 F_i の径 $\delta(F_i)$ が正の実数 ε より小なるとき，X の ε-被覆と呼ぼう．また，$\sum$ が次の条件を満たすとき，$\sum$ の次数は r であるという：

（i）　$\sum$ の r 個の元に共通な X の点がある．

（ii）　$\sum$ の $r+1$ 個の元に共通な X の点は存在しない．

例えば，図 49 において，(i) の次数は 2，(ii) の次数は 3 である．

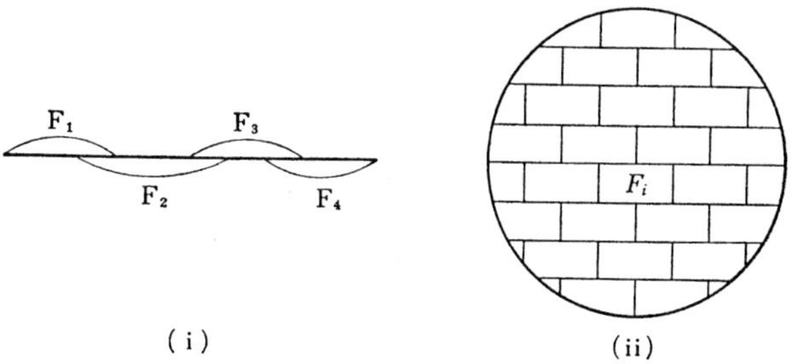

図　49

X がコンパクトとならば，任意の ε に対して ε-被覆が存在する．図 49 の例は，被覆の次数が X の次元と関連のあることを想像させるであろう．そこで一般に，コンパクトな距離空間 X が次の条件を満足するとき **r 次元**であるといい，$\dim X = r$ と記そう．

(32.1)
（i） 任意の正数 ε に対して，次数が $r+1$ を越えない X の ε-閉被覆が存在する．
（ii） ある正数 ε が存在して，いかなる X の ε-閉被覆も，その次数が $r+1$ 以上である．

このようにして定義されたコンパクトな距離空間の次元は，位相的不変量であることが証明される．

補題 32.1. コンパクトな距離空間 X と Y とが同相ならば，

$$\dim X = \dim Y.$$

証明． $f: X \to Y$ を同相写像とする．X はコンパクトであるから，f は一様連続である．従って，任意の正数 ε に対応してある正数 δ が存在して，

$$\rho(p, q) < \delta \quad ならば \quad \rho(f(p), f(q)) < \varepsilon$$

となる．いま，X の δ-閉被覆 $\sum = \{F_1, F_2, \cdots, F_k\}$ をとれば，$f(F_i) = F_i'$ $(1 \leqq i \leqq k)$ の集合は Y の ε-閉被覆 $\sum'$ をなす．f は一対一対応であるから，$\sum$ と $\sum'$ の次数は相等しい．(32.1) の (i) から $\dim Y \leqq \dim X$ を得る．同様に，f の代りに f^{-1} を用いれば $\dim X \leqq \dim Y$ となり，結局 $\dim X = \dim Y$ である．

次に，ユークリッド空間の有界閉集合として特に n 次元多面体をとれば，(32.1) の意味における次元数もまたちょうど n に等しいことを証明しよう．

多面体 $|K|$ の各頂点 a_i $(0 \leqq i \leqq k)$ に対して，a_i の SdK における閉星状体 $S_{SdK}(a_i)$ を F_i または $F(a_i)$ と表わす(§ 14 参照)．$\sum = \{F_0, F_1, \cdots, F_k\}$ は $|K|$ の閉被覆である．これを示すには，$|SdK| = |K|$ であるから，SdK の各単体 $y = \langle \kappa_0, \kappa_1, \cdots, \kappa_r \rangle$ が，ある F_i に含まれていることを示せばよい．

y の頂点を適当な順序に並べれば，K の単体列

$$x_0 \succ x_1 \succ \cdots \succ x_r$$

が存在して，κ_j は各 x_j の重心である．x_r が K の 0 単体 a_i であれば，明らかに $y \subset F(a_i)$ である．x_r が K の 0 単体でないときは，x_r の任意の頂点を a_i とすると，

$$z = (\kappa_0, \kappa_1, \cdots, \kappa_r, a_i)$$

は SdK の単体で，

$$y \subset z \subset F(a_i)$$

となる．これで証明できた．

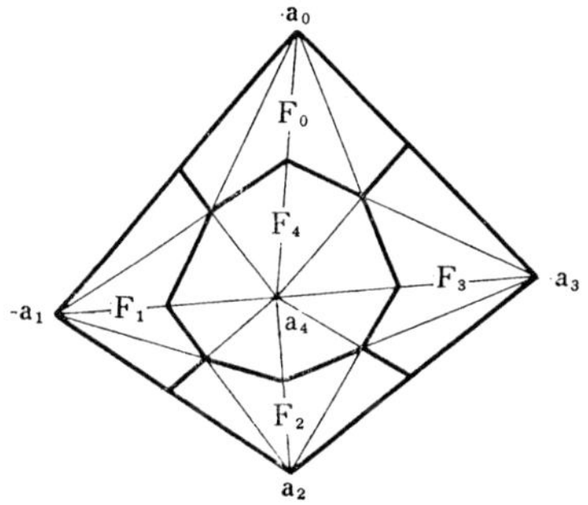

図 50

次に，K を n 次元複体とすると $\sum$ の次数は $n+1$ であることを示そう．

（i） K の n 単体 $x^n = \langle a_0, a_1, \cdots, a_n \rangle$ の重心 σ は $\bigcap_{i=0}^{n} F(a_i)$ に属する．実際 K の単体列として特に $x^n \succ a_i$ を考えれば，これに対応する SdK の 1 単体 $\langle \kappa, a_i \rangle$ は $F(a_i)$ に含まれるからである．

（ii） $\sum$ の元 F_i を任意個数とって，それらの共通部分を P とする．P は SdK の部分複体である．P の各頂点 κ は K のある単体 x の重心である．κ を含む任意の $F(a_i)$ をとれば，a_i は x の頂点である——実際，κ を含む $F(a_i)$ の任意の単体 y に対応する K の単体列を

$$x_0 \succ x_1 \succ \cdots \succ x_r = a_i$$

とすると，ある j に関して $x = x_j$ となるから，a_i は x の頂点である．

しかるに x の頂点の個数は高々 $n+1$ であるから，κ を含む F_i の個数も $n+1$ 以下である．

以上によって，閉被覆 $\sum$ の次数は $n+1$ であることがわかった．

補題 32.2. n 次元多面体 $X = |K|$ に対して $\dim X \leqq n$ である．

証明. 定理 14.4 によれば，任意の正数 ε に対して，単体の径が $\varepsilon/2$ を越えないような K の m 回細分 $K' = Sd^m K$ が存在する．$Sd^{m-1}K$ の頂点を適当な順序に並べたものを $c_0, c_1, \cdots, c_k$ とし，$F_i = S_{K'}(c_i)$ $(0 \leqq i \leqq k)$ とすれば，明らかに $\delta(F_i) < \varepsilon$ である．$\sum = \{F_0, F_1, \cdots, F_k\}$ は $|K| = |Sd^{m-1}K|$ の

ε-閉被覆で，その次数は $n+1$ である．従って $\dim X \leqq n$.

次に，$\dim X \geqq n$ を示そう．それには，特に K の n 単体 x^n について，$\dim x^n \geqq n$ を証明すればよい．まず，次の**不動点定理**と呼ばれるものの証明から始める．これは，それ自体としても興味ある基本的な定理である．

定理 32.3. E^{n+1} から E^{n+1} 自身への連続写像 f は，必ず不動点をもつ．すなわち

$$f(p)=p$$

を満足する点 $p \in E^{n+1}$ が存在する．

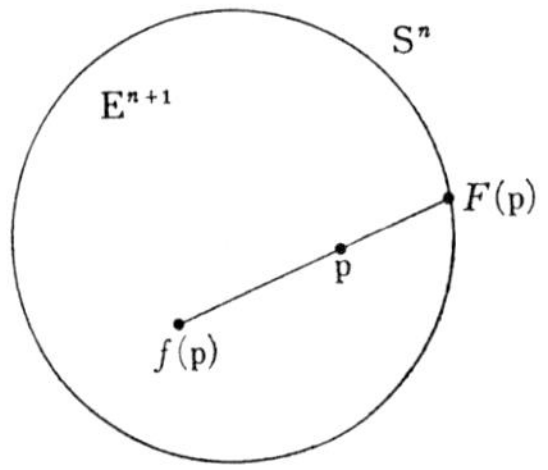

図 51

証明. f が不動点をもたないものと仮定する．E^{n+1} の各点 p に対して，$f(p)$ から p の方へ延長した直線が S^n と交わる点を $F(p)$ とする．写像 $F: E^{n+1} \to S^n$ の連続性は明らかであろう．特に S^n の各点 p に対しては

$$F(p)=p$$

となる．従って F は恒等写像 $g: S^n \to S^n$ の拡張である．補題 18.1 によれば $g \simeq 0$ でなくてはならない．一方 $\{g\}=\iota_n \neq 0$ であるから(§ 26)，これは矛盾である．

不動点定理の応用として次の補題が証明される．

補題 32.4. n 単体 $x^n=\langle a_0, a_1, \cdots, a_n \rangle$ の閉被覆 $\sum=\{A_0, A_1, \cdots, A_n\}$ の各元 A_i が a_i の対辺 $x^n{}_i=\langle a_0, \cdots, \hat{a}_i, \cdots, a_n \rangle$ と交わらなければ

$$A_0 \cap A_1 \cap \cdots \cap A_n \neq \phi.$$

証明. 一般に，距離空間 X の部分集合 A, B の間の**距離** $\rho(A, B)$ とは，$\inf\limits_{p \in A, q \in B} \rho(p, q)$ をいう．いま $A_0 \cap A_1 \cap \cdots \cap A_n = \phi$ と仮定する．$p \in x^n$ に対して

$$\mu_i(p)=\rho(p, A_i) \Big/ \sum_{j=0}^{n} \rho(p, A_j)$$

とおけば，明らかに

$$0 \leqq \mu_i(p) \leqq 1 \qquad (i=0, 1, \cdots, n)$$

であって，しかも

$$\sum_{i=0}^{n} \mu_i(\mathrm{p}) = 1$$

を満たす．従って，x^n の各点 p に対して

$$f(\mathrm{p}) = \mu_0(\mathrm{p})\mathrm{a}_0 + \mu_1(\mathrm{p})\mathrm{a}_1 + \cdots + \mu_n(\mathrm{p})\mathrm{a}_n$$

はまた x^n の点である．この連続写像 f の不動点を q とする．q は $A_0, A_1, \cdots, A_n$ のいずれかに属するから，A_0 に属するものと仮定しても一般性を失わない．従って

$$\mu_0(\mathrm{q}) = 0,$$

すなわち $\mathrm{q} = f(\mathrm{q})$ は a_0 の対辺の中にある．これは $A_0 \cap \mathrm{x}^{n-1}{}_0 = \phi$ なる仮定に矛盾する．よって命題は成立する．

補題 32.5. $X = |K(\mathrm{x}^n)|$ とすると $\dim X \geqq n$.

証明. 適当な正数 ε が存在して，任意の ε-閉被覆の次数が常に $n+1$ 以上なることをいう．

$\mathrm{x}^n = \langle \mathrm{a}_0, \mathrm{a}_1, \cdots, \mathrm{a}_n \rangle$ の各頂点 a_i の対辺を $\mathrm{x}^{n-1}{}_i$ とする．$O_i = X - \mathrm{x}^{n-1}{}_i$ とすると，$\{O_i\}$ はコンパクトな距離空間 X の開被覆であるから，ある正数 ε が存在して，$\delta(F) < \varepsilon$ なる任意の集合 $F \subset X$ は必ずある O_i に含まれる．

この ε に対して，X の任意の ε-閉被覆 $\sum = \{F_0, F_1, \cdots, F_k\}$ をとる．各々の F_λ はある O_i に含まれるから，各 O_i に含まれる F_λ の和集合を A_i とする．A_i は a_i の対辺 $\mathrm{x}^{n-1}{}_i$ と交わらないから，補題 32.4 によって，$A_0 \cap A_1 \cap \cdots \cap A_n$ の点 p がある．p は少なくとも $n+1$ 個の F_λ の交点である．よって $\sum$ の次数は $n+1$ 以上である．

補題 32.2 と合わせれば，n 次元多面体の，(32.1) の意味における次元数はちょうど n に等しい．よって補題 32.1 から次の定理を得る．

定理 32.6. n 次元多面体と m 次元多面体とが同相ならば $n = m$ である．

問. P, Q をコンパクトな距離空間とする．$P \supset Q$ ならば $\dim P \geqq \dim Q$ である．これを証明せよ．

§ 33. 代数学の基本定理

実係数の n 次方程式

(33.1)　$$a_0+a_1z+\cdots+a_{n-1}z^{n-1}+z^n=0$$

が複素数の範囲内で少なくとも1個の根をもつことは，代数学における最も基本的な定理である．その証明にはいろいろあるが，最も初等的なものを次に述べる．

いま，二つの複素数平面(ガウスの平面ともいう)，z-平面と u-平面を用意しておく．

(33.2)　$$u=a_0+a_1z+\cdots+a_{n-1}z^{n-1}+z^n$$

で与えられる対応 $z\to u$ を f と表わそう．f は z-平面から u-平面への連続写像である．z-平面において，十分大きな半径 ρ の円周上を変数 z が1回転すると，u は原点の周りを n 回転することを示そう．図 52 は $n=2$ の場合の例である．

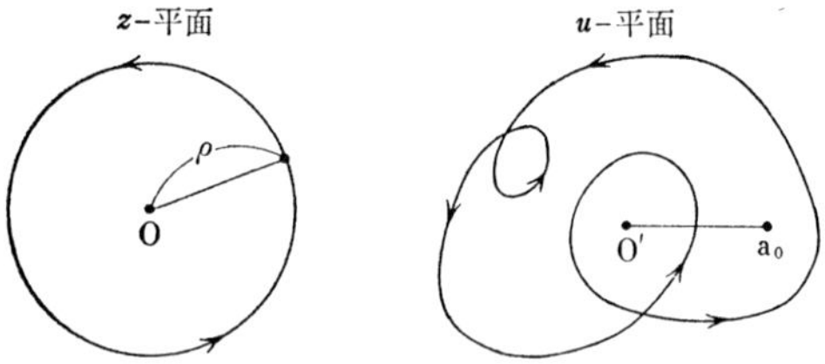

図　52

(33.2) を書き直して

(33.3)　$$u=z^n\{1+(a_{n-1}z^{-1}+a_{n-2}z^{-2}+\cdots+a_0z^{-n})\}$$

とする．$M=\max\{|a_0|,|a_1|,\cdots,|a_{n-1}|\}$ とおき，$|z|=\rho$ を十分大きくとれば，半径 ρ の円周上において

$$|a_{n-1}z^{-1}+\cdots+a_0z^{-n}|<M/(\rho-1)<\varepsilon$$

とできる．従って (33.3) の右辺の ｛　｝ の中は，実軸上の点1を中心として任意に小なる半径 ε の円内に入る．すなわち $|v|=1$ なる複素数 v を用いて

$$\arg u=n(\arg z)+\arg(1+\varepsilon v)$$

と書けるから，z が半径 ρ の円周上を1回転するときの u の回転数は n である．

ここで ρ を次第に 0 に近づけてゆくと，u-平面上の閉曲線 Γ は連続的に変化して実軸上の一点 a_0 に収縮する．その過程において，この閉曲線が原点 O′ を通る瞬間があるであろう．これに対応する z の値が方程式 (33.1) の根である．

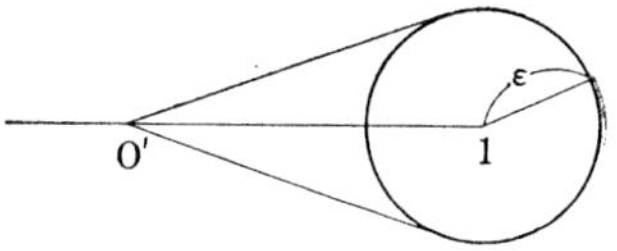

図 53

上に述べたことは直観的には明白であると思われるが，その証明は容易ではない．ここに位相幾何学的性質が伏在するのである．§26 の写像度の概念を用いて厳密な証明を与えよう．

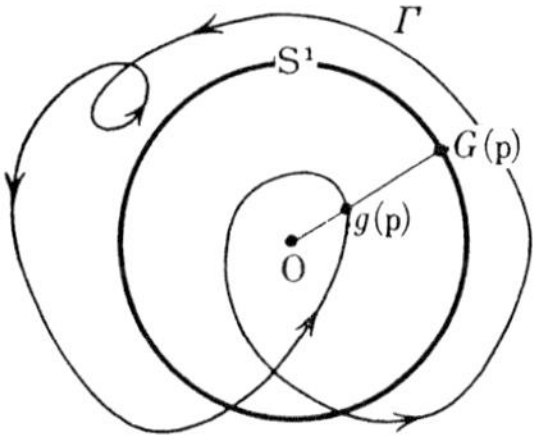

図 54

いま $\boldsymbol{R}^2$ 上に S^1 の連続像 Γ が与えられているとする．すなわち連続写像 $g: S^1 \to \boldsymbol{R}^2$ による S^1 の像である．原点 O が Γ に属していないとき，O から $g(\mathrm{p})$ の方へ延長した半直線と S^1 との交点 $G(\mathrm{p})$ が，S^1 の各点 p に対して一意に定まる．対応 $\mathrm{p} \to G(\mathrm{p})$ は S^1 から S^1 自身への連続写像 $G: S^1 \to S^1$ を与える．図52 の z-平面と u-平面とを重ねてみれば図 54 になる．u-平面上における閉曲線 Γ の原点の周りの回転数は G の写像度に等しい．よって次の補題が証明されれば，代数学の基本定理の証明が完結する．

補題 33.1. 連続写像 $f: (E^2, S^1) \to (\boldsymbol{R}^2, \Gamma)$ において，閉曲線 Γ は原点を含まないものとする．$f|S^1 = g$ とし，$G: S^1 \to S^1$ を上に定義した写像とする．G の写像度が 0 でなければ，E^2 の点 p が存在して $f(\mathrm{p}) = \mathrm{O}$ となる．

証明. 仮に $f(\mathrm{p}) = \mathrm{O}$ なる点 p が存在しないとする．O から $f(\mathrm{p})$ の方へ延した半直線と S^1 との交点 $F(\mathrm{p})$ が E^2 の各点 p に対して一意に定まる．連続写像 $F: E^2 \to S^1$ は明らかに $G: S^1 \to S^1$ の拡張であるから，補題 18.1 によって $\{G\} = 0$．これは $\{G\} = n\iota_1$ $(n \neq 0)$ と矛盾する．

問. E^2 を複素数平面の部分集合と考える：$E^2 = \{\lambda \in \boldsymbol{C};\ |\lambda| \leqq 1\}$．$f(\lambda) = \lambda^3$ で定義される写像 $f: E^2 \to E^2$ の不動点をすべて求めよ．

§ 34. ジョルダンの曲線定理

f を S^1 から $\boldsymbol{R}^2$ の中への同相写像とする. $f(S^1)$ は $\boldsymbol{R}^2$ をちょうど二つの領域[1]に分ける. これは直観的には明らかなことであるが, 証明は存外むずかしい. ジョルダンの曲線定理と呼ばれる有名な定理である.

S^1 と同相な閉曲線を**ジョルダン曲線**と呼ぶ. 図 55 において (i) はジョルダン曲線の例であるが, (ii) はそうではない.

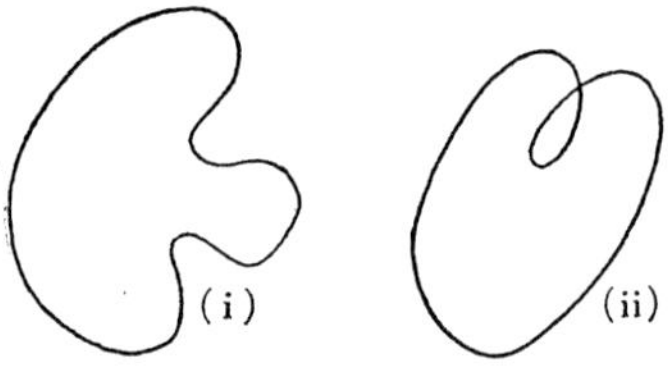

図 55

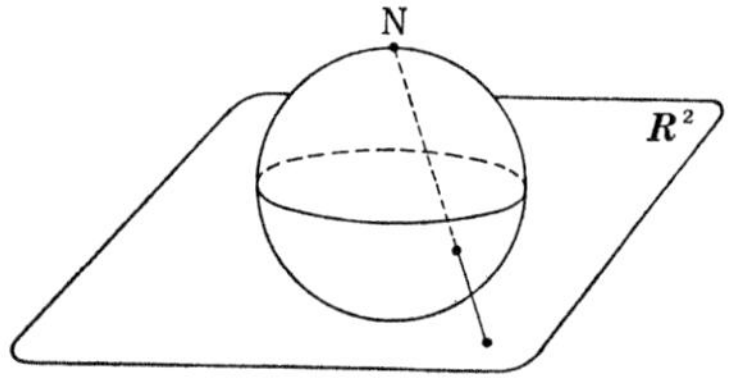

図 56

2次元球面 S が南極において $\boldsymbol{R}^2$ に接しているものとする. 北極 N を光源とする射影によって, $S-\{N\}$ と $\boldsymbol{R}^2$ との間の同相写像を得る. $\boldsymbol{R}^2$ 上のジョルダン曲線は, この対応によって S 上のジョルダン曲線に写される. するとジョルダンの曲線定理は次のようになる.

定理 34.1. 2次元球面上のジョルダン曲線 J は S を二つの連結成分 U, V に分け, J は U, V の共通の境界である.

これを高次元の場合に一般化すると次のようになる.

定理 34.1′. n 次元球面 X 上の位相多面体 Y が $n-1$ 次元球面と同相ならば, X−Y は二つの連結成分 U, V をもち, Y は U, V の共通の境界である ($n \geqq 2$).

複体の細分と単体近似とを主要な道具としてこの定理を証明しよう. §15 において, 複体 K の頂点の閉星状体 $S_K(a)$ および開星状体 $O_K(a)$ を定義したが, その拡張として, K の任意の単体 x の**閉星状体** $S_K(x)$ を次のように定義しよう: x を辺とするような K のすべての単体の和集合を $S_K(x)$ とす

1) ここに "領域" とは連結な開集合をいう (参考書 [2] 参照).

る．次に，$S_K(x)$ に属する単体の内部の和集合 $O_K(x)$ を x の**開星状体**という．

X の単体分割を K とするとき，K の単体 x の中で $S_K(x)$ が Y と交わるようなものの集合を M とする．M は K の部分複体で

$$Y \subset |M| \subset X$$

となっている(図 57).

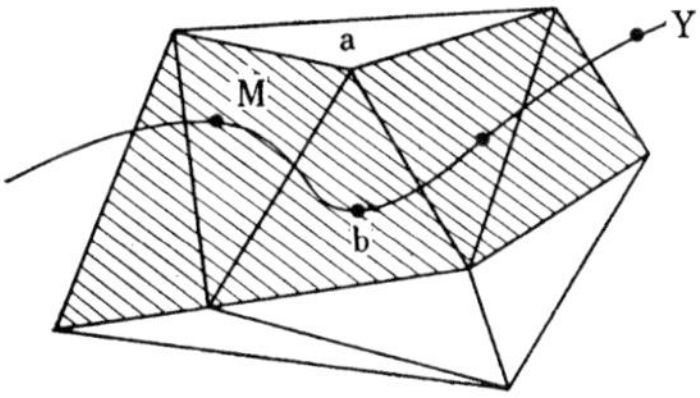

図 57

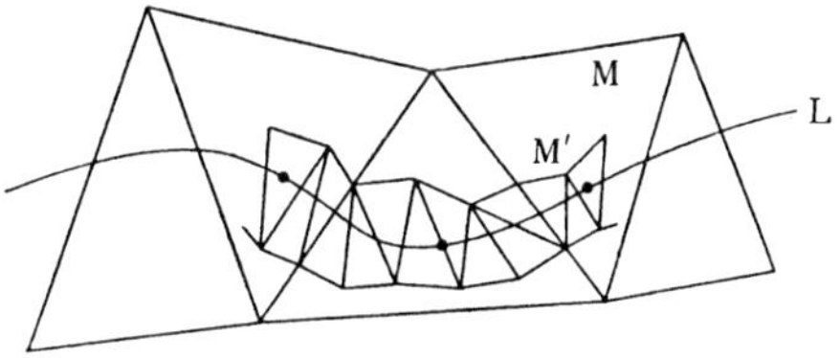

図 58

Y の適当な単体分割 L と，K の適当な反復細分 K′ を次のようにとる:

(i) L の各頂点 b に対して，K′ の単体 x′ の中で $S_{K'}(x')$ が $S_L(b)$ と交わるようなものに関する和集合 $\bigcup_{x'} S_{K'}(x')$ は，K のある星状体 $S_K(a)$ に含まれる．

L の各頂点 b に対し，この条件を満たす K の頂点 a を対応させれば，包含写像 $Y \subset |M|$ の単体近似 $f: L \to M$ を得る．

K′ の単体 x′ の中で $S_{K'}(x')$ が Y と交わるようなものの集合を M′ とする．M′ は K′ の部分複体で

$$Y \subset |M'| \subset |M| \subset X$$

となっている(図 58).

次に L の適当な反復細分 L′ を次のようにとる:

(ii) L′ の任意の頂点 b′ に対して M′ の頂点 a′ があって

$$S_{L'}(b') \subset S_{K'}(a')$$

となる．

(iii) M′ の各頂点 a′ に対して，L′ の単体 y′ のうち $S_{L'}(y')$ が $S_{K'}(a')$

と交わるようなものに関する和集合 $\underset{y'}{\cup} S_{L'}(y')$ は，L のある星状体 $S_L(b)$ に含まれる．

注意． K′ が (i) を満たしていれば，K′ の細分はまた (i) を満たすから，必要に応じて K′ の細分をとることにすれば，(ii), (iii) を満たす L の細分 L′ をとることができる．

L′ の各頂点 b′ に対して，(ii)を満足する M′ の頂点 a′ を対応させれば，包含写像 $Y \subset |M'|$ の単体近似 $f' : L' \to M'$ を得る．

また，M′ の各頂点 a′ に対して (iii) を満足する L の頂点を対応させれば，一つの単体写像 $g : M' \to L$ を得る：実際，M′ の任意の単体 $x' = \langle a_0', a_1', \cdots, a_r' \rangle$ に対して，K′ の単体 $x_1' \succ x'$ で $x_1' \cap Y \neq \phi$ なるものがある．$x_1' \cap Y$ の点 p の，L における支持単体を y とすれば，$p \in S_L[g(a_i')]\ (0 \leqq i \leqq r)$ であるから，$y \subset S_L[g(a_i')]$．すなわち $g(a_i')$ は L の単体 y の頂点である．従って g は単体写像である(§ 3 参照)．

細分に伴う鎖群の準同形

$$Sd^{\alpha} : C(K) \to C(K'), \qquad Sd^{\beta} : C(L) \to C(L')$$

をそれぞれ d_1, d_2 と略記する．以下，鎖群はすべて $\boldsymbol{Z}_2$ 係数で考える．従って単体の向きを考慮する必要はない．$C(K, \boldsymbol{Z}_2)$ などを $C(K)$ と略記する．

L, L′ の基本輪体をそれぞれ z, z' とし，K, K′ の基本輪体をそれぞれ v, v' とする．d_{1*}, d_{2*} は同形であるから，

(34.1) $$d_1(v) = v', \qquad d_2(z) = z'.$$

次に，

(34.2) $$\hat{f}'(z') = u', \qquad \hat{f}(z) = u$$

と定義すると，

(34.3) $$\hat{g}(u') = z$$

となる．これを示すには，

$$\hat{g} \circ \hat{f}' \circ d_2 = id$$

なることを証明すればよい．

$$C(L') \xrightarrow{\hat{f}'} C(M') \xrightarrow{\hat{g}} C(L) \xrightarrow{\hat{f}} C(M).$$
$$\underleftarrow{\qquad\qquad d_2 \qquad\qquad}$$

実際，L′ の各頂点 b′ に対して

$$\mathrm{a}'=f'(\mathrm{b}'), \qquad \mathrm{b}=g(\mathrm{a}')$$

とすると，(ii) および (iii) から直ちに

$$\mathrm{S_{L'}}(\mathrm{b}')\subset \mathrm{S_L}(\mathrm{b}).$$

従って $g\circ f'$ は恒等写像 $|\mathrm{L}'|\to|\mathrm{L}|$ の単体近似である．補題 15.4 に示したように(演習 参照) $\hat{g}\circ\hat{f}'\circ d_2=id.$

以上をわかりやすく示すと

$$\begin{array}{c} z' \xrightarrow{\hat{f}'} u' \xrightarrow{\hat{g}} z \xrightarrow{\hat{f}} u \\ \curvearrowleft \\ d_2 \end{array}$$

となる．

補題 34.2. K の n 鎖 c_1, c_2 および K′ の n 鎖 c_1', c_2' があって

$$\begin{cases} u=\partial c_1=\partial c_2, \\ c_1+c_2=v, \end{cases} \qquad \begin{cases} u'=\partial c_1'=\partial c_2', \\ c_1'+c_2'=v' \end{cases}$$

となり，c_1 と c_2 とは共通の n 単体をもたず，また c_1' と c_2' とは共通の n 単体をもたないようにできる．しかも，このような n 鎖の対は一意に定まる．

証明. u は K の $n-1$ 輪体であるから，n 鎖 c_1 が存在して

$$\partial c_1=u$$

となる．$c_2=c_1+v$ とおけば，v は輪体であるから

$$\partial c_2=\partial c_1+\partial v=\partial c_1.$$

しかも $c_1+c_2=v$ となる($\boldsymbol{Z}_2$ 係数であるから)．c_1 と c_2 に共通の n 単体 x が存在したとすると，x は $c_1+c_2=v$ に含まれていないことになる．一方，v は K のすべての n 単体の和であるから，これは矛盾である．

最後に一意性であるが，K の n 鎖 c で $\partial c=u$ なるものがあれば，

$$\partial(c_1+c)=0.$$

基本輪体はただ一つ v のみであるから，

$$c=c_1 \quad または \quad c=c_2$$

でなければならない．結局，命題を満足する K の n 鎖の対 c_1, c_2 は一意に定まる．

c_1', c_2' に関しても全く同様である．これで補題の証明を終る．

次に，M′ の各頂点 a′ に対して

$$g(\mathrm{a}')=\mathrm{b}, \qquad f(\mathrm{b})=\mathrm{a}$$

とする．(iii) によれば $\mathrm{S}_{\mathrm{K}'}(\mathrm{a}')\cap\mathrm{Y}\subset\mathrm{S}_{\mathrm{L}}(\mathrm{b})$ であるが，さらに (i) の条件によって

$$\mathrm{S}_{\mathrm{K}'}(\mathrm{a}')\subset\mathrm{S}_{\mathrm{K}}(\mathrm{a}) \tag{34.4}$$

となっている．M′ に属していない K′ の頂点に対しては，(34.4) を満足する K の任意の頂点を一つ選んで対応させる．こうして得られる単体写像 $h:\mathrm{K}'\to\mathrm{K}$ は，恒等写像 $|\mathrm{K}'|\to|\mathrm{K}|$ の単体近似である．よって

$$\hat{h}(v')=v.$$

また，

$$\hat{h}(u')=\hat{g}\circ\hat{f}(u')=u.$$

一方 $\hat{h}(v')=\hat{h}(c_1')+\hat{h}(c_2')$，$\hat{h}(u')=\partial[\hat{h}(c_1')]=\partial[\hat{h}(c_2')]$ であるから，補題 34.2 に述べた一意性によって，

$$\hat{h}(c_1')=c_1, \qquad \hat{h}(c_2')=c_2$$

となるように c_1', c_2' をとることができる．

以上の準備のもとで，定理の証明にとりかかろう．

補題 34.3. X−Y は少なくとも二つの連結成分をもつ．

証明. 単体分割 K を適当にとっておけば，u は M の中では 0 とホモローグでないようにとれる．すなわち，c_1, c_2 は M に属しない n 単体 x_1, x_2 を含むようにできる．$\mathrm{p}_1\in x_1$ と $\mathrm{p}_2\in x_2$ とが X−Y の相異なる連結成分に属することを示そう．

仮に p_1 と p_2 とが X−Y の同一の連結成分に属するものとする．X は多面体であるから，p_1 と p_2 とを結ぶ弧 Γ がある．Y と Γ の距離 $\rho(\mathrm{Y},\Gamma)$ は正であるから，単体分割 K′ を十分細かくとっておけば，M′ と Γ とは交点をもたないようにできる．従って，p_1 と p_2 とは $\mathrm{X}-|\mathrm{K}(u')|$ の一つの連結成分 U 内にあることになる．ここに $\mathrm{K}(u')$ は，u' に含まれるすべての $n-1$ 単体およびその辺単体の作る複体を表わす．

p_1 を含む K' の n 単体を x_1', p_2 を含む K' の n 単体を x_2' とすると

$$\mathrm{p}_1 \in x_1' \subset x_1, \qquad \mathrm{p}_2 \in x_2' \subset x_2.$$

x_1 に含まれる K' の n 単体の中に少なくとも一つ c_1' に含まれる単体 x_1'' がある. なぜならば, $h: \mathrm{K}' \to \mathrm{K}$ は次の性質をもつからである:

(i) x_1 に含まれる K' の各 n 単体は, $\hat{h}$ によって 0 または x_1 に写される.

(ii) x_1 に含まれない K' の n 単体は, $\hat{h}$ によって決して x_1 に写されることはない.

(iii) $\hat{h}(c_1') = c_1$.

同様に, x_2 に含まれる K' の n 単体で c_2' に含まれるものを x_2'' とする. $|\mathrm{M}'| \subset |\mathrm{M}|$ で, x_1, x_2 は M に属していないから, x_1'', x_2'' は M' に属さず, 従って $|\mathrm{K}(u')|$ と交わることはない.

さて, x_1'' の任意の点 p_1' と x_2'' の任意の点 p_2' とを結ぶ弧 Γ' が存在する. p_1' は x_1 の中で p_1 と結ぶことができ, p_2' は x_2 の中で p_2 と結ぶことができるからである. Γ' は K' の頂点を通らないように描いておこう. Γ' は $\mathrm{X} - |\mathrm{K}(u')|$ の連結成分 U 内の弧である.

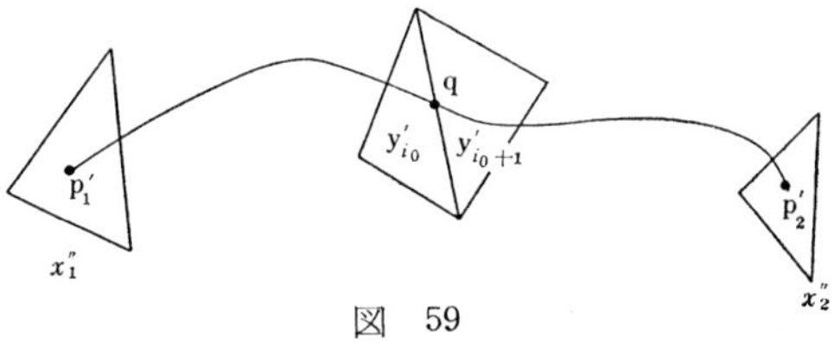

図 59

K' の n 単体の中で Γ' と交わるものを適当な順序に並べて

$$x_1'' = y_1', y_2', \cdots, y_m' = x_2''$$

とする. "$i \geqq j$ ならば $y_j' \in c_1'$" を満足する番号 i の集合は空でなく, その最大値 i_0 は m より小である. よって $y'_{i_0+1} \in c_2'$. 従って $\Gamma' \cap y'_{i_0} \cap y'_{i_0+1}$ の点 q が存在する. q は $\Gamma' \cap |\mathrm{K}(u')|$ に属するから, Γ' が $\mathrm{X} - |\mathrm{K}(u')|$ の連結成分内の弧であったことに矛盾する. よって補題 34.3 が成り立つ.

補題 34.4. $\mathrm{X} - \mathrm{Y}$ は多くとも二つの連結成分をもつ.

証明. U を X−Y の一つの連結成分とする. X の単体分割 K の各単体の径を十分小さくとっておけば, U は |M| に含まれない. K′ の n 単体 x' で, U と交わるが |M′| に含まれないようなものは必ず U に含まれる. このような単体 x' の和を c' とする. $\partial c'$ は M′ の $n-1$ 輪体である: 実際, U の $n-1$ 単体 y' で M′ に含まれないものは, M′ に属していない二つの n 単体 x_1' と x_2' の共通の辺である. 従って x_1', x_2' はともに n 鎖 c' に含まれているから, y' は $\partial c'$ に含まれない. 従って, 対偶をとれば, $\partial c'$ の各項は M′ の $n-1$ 単体からなっていることになる.

先に定義した単体写像 $h: \mathrm{K}'\to\mathrm{K}$ を用いて

$$\hat{h}(c')=c$$

と定義する. c は零鎖ではない. 実際, M に含まれていない U の n 単体 $x\in\mathrm{K}$ をとる.

$$d_1(x)=x_1'+x_2'+\cdots+x_k'$$

とすれば, 各 x_i' は n 鎖 c' に含まれ, 補題 15.4 によって

$$\hat{h}(x_1'+x_2'+\cdots+x_k')=x.$$

しかも, x に含まれない K′ の n 単体は, $\hat{h}$ によって決して x に写されることはない. よって $c\neq 0$. 次に

$$\partial c=\hat{h}(\partial c')$$

であるが, $\partial c'$ は M′ の $n-1$ 輪体であるから

$$\partial c=\hat{f}[\hat{g}(\partial c')].$$

$\hat{g}(\partial c')$ は L の $n-1$ 輪体であるから, 0 かまたは z に等しいはずである. (34.2) から

$$\partial c=\lambda u \qquad (\lambda=0 \text{ または } 1)$$

となる. 以上をまとめると,

(34.5)　K の n 鎖 c は 0 でなく, U または |M| に含まれる n 単体の和であって, その境界 ∂c は λu ($\lambda=0$ または 1) と表わされる.

いま, X−Y が相異なる三つの連結成分 $\mathrm{U}_1, \mathrm{U}_2, \mathrm{U}_3$ をもっていると仮定する. $\mathrm{U}_1, \mathrm{U}_2$ に関して条件 (34.5) を満足する n 鎖をそれぞれ c_1, c_2 とする:

$$\begin{cases} \partial c_1 = \lambda^1 u & (\lambda^1 = 0 \text{ または } 1), \\ \partial c_2 = \lambda^2 u & (\lambda^2 = 0 \text{ または } 1). \end{cases}$$

$c = \mu^1 c_1 + \mu^2 c_2$ （μ^1, μ^2 は 0 または 1）と定義すると，n 鎖 c は明らかに $U_3 - |M|$ の n 単体を含まない．しかるに

$$\partial c = (\lambda^1 \mu^1 + \lambda^2 \mu^2) u$$

において，λ^1, λ^2 のいかんにかかわらず

$$\lambda^1 \mu^1 + \lambda^2 \mu^2 \equiv 0 \pmod 2$$

を満足する μ^1, μ^2 を，どちらか一方は 0 でないようにとれるから，0 ならざる K の n 輪体 c が得られる．一方，このような n 輪体はただ一つで v の他にはなく，それは K のすべての n 単体の和でなくてはならない．従ってこのような n 輪体 c は存在しない．すなわち補題 34.4 が証明された．

補題 34.3 と合わせて，X−Y はちょうど二つの連結成分からなることがわかった．それらを U, V とすると，Y は U, V の共通の境界であることを示そう．

上に述べたことから，次の補題の成立することがわかる．

補題 34.5. E を n 次元球面上の $n-1$ 胞体とすると，X−E は連結である．

さて，Y の各点 p の ε 近傍 N(p) をとる：

$$N(p) = \{p' \in Y;\ \rho(p, p') < \varepsilon\}.$$

Y−N(p) は一つの $n-1$ 胞体 E であるから，X−E は連結である．任意の点 q∈U と任意の点 q′∈V に対して X−E 内の弧 Γ をとる：

$$\Gamma : (I, \{0\}, \{1\}) \to (X-E, \{q\}, \{q'\}).$$

$\Gamma(t) \in U$ なる値 t （∈I）の集合の上限

$$t_0 = \sup_{\Gamma(t) \in U} \{t\}$$

をとれば，$\Gamma(t_0) = p_0'$ は U の境界点である．ε は任意であったから U の境界点は Y 内に稠密に分布し，かつ Y は閉集合であるから，結局 Y は U の境界点の集合である(参考書 [2] 参照)．

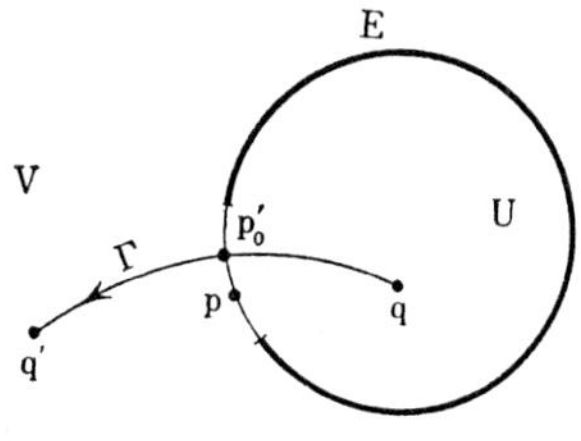

図 60

全く同様にして，Y は V の境界点の集合であることが証明される．これで定理 34.1 の証明は完結した．

問． 多面体 $|K|$ の部分集合を A とする．K の単体 x の中で，$S_K(x)\cap A\neq\phi$ となるような単体 x を要素とする集合 M は K の部分複体をなし，

$$A\subset|M|\subset|K|$$

となることを証明せよ．

問 題 8

1． 複体 K の頂点の集合を $\{a_1, a_2, \cdots, a_m\}$ とする．$\sum=\left\{S_K(a_i)\right\}_{i=1}^{m}$ は多面体 $|K|$ の閉被覆をなすことを示し，その次数を求めよ．

2． $S^2=\{\lambda\in \boldsymbol{C}\,;\,|\lambda|=1\}$ とする．正または負の整数 n によって $f(\lambda)=\lambda^n$ と定義される写像 $f: S^2\to S^2$ は，決して拡張 $f': E^3\to S^2$ をもたないことを証明せよ．

3． 補題 34.5 を証明せよ．

4． 2次元球面 S^2 上にジョルダン曲線 J がある．S^2-J の一つの連結成分内の点を p，他の連結成分内の点を q とする．p と q とを結ぶ任意の弧 Γ は，必ず J と交わることを証明せよ．

5． 複体 K の m 回反復細分 Sd^mK の任意の頂点 a に対して，$O_{Sd^mK}(a)\subset O_K(b)$ を満足する K の頂点 b がある．$f(a)=b$ は恒等写像 $|Sd^mK|\to|K|$ の単体近似で，かつ

$$\hat{f}\circ Sd^m=id$$

となることを証明せよ．

付録　積複体のホモロジー群

§ 35. テンソル積

以下，$A, B, C, X, \cdots$ などを(簡単のために)有限生成アーベル群とする．写像 $f : A\times B \to C$ が**双一次**であるとは

$$\begin{cases} f(a_1+a_2, b)=f(a_1, b)+f(a_2, b), \\ f(a, b_1+b_2)=f(a, b_1)+f(a, b_2) \end{cases}$$

なることをいう．ここに，$a, a_1, a_2 \in A$，$b, b_1, b_2 \in B$ である．

アーベル群 $A\otimes B$ と双一次写像 $\varphi : A\times B \to A\otimes B$ があって，次の性質を有するものとする：

（i）　φ は全射である．

（ii）　任意のアーベル群 C と双一次写像 $f : A\times B \to C$ に対して，準同形 $f^* : A\otimes B \to C$ が存在して，

$$f = f^* \circ \varphi$$

となる．すなわち次の図式が可換となる：

$$\begin{array}{ccc} A\times B & \xrightarrow{\varphi} & A\otimes B \\ & {\scriptstyle f}\searrow \quad \swarrow{\scriptstyle f^*} & \\ & C & \end{array}$$

補題 35.1. (i), (ii) を満足するアーベル群は，(存在すれば)同形を除いて一意的である．

証明. (i), (ii) を満たすような今一つの $(A\otimes' B, \varphi')$ があれば，$\varphi' = \varphi'^* \circ \varphi$，$\varphi = \varphi^* \circ \varphi'$ となるような準同形

$$\varphi'^* : A\otimes' B \to A\otimes B, \qquad \varphi^* : A\otimes B \to A\otimes' B$$

がある：

$$\begin{array}{ccc} A\times B & \xrightarrow{\quad\varphi\quad} & A\otimes B \\ & {\scriptstyle \varphi'}\searrow \quad {\scriptstyle \varphi^*}\swarrow\nearrow{\scriptstyle \varphi'^*} & \\ & A\otimes' B & \end{array}$$

$\varphi=(\varphi^*\circ\varphi'^*)\circ\varphi$ および $\varphi'=(\varphi'^*\circ\varphi^*)\circ\varphi'$ から，φ^*, φ'^* の同形なることが知られる．

補題 35.2. (i), (ii) を満足するアーベル群 $A\otimes B$ が存在する．

証明. A の元 a と B の元 b からなる順序対 (a,b) によって生成される自由アーベル群を $\boldsymbol{Z}(A\times B)$ とする．$\boldsymbol{Z}(A\times B)$ の元で特に

$$(a_1+a_2, b)-(a_1, b)-(a_2, b),$$
$$(a, b_1+b_2)-(a, b_1)-(a, b_2)$$

なる形をもつ元によって生成される部分群を $R(A\times B)$ とし，

$$A\otimes B=\boldsymbol{Z}(A\times B)/R(A\times B)$$

と定義する．また，(a,b) の属する剰余類を $a\otimes b$ とするとき，

$$\varphi(a\times b)=a\otimes b$$

と定義すれば，写像 $\varphi: A\times B\to A\otimes B$ は全射で，かつ，明らかに双一次写像である．任意の双一次写像 $f: A\times B\to C$ は自然に準同形 $f': \boldsymbol{Z}(A\times B)\to C$ に拡張される．f' は $R(A\times B)$ を0に写すから，準同形 $f^*: A\otimes B\to C$ を定義する．$f^*(a\otimes b)=f(a,b)$ であるから，$f=f^*\circ\varphi$ である．よって $A\otimes B$ は条件 (i) および (ii) を満たす．

$A\otimes B$ を A と B の**テンソル積**という．

補題 35.3. (i)　$A\otimes B\cong B\otimes A$.

(ii)　$(A\otimes B)\otimes C\cong A\otimes(B\otimes C)$.

(iii)　$\boldsymbol{Z}\otimes A\cong A$.

証明. (i), (ii) の証明は読者に任せることにして，(iii) の証明を述べよう．

双一次写像 $\varphi: \boldsymbol{Z}\times A\to A$ を，$\varphi(t,a)=ta$ と定義する．任意のアーベル群 B と任意の双一次写像 $f: \boldsymbol{Z}\times A\to B$ が与えられたとする．

$$\begin{aligned} f(t,a)&=t\cdot f(1,a)\\ &=f(1,ta). \end{aligned}$$

従って，準同形 $f^*: A\to B$ を $f^*(a)=f(1,a)$ と定義しておけば，$f=f^*\circ\varphi$ となる．よって，テンソル積の一意性によって $A\cong\boldsymbol{Z}\otimes A$ である．

アーベル群 G と負でない整数 n に対して

$$nG = \{ng\ ;\ g \in G\},$$

$$G_n = G/nG$$

と定義する．例えば，$G = \boldsymbol{Z}$ とすると，$n\boldsymbol{Z}$ は n の倍数全体からなる部分群，$\boldsymbol{Z}_n = \boldsymbol{Z}/n\boldsymbol{Z}$ は n を法とする剰余類のなす群である．

補題 35.4. $$\boldsymbol{Z}_n \otimes A \cong A_n.$$

証明. 整数 q を含む(n を法とする)剰余類を $\bar{q}$，また，A の元 a を含む(nA を法とする)剰余類を $[a]$ と表わす．

双一次写像 $\varphi : \boldsymbol{Z}_n \times A \to A_n$ を $\varphi(\bar{q}, a) = [qa]$ と定義する．任意のアーベル群 B と双一次写像 $f : \boldsymbol{Z}_n \times A \to B$ に対して，$f^* : A_n \to B$ なる準同形を $f^*([a]) = f(\bar{1}, a)$ と定義すれば，

$$\begin{aligned} f(\bar{q}, a) &= q \cdot f(\bar{1}, a) \\ &= f(\bar{1}, qa) = f^*([qa]) \\ &= f^* \circ \varphi(\bar{q}, a). \end{aligned}$$

従って，テンソル積の一意性によって $\boldsymbol{Z}_n \otimes A \cong A_n$.

特に $A = \boldsymbol{Z}_m$ とおき，m と n との最大公約数を d とすると，

系. $$\boldsymbol{Z}_n \otimes \boldsymbol{Z}_m \cong \boldsymbol{Z}_d.$$

補題 35.5. $$(A+B) \otimes C \cong (A \otimes C) + (B \otimes C).$$

ただし，“＋”は直和の意味である．

証明. 右辺を X と表わす．双一次写像

$$\varphi_A : A \times C \to A \otimes C, \qquad \varphi_B : B \times C \to B \otimes C$$

は，双一次写像

$$\varphi : (A+B) \times C \to X$$

を定める．すなわち

$$\varphi(a+b, c) = a \otimes c + b \otimes c.$$

φ は全射である．任意のアーベル群 Y と双一次写像 $f : (A+B) \times C \to Y$ が与えられると，f は双一次写像 $f_A : A \times C \to Y$ および $f_B : B \times C \to Y$ を定義する．従って，準同形 $f_A{}^* : A \otimes C \to Y$ および $f_B{}^* : B \otimes C \to Y$ が存在して

$$f_A = f_A{}^* \circ \varphi_A, \qquad f_B = f_B{}^* \circ \varphi_B$$

となる．$f_A{}^*, f_B{}^*$ は準同形 $f^*: X \to Y$ を定義する：

$$f^*(a \otimes c_1 + b \otimes c_2) = f_A{}^*(a \otimes c_1) + f_B{}^*(b \otimes c_2).$$

明らかに $f = f^* \circ \varphi$ である．テンソル積の一意性から

$$X \cong (A+B) \otimes C$$

となる．

系 1.
$$(\sum_i A_i) \otimes (\sum_j B_j) \cong \sum_{i,j} A_i \otimes B_j.$$

次に，n 個の文字 $x_1, x_2, \cdots, x_n$ を生成系とする自由アーベル群を $\boldsymbol{Z}(x_1, x_2, \cdots, x_n)$ と表わすことにする．その元は $\sum_{i=1}^{n} t^i x_i$ $(t^i \in \boldsymbol{Z})$ と一意に表わされ，$\sum_{i=1}^{n} t^i x_i$ と $\sum_{i=1}^{n} s^i x_i$ との和は $\sum_{i=1}^{n} (t^i + s^i) x_i$ と定義される．いま，$\boldsymbol{Z}$ の代りに任意のアーベル群 G を用いて得られるアーベル群を $G(x_1, x_2, \cdots, x_n)$ と表わすと，これは G と同形な n 個の部分群の直和に分解される．一方，$\boldsymbol{Z}(x_1, x_2, \cdots, x_n) \otimes G \cong (\boldsymbol{Z} + \boldsymbol{Z} + \cdots + \boldsymbol{Z}) \otimes G$ は，上の系 1 と補題 35.3 の (iii) によって，$G + G + \cdots + G$ (n 個の直和) と同形であるから，次の命題が証明されたことになる．

系 2.
$$G(x_1, x_2, \cdots, x_n) \cong \boldsymbol{Z}(x_1, x_2, \cdots, x_n) \otimes G.$$

次に，準同形 $f: A \to C$，$g: B \to D$ に対して，準同形 $f \otimes g: A \otimes B \to C \otimes D$ を

$$(f \otimes g)(a \otimes b) = f(a) \otimes g(b)$$

と定義する．次の等式が成立することは容易にわかる．

$$\begin{cases} (f_1 + f_2) \otimes g = f_1 \otimes g + f_2 \otimes g, \\ f \otimes (g_1 + g_2) = f \otimes g_1 + f \otimes g_2, \\ (f \otimes g) \circ (f' \otimes g') = f \circ f' \otimes g \circ g'. \end{cases}$$

鎖複体 (C_r, ∂_r) が与えられているとき，恒等変換 $G \to G$ を 1 と表わせば，$(C_r \otimes G, \partial_r \otimes 1)$ は新たな鎖複体を作る．アーベル群 G を係数とする複体 K の鎖群 $C(\mathrm{K}, G)$ (§12 参照)は，上の系 2 によって $C(\mathrm{K}) \otimes G$ と同形で，その境界準同形は $\partial_r \otimes 1$ である．

定理 35.6.

(35.1) $$0 \to A \xrightarrow{i} X \xrightarrow{\pi} B \to 0$$

が完全系列ならば，任意のアーベル群 G に対して

(35.2) $$A \otimes G \xrightarrow{i \otimes 1} X \otimes G \xrightarrow{\pi \otimes 1} B \otimes G \to 0$$

は完全系列である.

証明. G は有限個の $\boldsymbol{Z}$ と $\boldsymbol{Z}_n$ なる形の巡回群の直和である．補題 35.5 を考慮すれば，$G=\boldsymbol{Z}$ および $G=\boldsymbol{Z}_n$ なる場合に証明すればよい．前者の場合は補題 35.3 の (iii) から明白である．後者の場合は補題 35.4 によって (35.2) は

$$A_n \xrightarrow{i_*} X_n \xrightarrow{\pi_*} B_n \to 0$$

となる．ここに

$$i_*[a]=[ia], \qquad \pi_*[x]=[\pi x]$$

である．π_* が全射なること，および $\pi_* \circ i_*=0$ はほとんど自明であるから，$\mathrm{Ker}\,\pi_* \subset \mathrm{Im}\,i_*$ を証明する．実際，$\pi_*[x]=0$ とすると，これは $\pi x=nb$ なる $b \in B$ が存在することである．$\pi x'=b$ なる $x' \in X$ をとると，

$$\pi(x-nx')=nb-nb=0.$$

従って，$i(a)=x-nx'$ なる $a \in A$ がある.

$$i_*[a]=[ia]=[x-nx']=[x].$$

よって証明された.

系. 特に G が自由アーベル群ならば

(35.3) $$0 \to A \otimes G \to X \otimes G \to B \otimes G \to 0$$

は完全系列をなす．また，(35.1) が分解するときは，任意のアーベル群 G に対して (35.3) もまた分解する完全系列である(補題 35.5).

注意. 定理 35.6 の証明は G が有限生成でないと通用しない．しかしながら，この定理は一般に G が有限生成でなくとも成立する．その証明は演習に譲る.

問. 次の等式を証明せよ:

(i) $A \otimes B \cong B \otimes A$.

(ii) $(A \otimes B) \otimes C \cong A \otimes (B \otimes C)$.

§ 36. ねじれ積

完全系列

(36.1) $$0 \to F_1 \xrightarrow{i} F_0 \xrightarrow{\pi} A \to 0$$

において，F_0, F_1 がともに自由アーベル群なるとき，これをアーベル群 A の**射影的分解**という．このような分解は必ず存在する．実際，A の生成系を $x_1, x_2, \cdots, x_m$ とするとき，文字 $X_1, X_2, \cdots, X_m$ によって生成される(整係数)自由アーベル群を F_0 とし，F_0 から A の上への準同形 π を

$$\pi(t^1X_1+t^2X_2+\cdots+t^mX_m)=t^1x_1+t^2x_2+\cdots+t^mx_m$$

と定義する．$\mathrm{Ker}\,\pi=F_1$ は F_0 の部分群で，包含写像を $i: F_1\to F_0$ とすれば，(36.1) のような射影的分解を得る．

§ 35 において，任意のアーベル群 G に対して

(36.2) $$F_1\otimes G \xrightarrow{i\otimes 1} F_0\otimes G \xrightarrow{\pi\otimes 1} A\otimes G \to 0$$

が完全系列をなすことを示した．一般に準同形 $f: A\to B$ に対して，$B/\mathrm{Im}\,f$ を $\mathrm{Coker}\,f$ と表わすことにすると，

(36.3) $$\mathrm{Coker}(i\otimes 1)\cong A\otimes G$$

は，A の射影的分解のとり方に関係なく定まるが，実は $\mathrm{Ker}(i\otimes 1)$ もまた，射影的分解のとり方に依存せず，A と G のみによって定まることを示そう．

補題 36.1. アーベル群 A, A' の射影的分解と，準同形 $f: A\to A'$ が与えられているとき，次の図式を可換にするような準同形 f_0, f_1 が存在する：

$$\begin{array}{ccccccccc} 0 & \to & F_1 & \xrightarrow{i} & F_0 & \xrightarrow{\pi} & A & \to & 0 \\ & & \downarrow{\scriptstyle f_1} & & \downarrow{\scriptstyle f_0} & & \downarrow{\scriptstyle f} & & \\ 0 & \to & F_1' & \xrightarrow{i'} & F_0' & \xrightarrow{\pi'} & A' & \to & 0 \end{array}$$

証明. F_0 の各生成元 x に対して，

$$\pi'(x')=f\circ\pi(x)$$

なる元 $x'\in F_0'$ が存在する．x' は一意ではないが，F_0 の生成系に対して，このような F_0' の元の一組を任意に選んで，これを線形に拡張すれば準同形 f_0 を得る．F_0 は自由アーベル群であるから，これは可能である．F_1 の各元 y に

対して

$$\pi'\circ f_0\circ i(y)=f\circ\pi\circ i(y)=0$$

であるから,

$$i'(y')=f_0\circ i(y)$$

なる $y'\in F_1'$ が一意に定まる. 対応 $y\to y'$ は準同形である. これを $f_1: F_1\to F_1'$ と定義すればよい.

補題 36.2. 補題 36.1 において, 条件を満たす準同形 g_0, g_1 が今一組存在したとすると, 準同形 $\Phi: F_0\to F_1'$ で

$$\Phi\circ i=g_1-f_1$$

なるものが存在する.

証明.
$$\pi'\circ(g_0-f_0)=f\circ\pi-f\circ\pi=0$$

であるから, F_0 が自由群なることに注意すれば, 準同形 $\Phi: F_0\to F_1'$ を

$$i'\circ\Phi=g_0-f_0$$

を満足するように定義することができる. 従って

$$\begin{aligned} i'\circ\Phi\circ i &= g_0\circ i-f_0\circ i \\ &= i'\circ(g_1-f_1). \end{aligned}$$

i' は単射であるから,

$$\Phi\circ i=g_1-f_1$$

となる. これで証明できた.

補題 36.2 の条件のもとで, 次の図式を考えよう:

$$\begin{array}{ccccccc} F_1\otimes G & \xrightarrow{i\otimes 1} & F_0\otimes G & \xrightarrow{\pi\otimes 1} & A\otimes G & \to & 0 \\ {\scriptstyle g_1\otimes 1}\downarrow\downarrow{\scriptstyle f_1\otimes 1} & & {\scriptstyle g_0\otimes 1}\downarrow\downarrow{\scriptstyle f_0\otimes 1} & & \downarrow{\scriptstyle f\otimes 1} & & \\ F_1'\otimes G & \xrightarrow{i'\otimes 1} & F_0'\otimes G & \xrightarrow{\pi'\otimes 1} & A'\otimes G & \to & 0 \end{array}$$

$x\otimes u\in \mathrm{Ker}(i\otimes 1)$ に対して

$$\begin{aligned} &(i'\otimes 1)\circ(f_1\otimes 1)(x\otimes u) \\ &\quad=[i'\circ f_1(x)]\otimes u=[f_0\circ i(x)]\otimes u \\ &\quad=(f_0\otimes 1)\circ(i\otimes 1)(x\otimes u)=0. \end{aligned}$$

従って, $f_1\otimes 1$ は準同形 $\mathrm{Ker}(i\otimes 1)\to\mathrm{Ker}(i'\otimes 1)$ を定義する. また,

$$
\begin{aligned}
&(g_1\otimes 1-f_1\otimes 1)(x\otimes u)\\
&\quad=[(g_1-f_1)(x)]\otimes u\\
&\quad=[\emptyset\circ i(x)]\otimes u\\
&\quad=(\emptyset\otimes 1)\circ(i\otimes 1)(x\otimes u)=0.
\end{aligned}
$$

従って $f_1\otimes 1=g_1\otimes 1$. すなわち，準同形

$$f_1\otimes 1:\mathrm{Ker}(i\otimes 1)\to\mathrm{Ker}(i'\otimes 1)$$

は f_0, f_1 の選び方に関係せず，f のみによって定まる．これを $f_\sharp$ と表わそう．

次に，アーベル群 A, A', A'' の射影的分解，および準同形 $f: A\to A'$, $g: A'\to A''$ とが与えられているとする．次の可換な図式

$$
\begin{array}{ccccccccc}
0 & \to & F_1 & \xrightarrow{i} & F_0 & \xrightarrow{\pi} & A & \to & 0\\
 & & \downarrow f_1 & & \downarrow f_0 & & \downarrow f & & \\
0 & \to & F_1' & \xrightarrow{i'} & F_0' & \xrightarrow{\pi'} & A' & \to & 0\\
 & & \downarrow g_1 & & \downarrow g_0 & & \downarrow g & & \\
0 & \to & F_1'' & \xrightarrow{i''} & F_0'' & \xrightarrow{\pi''} & A'' & \to & 0
\end{array}
$$

から，

$$
\begin{aligned}
(g\circ f)_\sharp&=(g_1\circ f_1)\otimes 1\\
&=(g_1\otimes 1)\circ(f_1\otimes 1)=g_\sharp\circ f_\sharp
\end{aligned}
$$

を得る．特に，$A=A'=A''$, $f=g=1_A$, $F_0''=F_0$, $F_1''=F_1$ ととれば，一意性によって

$$
\begin{aligned}
&(g_1\otimes 1)\circ(f_1\otimes 1)\,|\,\mathrm{Ker}(i\otimes 1)\\
&\quad=1\otimes 1.
\end{aligned}
$$

同様にして

$$
\begin{aligned}
&(f_1\otimes 1)\circ(g_1\otimes 1)\,|\,\mathrm{Ker}(i'\otimes 1)\\
&\quad=1\otimes 1.
\end{aligned}
$$

従って

$$\mathrm{Ker}(i\otimes 1)\cong\mathrm{Ker}(i'\otimes 1)$$

となる．よって次の定理が証明された．

定理 36.3. アーベル群 A の任意の射影的分解

$$0 \to F_1 \xrightarrow{i} F_0 \xrightarrow{\pi} A \to 0$$

と，任意のアーベル群 G に対して

$$F_1 \otimes G \xrightarrow{i\otimes 1} F_0 \otimes G \xrightarrow{\pi\otimes 1} A \otimes G \to 0$$

は完全系列をなし，$\mathrm{Ker}(i\otimes 1)$ は射影的分解のとり方に依存せず，同形を除いて(A と G だけによって)一意に定まる．これを $\mathrm{Tor}(A, G)$ または $A*G$ と書いて，A と G との**ねじれ積**とよぶ．

補題 36.4. (i) $(\sum_i A_i)*(\sum_j B_j) \cong \sum_{i,j} A_i * B_j$ ($\sum$ は直和を表わす)．

(ii) A が自由アーベル群ならば $A*G=0$.

証明. (i) 補題 35.5 の同形によって，$A*(\sum_j B_j) \cong \sum_j (A*B_j)$ である．また，一般に A, A' の射影的分解を

$$0 \to F_1 \to F_0 \to A \to 0,$$
$$0 \to F_1' \to F_0' \to A' \to 0$$

とすると，直和 $A+A'$ の射影的分解として

$$0 \to F_1+F_1' \to F_0+F_0' \to A+A' \to 0$$

をとることができる．これと補題35.5の同形とから $(\sum_j A_j)*B \cong \sum_j (A_j * B)$ を得る．

(ii) A の射影的分解として特に

$$0 \to 0 \to A \to A \to 0$$

をとればよい．これで補題の証明を終る．

任意のアーベル群 G に対して

$${}_nG = \{g \in G\ ;\ ng=0\}$$

と定義すれば，次の補題が成立する．

補題 36.5. $\boldsymbol{Z}_n * G \cong {}_nG.$

証明. $\boldsymbol{Z}_n$ の射影的分解として

$$0 \to \boldsymbol{Z} \xrightarrow{n} \boldsymbol{Z} \xrightarrow{\pi} \boldsymbol{Z}_n \to 0$$

をとる．ここに，$n: \boldsymbol{Z} \to \boldsymbol{Z}$ は $n(a) = n\cdot a$ で与えられる準同形，$\pi: \boldsymbol{Z} \to \boldsymbol{Z}_n$ は自然な射影 $\pi(a) = [a]\ (\mathrm{mod}\ n\boldsymbol{Z})$ である．完全系列

$$\boldsymbol{Z}\otimes G \xrightarrow{n\otimes 1} \boldsymbol{Z}\otimes G \xrightarrow{\pi\otimes 1} \boldsymbol{Z}_n\otimes G \to 0$$

は

$$G \xrightarrow{n'} G \xrightarrow{\pi'} G_n \to 0$$

と同等である．従って

$$\mathrm{Ker}\, n' = \{g\in G\,;\, ng=0\} = {}_nG.$$

系．　$\boldsymbol{Z}_n * \boldsymbol{Z}_m \cong \boldsymbol{Z}_d$　(d は m と n の最大公約数)．

注意． ねじれ積の可換性に関しては § 37 の末尾を参照せよ．

問． $A\cong \boldsymbol{Z}+\boldsymbol{Z}_2+\boldsymbol{Z}_6+\boldsymbol{Z}_{12}$ として，次のアーベル群を巡回群の直和として表わせ:

(i) $A*\boldsymbol{Z}_2$,　(iii) $A*\boldsymbol{Z}_4$,

(ii) $A*\boldsymbol{Z}_3$,　(iv) $A*\boldsymbol{Z}_6$.

§ 37. キュネットの公式と普遍係数定理

二つの鎖複体 $\boldsymbol{C}=(C_r,\partial_r)$, $\boldsymbol{C}'=(C'_r,\partial'_r)$ が与えられたとき,

$$\begin{cases} D_r = \sum_{p+q=r} C_p\otimes C'_q, \\ \partial_r(x^p\otimes y^q) = \partial_p x^p \otimes y^q + (-1)^p x^p \otimes \partial_q y^q \end{cases}$$

によって新たな鎖複体 (D_r,∂_r) が定義される．これを鎖複体 $\boldsymbol{C}$ と $\boldsymbol{C}'$ との**積**とよび，$\boldsymbol{C}\otimes\boldsymbol{C}'$ と表わす．本節の目標は，$\boldsymbol{C},\boldsymbol{C}'$ のホモロジー群と $\boldsymbol{C}\otimes\boldsymbol{C}'$ のホモロジー群との間の関係を示す重要な定理を証明することである．

鎖複体 (C_p,∂_p) の鎖群，輪体群，境界輪体群をそれぞれ

$$C=\sum_p C_p,\qquad Z=\sum_p Z_p,\qquad B=\sum_p B_p$$

と略記する．いま，Z_p, B_{p-1} を p 鎖群とし，境界作用素をすべて零写像とおくことによって，$\boldsymbol{Z}=\{Z_p\}$，$\boldsymbol{B}=\{B_{p-1}\}$ を新たな鎖複体とみなす．この節では鎖群 C は自由アーベル群であると仮定する．従って分解する完全系列

(37. 1)　$$0\to Z \xrightarrow{j} C \xrightarrow{\partial} B \to 0$$

から，分解する完全系列

(37. 2)　$$0\to Z\otimes C' \xrightarrow{j\otimes 1} C\otimes C' \xrightarrow{\partial\otimes 1} B\otimes C' \to 0$$

を得る．ここに $j: Z\to C$ は包含写像を表わす．

定理 8.3 から次の完全系列を得る：

(37.3) $$\cdots \to H_{r+1}(B\otimes C') \xrightarrow{\partial_*} H_r(Z\otimes C') \xrightarrow{(j\otimes 1)_*} H_r(C\otimes C')$$
$$\to H_r(B\otimes C') \xrightarrow{\partial_*} H_{r-1}(Z\otimes C') \to \cdots$$

鎖複体 $\boldsymbol{B}\otimes\boldsymbol{C}'$ の境界作用素は，定義によって

$$\partial(x^p\otimes y^q)=(-1)^p x^p\otimes\partial y^q.$$

従って ∂ は $B_p\otimes C'_q$ を $B_p\otimes C'_{q-1}$ の中に写す．鎖複体 $\boldsymbol{B}$ の p 鎖群を B_{p-1} と定義したのであるから

$$H_r(B\otimes C')=\sum_{p+q=r} B_{p-1}\otimes H_q(C').$$

同様に

$$H_r(Z\otimes C')=\sum_{p+q=r} Z_p\otimes H_q(C').$$

よって完全系列 (37.3) は次のようになる：

(37.4) $$\cdots \to \sum_{p+q=r} B_p\otimes H_q(C') \xrightarrow{\partial_*} \sum_{p+q=r} Z_p\otimes H_q(C')$$
$$\to H_r(C\otimes C') \to \sum_{p+q=r-1} B_p\otimes H_q(C') \to \cdots$$

ここで ∂_* の定義をふりかえってみよう(§ 9)．B_p の元 b と C'_q の輪体 z' に対して

$$\begin{cases} (\partial\otimes 1)(c\otimes z')=b\otimes z', \\ (j\otimes 1)(z\otimes z')=\partial(c\otimes z') \end{cases}$$

なる関係を満足する元 $z\otimes z'\in Z_p\otimes Z'_q$ のホモロジー類が ∂_* による $\{b\otimes z'\}$ の像であった．このような $z\otimes z'$ として，特に $b\otimes z'$ 自身をとることができる．換言すると，$i: B\to Z$ を包含写像とすると

$$\partial_*=i\otimes 1: \sum_{p+q=r} B_p\otimes H_q(C')\to \sum_{p+q=r} Z_p\otimes H_q(C')$$

に他ならない．よって (37.4) から完全系列

(37.5) $$0 \to \mathrm{Coker}(i\otimes 1) \to H_r(C\otimes C') \to \mathrm{Ker}(i\otimes 1) \to 0$$

を得る．各整数 p に対して $q=r-p$ とおく．完全系列

$$0 \to B_p \to Z_p \to H_p(C) \to 0$$

を $H_p(C)$ の射影的分解とみて，完全系列

$$B_p \otimes H_q(C') \xrightarrow{i\otimes 1} Z_p \otimes H_q(C') \to H_p(C) \otimes H_q(C') \to 0$$

から，

$$\begin{cases} \mathrm{Coker}(i\otimes 1) \cong H_p(C) \otimes H_q(C'), \\ \mathrm{Ker}(i\otimes 1) \cong H_p(C) * H_q(C') \end{cases}$$

を得る．よって (37.5) は

$$(37.6) \qquad 0 \to \sum_{p+q=r} H_p(C) \otimes H_q(C') \xrightarrow{\theta} H_r(C\otimes C')$$
$$\to \sum_{p+q=r-1} H_p(C) * H_q(C') \to 0$$

となる．ここで θ の定義を反省してみると，C_p, C'_q の輪体 z, z' に対して

$$\theta(\{z\}\otimes\{z'\}) = \{z\otimes z'\}.$$

次に，(37.6) が分解する完全系列であることを見よう．完全系列 (37.2) は分解する系列であるから，準同形

$$(\pi\otimes 1) : C\otimes C' \to Z\otimes C' \qquad \text{で}$$
$$(\pi\otimes 1)\circ(j\otimes 1) = id$$

なるものがある．$\pi\otimes 1$ は鎖準同形であるから

$$\pi\otimes 1 : \sum_{p+q=r} C_p \otimes H_q(C') \to \sum_{p+q=r} Z_p \otimes H_q(C')$$

をひきおこす．π を C_p の部分群 B_p の上に制限したものは包含写像 $i : B_p \to C_p$ に他ならないから，$\pi\otimes 1$ は $B_p\otimes H_q(C')$ を $(i\otimes 1)(B_p\otimes H_q(C'))$ に写す．従って，準同形

$$\tau : \sum_{p+q=r} H_p(C)\otimes H_q(C') \to \mathrm{Coker}(i\otimes 1)$$

をひきおこす．C_p, C'_q の輪体 z, z' に対して

$$\tau\circ\theta(\{z\}\otimes\{z'\}) = \tau\{z\otimes z'\}$$
$$= \{\pi z\}\otimes\{z'\} = \{z\}\otimes\{z'\}.$$

すなわち，$\tau\circ\theta = id$ であるから，系列 (37.6) は分解する．

定理 37.1.（キュネットの公式） C を自由アーベル群からなる鎖複体とすれば

$$H_r(C\otimes C') \cong \sum_{p+q=r} H_p(C)\otimes H_q(C') + \sum_{p+q=r-1} H_p(C) * H_q(C').$$

任意のアーベル群 G を，0次元鎖群が G で，他はことごとく 0 なる特別の鎖複体とみなすと，次の**普遍係数定理**を得る(定理 12.1 参照).

系 1.　$H_r(K,G)\cong H_r(K)\otimes G+H_{r-1}(K)*G$　(直和).

次に，ねじれ積の可換性について述べよう．任意のアーベル群 A, B の射影的分解

$$0\to X_1\to X_0\to A\to 0,$$
$$0\to Y_1\to Y_0\to B\to 0$$

において，$\boldsymbol{X}=\{X_0, X_1\}$，$\boldsymbol{Y}=\{Y_0, Y_1\}$ を鎖複体とみて，$X=X_0+X_1$，$Y=Y_0+Y_1$ とすれば，

$$H_0(X)\cong A,\qquad H_0(Y)\cong B,$$
$$H_1(X)=0,\qquad H_1(Y)=0$$

となる．よって

$$H_1(X\otimes Y)\cong H_0(X)*H_0(Y)\cong A*B.$$

同様に

$$H_1(Y\otimes X)\cong B*A.$$

しかるに $X\otimes Y$ と $Y\otimes X$ とは明らかに鎖同値であるから，

$$A*B\cong B*A.$$

問． 自由アーベル群からなる鎖複体 $\boldsymbol{C}, \boldsymbol{C}'$ のホモロジー群が次のように与えられているとき，$\boldsymbol{C}\otimes\boldsymbol{C}'$ のホモロジー群を計算せよ．$C=\sum_r C_r$，$C'=\sum_r C'_r$ とすると

$$\mathrm{H}_0(C)\cong\boldsymbol{Z},\qquad \mathrm{H}_0(C')\cong\boldsymbol{Z}+\boldsymbol{Z},$$
$$\mathrm{H}_1(C)\cong\boldsymbol{Z}+\boldsymbol{Z}_3,\qquad \mathrm{H}_1(C')\cong\boldsymbol{Z}+\boldsymbol{Z}_6+\boldsymbol{Z}_9,$$
$$\mathrm{H}_2(C)\cong\boldsymbol{Z},\qquad \mathrm{H}_2(C')\cong\boldsymbol{Z}+\boldsymbol{Z},$$
$$\mathrm{H}_r(C)=0\quad(r\geqq 3),\qquad \mathrm{H}_r(C')=0\quad(r\geqq 3).$$

§ 38. 積　複　体

§ 16 において，多面体 $|\mathrm{K}|$ と閉区間 I との直積 $|\mathrm{K}|\times\mathrm{I}$ の単体分割を与えた．もう一度反省してみるために，いま単体 $\mathrm{x}^2=\langle \mathrm{a}_0, \mathrm{a}_1, \mathrm{a}_2\rangle$ と $\mathrm{y}^1=\langle \mathrm{b}_0, \mathrm{b}_1\rangle$ の直積を調べよう．

次の行列において

$$\begin{pmatrix} a_0\times b_0 & a_0\times b_1 \\ a_1\times b_0 & a_1\times b_1 \\ a_2\times b_0 & a_2\times b_1 \end{pmatrix}$$

左上隅の $a_0\times b_0$ から右下隅 $a_2\times b_1$ に達する最短のたどり方が 3 通りある．図式で示すと

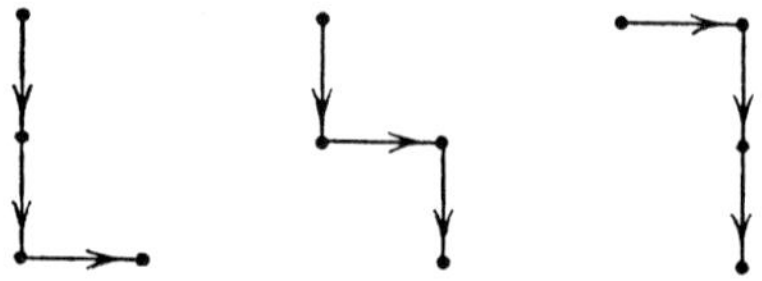

(i)　(ii)　(iii)

図　61

すなわち

(i)　$a_0\times b_0$,　$a_1\times b_0$,　$a_2\times b_0$,　$a_2\times b_1$

(ii)　$a_0\times b_0$,　$a_1\times b_0$,　$a_1\times b_1$,　$a_2\times b_1$

(iii)　$a_0\times b_0$,　$a_0\times b_1$,　$a_1\times b_1$,　$a_2\times b_1$

これらの頂点によって張られる 3 個の単体が $x^2\times y^1$ の基本単体をなすのであった．その特徴はといえば，

$$(a_{i_0}\times b_{j_0},\ a_{i_1}\times b_{j_1},\ a_{i_2}\times b_{j_2},\ a_{i_3}\times b_{j_3})$$

が $x^2\times y^1$ の基本単体であるためには，相隣る頂点 $a_{i_k}\times b_{j_k}$, $a_{i_{k+1}}\times b_{j_{k+1}}$ を比べてみたとき

(38.1)
$$i_{k+1}=1+i_k,\qquad j_{k+1}=j_k,\ \text{または}$$
$$i_{k+1}=i_k,\qquad j_{k+1}=1+j_k$$

となっていることである．これらの基本単体の任意の辺単体をとるとき，相隣る頂点の関係は単に

(38.2)
$$i_k\leqq i_{k+1},\qquad j_k\leqq j_{k+1}$$

と表わされる．

以上を一般化して，ユークリッド単体 $x^p=\langle a_0, a_1, \cdots, a_p\rangle$ と $y^q=\langle b_0, b_1, \cdots, b_q\rangle$ の直積集合 P の単体分割が次のように与えられることを示そう．

補題 38.1. $c_0=a_{i_0}\times b_{j_0}$, $c_1=a_{i_1}\times b_{j_1}$, $\cdots$, $c_r=a_{i_r}\times b_{j_r}$ を相異なる $r+1$ 個の頂点とするとき，

(38.3) $$\begin{cases} i_0 \leqq i_1 \leqq \cdots \leqq i_r, \\ j_0 \leqq j_1 \leqq \cdots \leqq j_r \end{cases}$$

ならば，$\langle c_0, c_1, \cdots, c_r \rangle$ は多面体 P のある r 単体であり，逆に，P の任意の r 単体はこのように表わされる．

証明． 関係 (38.3) を満たすような $p+q$ 単体 $\langle c_0, c_1, \cdots, c_{p+q} \rangle$，およびそのすべての辺単体よりなる複体を K とする．多面体 |K| と P とが同相なることを示せばよい．

x^p の任意の点を重心座標で

$$\sum_{i=0}^{p} \alpha(a_i) a_i, \qquad \alpha(a_i) \geqq 0, \qquad \sum_{i=0}^{p} \alpha(a_i) = 1$$

と表わす．同様に y^q の任意の点を

$$\sum_{j=0}^{q} \beta(b_j) b_j, \qquad \beta(b_j) \geqq 0, \qquad \sum_{j=0}^{q} \beta(b_j) = 1$$

と表わす．これらの係数の部分和をそれぞれ

$$\alpha^m = \sum_{i=0}^{m} \alpha(a_i), \qquad \beta^n = \sum_{j=0}^{n} \beta(b_j)$$

とし，これら $p+q+2$ 個の α^m, β^n を大きさの順に並べたものを

(38.4) $$\gamma^0 \leqq \gamma^1 \leqq \cdots \leqq \gamma^{p+q} = \gamma^{p+q+1} = 1$$

とする．$\gamma^{-1} = 0$ とおき，最後の γ^{p+q+1} を切り捨てれば，$p+q+2$ 項からなる単調増加列

$$0 = \gamma^{-1} \leqq \gamma^0 \leqq \cdots \leqq \gamma^{p+q} = 1$$

を得る．これに対して，頂点 $c_k = a_i \times b_j$ $(k = i+j)$ を帰納的に次のように定める：

(i) $c_0 = a_0 \times b_0$.

(ii) $c_k = a_i \times b_j$ が定義されたと仮定すると

$$\gamma^k = \alpha^i \quad ならば \quad c_{k+1} = a_{i+1} \times b_j,$$

$$\gamma^k = \beta^j \quad ならば \quad c_{k+1} = a_i \times b_{j+1}.$$

そこで，$\gamma(c_k) = \gamma^k - \gamma^{k+1}$ とおけば

$$\gamma(c_k) \geqq 0, \qquad \sum_{k=0}^{p+q} \gamma(c_k) = 1.$$

従って

$$\sum_{k=0}^{p+q} \gamma(c_k) c_k \tag{38.5}$$

は K のある単体 $\langle c_0, c_1, \cdots, c_{p+q} \rangle$ の点である.

逆に, $|K|$ の任意の点はある $p+q$ 単体 $\langle c_0, c_1, \cdots, c_{p+q} \rangle$ の点であるから, それを重心座標で (38.5) のように表わす. 係数の部分和を

$$\gamma^l = \sum_{k=0}^{l} \gamma(c_k)$$

とする. $\gamma^{p+q+1}=1$ とおけば単調増加列 (38.4) を得る. この $p+q+2$ 個の γ^l を次のように2組に分ける:

$$c_1 = a_1 \times b_0 \quad ならば \quad \gamma^0 = \alpha^0,$$
$$c_1 = a_0 \times b_1 \quad ならば \quad \gamma^0 = \beta^0.$$

以下, 一般に $c_k = a_i \times b_j$ $(k=i+j)$ なるとき,

$$c_{k+1} = a_{i+1} \times b_j \quad ならば \quad \gamma^k = \alpha^k,$$
$$c_{k+1} = a_i \times b_{j+1} \quad ならば \quad \gamma^k = \beta^k.$$

$c_{p+q+1} = c_{p+q} = a_p \times b_q$ と定めておけば, $\alpha^p = \beta^q = 1$ となる. $\alpha^{-1} = \beta^{-1} = 0$ とおいて, 単調増加数列

$$\begin{cases} 0 = \alpha^{-1} \leqq \alpha^0 \leqq \cdots \leqq \alpha^p = 1, \\ 0 = \beta^{-1} \leqq \beta^1 \leqq \cdots \leqq \beta^q = 1 \end{cases}$$

を作り, これに対して

$$\begin{cases} \alpha(a_i) = \alpha^i - \alpha^{i-1} \quad (0 \leqq i \leqq p), \\ \beta(b_j) = \beta^j - \beta^{j-1} \quad (0 \leqq j \leqq q) \end{cases}$$

と定義すれば,

$$\begin{cases} \alpha(a_i) \geqq 0, \qquad \sum_{i=0}^{p} \alpha(a_i) = 1, \\ \beta(b_j) \geqq 0, \qquad \sum_{j=0}^{q} \beta(b_j) = 1. \end{cases}$$

従って

$$\left(\sum_{i=0}^{p}\alpha(\mathrm{a}_i)\mathrm{a}_i,\ \sum_{j=0}^{q}\beta(\mathrm{b}_j)\mathrm{b}_j\right) \tag{38.6}$$

は P の点である．(38.6) で表わされる点と (38.5) で表わされる点との対応は，P と |K| の間の同相写像を与えることは容易に確認できるであろう．

注意． P の点が (38.6) で与えられたとき，$\alpha^i=\beta^j$ ならば γ^k $(k=i+j)$ が一意に定まらない．しかしながら，この場合にはいずれにしても $\gamma^k=\gamma^{k+1}$ となるから，(38.5) の重心座標には影響しない．すなわち，(38.5) なる点は一意に定まる．

また，単体 x^p や y^q の頂点の順序を変更すると，直積集合 P の単体分割は変ってくる．しかしながら，ホモロジー群は単体分割のしかたによらないから(§ 17 参照)，我々の目標には影響しない．

ユークリッド単体 x^p を単に点集合としてみるとき，これを $|\mathrm{x}^p|$ と表わすことにする．単体 x^p と y^q の頂点の順序をそれぞれ任意に定めて固定し，これに関して補題 38.1 の方法で与えられる $|\mathrm{x}^p|\times|\mathrm{y}^q|$ の単体分割 K を単に $\mathrm{x}^p\times\mathrm{y}^q$ と表わそう．従って

$$|\mathrm{x}^p\times\mathrm{y}^q|=|\mathrm{x}^p|\times|\mathrm{y}^q|$$

である．

複体 K と L との**積複体** K×L を定義するために，K および L の頂点の順序をあらかじめ定めておく：

$$\mathrm{K}:\mathrm{a}_1,\mathrm{a}_2,\cdots,\mathrm{a}_m,$$

$$\mathrm{L}:\mathrm{b}_1,\mathrm{b}_2,\cdots,\mathrm{b}_n.$$

K, L の各単体 $\mathrm{x}^p, \mathrm{y}^q$ の頂点は，この順序に従って一定の順序に並べられる．その順序に関して (38.6) と (38.5) によって定められる同相写像を $\varphi:|\mathrm{x}^p|\times|\mathrm{y}^q|\to|\mathrm{x}^p\times\mathrm{y}^q|$ とする．K の任意の単体 x^p と L の任意の単体 y^q に関して，$\mathrm{x}^p\times\mathrm{y}^q$ を構成するすべての単体の和集合を K×L とすると，φ は $|\mathrm{K}|\times|\mathrm{L}|$ から $|\mathrm{K}\times\mathrm{L}|$ への同相写像を定義する．これを示すには

$$\varphi_1:|\mathrm{x}^p|\times|\mathrm{y}^q|\to|\mathrm{x}^p\times\mathrm{y}^q|,$$

$$\varphi_2:|\mathrm{x}^r|\times|\mathrm{y}^s|\to|\mathrm{x}^r\times\mathrm{y}^s|,$$

$$\mathrm{x}^r\prec\mathrm{x}^p,\qquad \mathrm{y}^s\prec\mathrm{y}^q$$

なるとき

(38.7)　$$\varphi_1 | |x^r| \times |y^s| = \varphi_2$$

なることをいえばよい．実際，(38.6) において，$\alpha(a_0)=0$ とすると，$\gamma^0=0$ であるから $\gamma(c_0)=0$ となって，(38.5) は $a_0 \times b_j$ の形の項を含まない．同様に，ある i に関して $\alpha(a_i)=0$ ならば，(38.5) は $a_i \times b_j$ (j は任意) なる形の項を含まず，ある j に関して $\beta(b_j)=0$ なるときは，$a_i \times b_j$ (i は任意) なる形の項を含まない．よって (38.7) の成立することが知られる．

以上によって次の定理が証明された．

定理 38.2. 複体 K, L の頂点をそれぞれ一定の順序に並べて，それを a_1, $a_2, \cdots$ および $b_1, b_2, \cdots$ とする．多面体 $|K| \times |L|$ の単体分割 K×L は次のようにして得られる：

(i) K×L の頂点は $a_i \times b_j$ の形のものからなる．

(ii) $c_0 = a_{i_0} \times b_{j_0}$, $c_1 = a_{i_1} \times b_{j_1}, \cdots, c_r = a_{i_r} \times b_{j_r}$ を K×L の相異なる $r+1$ 個の頂点とし，$a_{i_0}, a_{i_1}, \cdots, a_{i_r}$ は K の，$b_{j_0}, b_{j_1}, \cdots, b_{j_r}$ は L のある単体に含まれており，さらに

$$i_0 \leqq i_1 \leqq \cdots \leqq i_r,$$
$$j_0 \leqq j_1 \leqq \cdots \leqq j_r$$

であるとする．そのとき $\langle c_0, c_1, \cdots, c_r \rangle$ は K×L の r 単体で，逆に K×L の任意の r 単体はこのようにして表わされる．

問. 線分 $x^1 = \langle a_0, a_1 \rangle$ を $\boldsymbol{R}^2$ の中の第1軸上の閉区間 [0, 1]，線分 $y^1 = \langle b_0, b_1 \rangle$ を第2軸上の閉区間 [0, 1] として実現すると，$|x^1| \times |y^1|$ は $I^2 = \{(t_1, t_2 ; 0 \leqq t_1, t_2 \leqq 1\}$ となる．次に複体 $x^1 \times y^1$ を $\boldsymbol{R}^3$ の中に4個の独立な点をとって実現する．このとき，同相写像 $\varphi : I^2 \to |x^1 \times y^1|$ の解析幾何学的意味を明らかにせよ．

§ 39. 積複体のホモロジー群

複体 K, L の頂点をそれぞれ一定の順序に並べると，K, L の各単体は，その順序によって一定の向きが与えられる．また § 38 によって，積複体 K×L の各単体にそれぞれ一定の向きがつく．

本節では，鎖複体 $C(K \times L)$ が，$C(K)$ と $C(L)$ との積 $C(K) \otimes C(L)$ と鎖同値になること，すなわち，鎖同値準同形 $\varphi : C(K \times L) \to C(K) \otimes C(L)$ と

$\psi: C(\mathrm{K})\otimes C(\mathrm{L})\to C(\mathrm{K}\times\mathrm{L})$ の存在を示そう.

（i） 鎖準同形 $\varphi: C(\mathrm{K}\times\mathrm{L})\to C(\mathrm{K})\otimes C(\mathrm{L})$.

$\mathrm{K}\times\mathrm{L}$ の r 単体 $\langle \mathrm{a}_{i_0}\times\mathrm{b}_{j_0}, \mathrm{a}_{i_1}\times\mathrm{b}_{j_1}, \cdots, \mathrm{a}_{i_r}\times\mathrm{b}_{j_r}\rangle$ をとれば，$\mathrm{a}_{i_0}, \mathrm{a}_{i_1}, \cdots, \mathrm{a}_{i_r}$ は K のある単体の頂点の集合で，$\mathrm{b}_{j_0}, \mathrm{b}_{j_1}, \cdots, \mathrm{b}_{j_r}$ は L のある単体の頂点の集合である．しかも，あらかじめ定めておいた頂点の順序に関して，

$$i_0\leqq i_1\leqq\cdots\leqq i_r, \qquad j_0\leqq j_1\leqq\cdots\leqq j_r$$

となるようにできるはずである．そこで，向きづけられた単体 $(\mathrm{a}_{i_0}\times\mathrm{b}_{j_0}, \mathrm{a}_{i_1}\times\mathrm{b}_{j_1}, \cdots, \mathrm{a}_{i_r}\times\mathrm{b}_{j_r})$ に対して

(39.1)
$$\varphi(\mathrm{a}_{i_0}\times\mathrm{b}_{j_0}, \mathrm{a}_{i_1}\times\mathrm{b}_{j_1}, \cdots, \mathrm{a}_{i_r}\times\mathrm{b}_{j_r}) = \sum_{k=0}^{r}(\mathrm{a}_{i_0}, \mathrm{a}_{i_1}, \cdots, \mathrm{a}_{i_k})\otimes(\mathrm{b}_{j_k}, \cdots, \mathrm{b}_{j_r})$$

と定義する．ただし，$\{\mathrm{a}_{i_0}, \mathrm{a}_{i_1}, \cdots, \mathrm{a}_{i_r}\}$ の中に重複するものが一つでもあれば $(\mathrm{a}_{i_0}, \mathrm{a}_{i_1}, \cdots, \mathrm{a}_{i_r})=0$，同様に，$\{\mathrm{b}_{j_0}, \mathrm{b}_{j_1}, \cdots, \mathrm{b}_{j_r}\}$ の中に重複するものが一つでもあれば $(\mathrm{b}_{j_0}, \mathrm{b}_{j_1}, \cdots, \mathrm{b}_{j_r})=0$ とする．この対応を $C_r(\mathrm{K}\times\mathrm{L})$ 全体に線形に拡張して得られる準同形 φ が鎖準同形なることを示そう．

記号を簡単にするため，$\mathrm{a}_{i_k}=\mathrm{c}_k$，$\mathrm{b}_{j_k}=\mathrm{d}_k$ とおく．また

$$u^i=(\mathrm{c}_0, \cdots, \mathrm{c}_i), \qquad u^i{}_k=(\mathrm{c}_0, \cdots, \hat{\mathrm{c}}_k, \cdots, \mathrm{c}_i),$$
$$v^j=(\mathrm{d}_j, \cdots, \mathrm{d}_r), \qquad v^j{}_k=(\mathrm{d}_j, \cdots, \hat{\mathrm{d}}_k, \cdots, \mathrm{d}_r)$$

なる記号を用いる．次の等号が成立する：

(39.2)
$$\begin{cases} u^i{}_i=u^{i-1}, & v^j{}_j=v^{j+1}, \\ u^0{}_0=0, & v^r{}_r=0. \end{cases}$$

従って

(39.3)
$$\varphi\circ\partial(\mathrm{c}_0\times\mathrm{d}_0, \cdots, \mathrm{c}_r\times\mathrm{d}_r) = \sum_{i<k}(-1)^k u^i{}_k\otimes v^i+\sum_{j>k}(-1)^k u^i\otimes v^i{}_k.$$

一方

(39.4)
$$\partial\circ\varphi(\mathrm{c}_0\times\mathrm{d}_0, \cdots, \mathrm{c}_r\times\mathrm{d}_r) = \sum_{i\leqq k}(-1)^k u^i{}_k\otimes v^i+\sum_{k\geqq i}(-1)^k u^i\otimes v^i{}_k.$$

従って (39.3) と (39.4) の右辺の差は (39.2) により

$$\sum_{i=0}^{r}(-1)^i u^{i-1}\otimes v^i+\sum_{i=0}^{r}(-1)^i u^i\otimes v^{i+1}$$
$$=0\otimes v^r+(-1)^r u^r\otimes 0=0.$$

ゆえに $\varphi\circ\partial=\partial\circ\varphi$ が成立する.

(ii) 鎖準同形 $\psi: C(\mathrm{K})\otimes C(\mathrm{L})\to C(\mathrm{K}\times\mathrm{L})$.

$x^p=(\mathrm{a}_0,\cdots,\mathrm{a}_p)\in\mathrm{K}$, $y^q=(\mathrm{b}_0,\cdots\mathrm{b}_q)\in\mathrm{L}$, $r=p+q$ とする. $x^p\times y^q$ の各 r 単体は, $(p+1)\times(q+1)$ 個の格子点 $(\mathrm{a}_0\times\mathrm{b}_0,\cdots,\mathrm{a}_p\times\mathrm{b}_q)$ を有する長方形(図62)において, 原点 $(0,0)$ から格子点 (p,q) に至る階段状の道 Ω と一対一に対応する. Ω の下にある正方形の個数を $\mathrm{I}(\Omega)$ とする. Ω 自身を一つの階段函数と見なせば $\mathrm{I}(\Omega)$ は定積分 $\int_0^p \Omega$ に等しい.

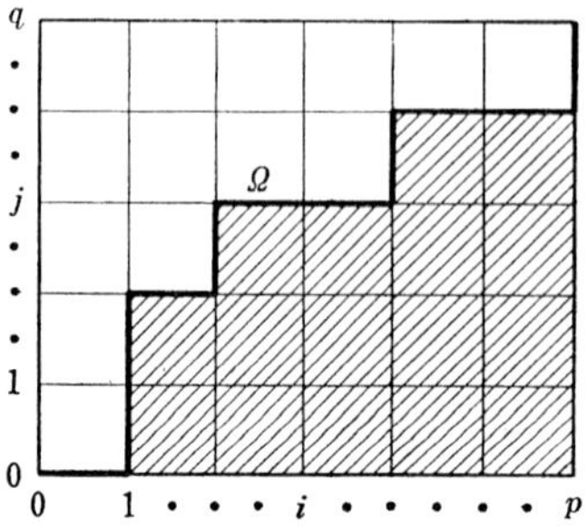

図 62

Ω に対応する $x^p\times y^q$ の r 単体をも同じ記号 Ω で表わすことにする.

$$(39.5)\qquad \psi(x^p\otimes y^q)=\sum(-1)^{\mathrm{I}(\Omega)}\Omega.$$

ここに, 右辺の和は, $x^p\times y^q$ のすべての r 単体の上にわたるものとする. (39.5) によって定義される準同形 ψ は鎖準同形なることを示そう. すなわち

$$(39.6)\qquad \partial\{\sum(-1)^{\mathrm{I}(\Omega)}\Omega\}=\psi\left\{\sum_{i=0}^{p}(-1)^i x^p{}_i\otimes y^q+\sum_{j=0}^{q}(-1)^{p+j}x^p\otimes y^q{}_j\right\}$$

を示せばよい. ただし, $x^p{}_i=(\mathrm{a}_0,\cdots,\hat{\mathrm{a}}_i,\cdots,\mathrm{a}_p)$, $y^q{}_j=(\mathrm{b}_0,\cdots,\hat{\mathrm{b}}_j,\cdots,\mathrm{b}_q)$ である.

頂点 $\mathrm{a}_i\times\mathrm{b}_j$ を含む r 単体 Ω は, 格子点 (i,j) を通る階段状の道である. これを下図の四つの型に分類する:

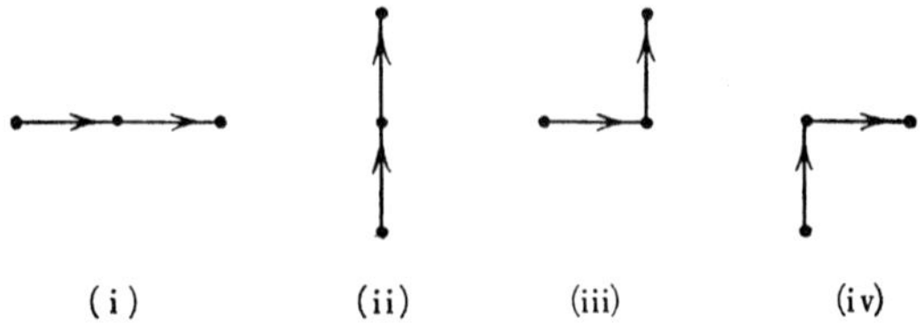

図 63

$(0,0)$ から (k,l) に至る階段状の道を $\omega_{k,l}$, (k,l) から (p,q) に至る階段

状の道を $\tau_{k,l}$ と表わせば,

(ｉ) の型は $(\omega_{i-1,j},\ \mathrm{a}_i\times \mathrm{b}_j,\ \tau_{i+1,j})$,

(ii) の型は $(\omega_{i,j-1},\ \mathrm{a}_i\times \mathrm{b}_j,\ \tau_{i,j+1})$,

(iii) の型は $(\omega_{i-1,j},\ \mathrm{a}_i\times \mathrm{b}_j,\ \tau_{i,j+1})$,

(iv) の型は $(\omega_{i,j-1},\ \mathrm{a}_i\times \mathrm{b}_j,\ \tau_{i+1,j})$

と表わされる. (iii) の型の階段状の道 Ω に対して格子点 $(i-1,\ j+1)$ を通る (iv) の型の階段状の道

$$\Omega'=(\omega_{i-1,j},\ \mathrm{a}_{i-1}\times \mathrm{b}_{j+1},\ \tau_{i,j+1})$$

を考えると

$$\mathrm{I}(\Omega')-\mathrm{I}(\Omega)=1.$$

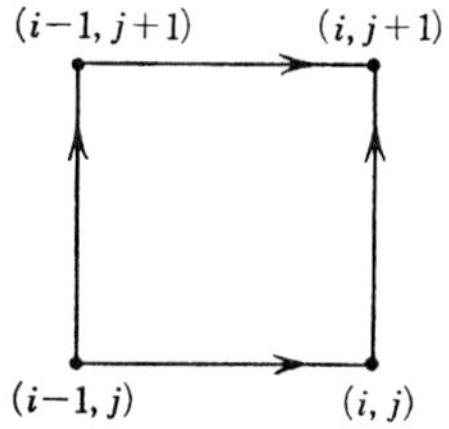

図　64

従って (39.6) の右辺において, $(\omega_{i-1,j},\ \tau_{i,j+1})$ に対応する項は消えることになる. 全く同様に $(\omega_{i,j-1},\ \tau_{i+1,j})$ に対応する項も消える. 従って (39.6) の右辺の (i) および (ii) の型に対応する項, すなわち $(\omega_{i-1,j},\ \tau_{i+1,j})$, $(\omega_{i,j-1},\ \tau_{i,j+1})$ に対応する項だけを考慮すればよい.

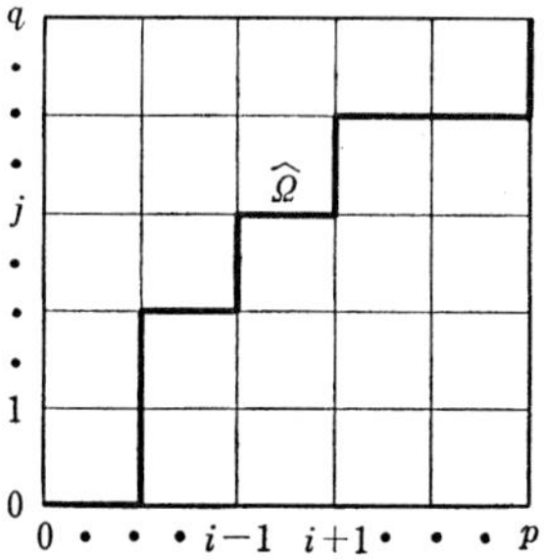

図　65

(39.6) の右辺の $x^p{}_i\otimes y^q$ なる項に対応して, $x^p{}_i\times y^q$ の各 $r-1$ 単体は図 62 の長方形から横座標の値が i に等しい $q+1$ 個の格子点を取り去った長方形(図 65)の上の階段状の道として表わされる.

$$\Omega=(\omega_{i-1,j},\ \mathrm{a}_i\times \mathrm{b}_j,\ \tau_{i+1,j})\in x^p\times y^q,$$

$$\hat{\Omega}=(\omega_{i-1,j},\ \tau_{i+1,j})\in x^p{}_i\times y^q$$

とすると, (39.6) の左辺における $\hat{\Omega}$ の係数は

$$(-1)^{\mathrm{I}(\Omega)+i+j}.$$

また, (39.6) の右辺における $\hat{\Omega}$ の係数は

$$(-1)^{\mathrm{I}(\hat{\Omega})+i}$$

である. しかるに

$$\mathrm{I}(\Omega)-\mathrm{I}(\hat{\Omega})=j$$

であるから

$$\mathrm{I}(\Omega)+i+j\equiv \mathrm{I}(\hat{\Omega})+i \pmod 2.$$

同様にして (ii) の型の階段状の道 $\Omega=(\omega_{i,j-1}, \mathrm{a}_i\times \mathrm{b}_j, \tau_{i,j+1})$ に対しては，$x^p\otimes y^q{}_j$ なる項を用いて，(39.6) の両辺における $\hat{\Omega}=(\omega_{i,j-1}, \tau_{i,j+1})$ の係数の相等しいことがわかる．(39.6) の左辺の 0 ならざる項と右辺の各項とは一対一に対応して，かつ，それぞれの項の係数が一致するのであるから，(39.6) が成立する．

(i), (ii) に定義した鎖準同形が実は鎖同値準同形なることが，次の二つの補題によって知られる．

補題 39.1. $\varphi\circ\psi=id.$

証明． $x^p\times y^q$ の r 単体 $(r=p+q)$ を

$$\Omega=(\mathrm{a}_{i_0}\times \mathrm{b}_{j_0}, \mathrm{a}_{i_1}\times \mathrm{b}_{j_1}, \cdots, \mathrm{a}_{i_r}\times \mathrm{b}_{j_r})$$

とする．$\mathrm{a}_{i_0}, \cdots, \mathrm{a}_{i_k}, \mathrm{b}_{j_k}, \cdots, \mathrm{b}_{j_r}$ の間に重複する頂点が存在しないためには $\mathrm{I}(\Omega)=0$，すなわち

$$\Omega_0=(\mathrm{a}_0\times \mathrm{b}_0, \cdots, \mathrm{a}_p\times \mathrm{b}_0, \mathrm{a}_p\times \mathrm{b}_1, \cdots, \mathrm{a}_p\times \mathrm{b}_q),$$

しかも $k=p$ なる場合に限る．従って

$$\begin{aligned}\varphi\cdot\psi(x^p\otimes y^q)&=\varphi[(-1)^{\mathrm{I}(\Omega_0)}\Omega_0]\\&=(\mathrm{a}_0, \cdots, \mathrm{a}_p)\otimes(\mathrm{b}_0, \cdots, \mathrm{b}_q).\end{aligned}$$

よって $\varphi\circ\psi$ は $C(\mathrm{K})\otimes C(\mathrm{L})$ の恒等変換に等しい．

補題 39.2. $\psi\circ\varphi$ は恒等写像 $1: C(\mathrm{K}\times\mathrm{L})\to C(\mathrm{K}\times\mathrm{L})$ と鎖ホモトープである．

証明． $\mathrm{K}\times\mathrm{L}$ の r 単体

$$\Omega=(\mathrm{a}_{i_0}\times \mathrm{b}_{j_0}, \mathrm{a}_{i_1}\times \mathrm{b}_{j_1}, \cdots, \mathrm{a}_{i_r}\times \mathrm{b}_{j_r})$$

において，$\mathrm{a}_{i_0}, \mathrm{a}_{i_1}, \cdots, \mathrm{a}_{i_r}$ は K の p 単体 $x^p=(\mathrm{a}_0, \mathrm{a}_1, \cdots, \mathrm{a}_p)$ の頂点で，$\mathrm{b}_{j_0}, \mathrm{b}_{j_1}, \cdots, \mathrm{b}_{j_r}$ は L の q 単体 $y^q=(\mathrm{b}_0, \mathrm{b}_1, \cdots, \mathrm{b}_q)$ の頂点であり，

$$\begin{cases} i_0\leqq i_1\leqq\cdots\leqq i_r,\\ j_0\leqq j_1\leqq\cdots\leqq j_r\end{cases}$$

となっている．この Ω に対して

$$\Gamma(\Omega)=\mathrm{K}(x^p)\times\mathrm{K}(y^q)$$

とおく．$|\Gamma(\Omega)|=|\mathrm{K}(x^p)|\times|\mathrm{K}(y^q)|$ は一点と同じホモトピー型をもつ．実際，X, Y が一点に可縮ならば，一般に X×Y もまた一点に可縮だからである．よって $\Gamma(\Omega)$ は K×L の非輪状な部分複体である．明らかに

$$\begin{cases}\Omega\in C_r[\Gamma(\Omega)],\\ \psi\circ\varphi(\Omega)\in C_r[\Gamma(\Omega)].\end{cases}$$

よって Γ は，$\psi\circ\varphi$ と恒等写像 1 とに共通の非輪状な台である(§ 11)．定理 11.3 によって，$\psi\circ\varphi\simeq 1$ である．

補題 39.1 と 39.2 とから次の定理を得る．

定理 39.3. $C(\mathrm{K}\times\mathrm{L})$ と $C(\mathrm{K})\otimes C(\mathrm{L})$ とは鎖同値である．従って

$$H(\mathrm{K}\times\mathrm{L})\cong H(C(\mathrm{K})\otimes C(\mathrm{L})).$$

キュネットの公式によって，$C(\mathrm{K})\otimes C(\mathrm{L})$ のホモロジー群を計算する公式が与えられているから，次の公式を得る．

系. $H_r(\mathrm{K}\times\mathrm{L})\cong\sum_{p+q=r}H_p(\mathrm{K})\otimes H_q(\mathrm{L})+\sum_{p+q=r-1}H_p(\mathrm{K})*H_q(\mathrm{L})$　(直和)．

問 1. 輪環面のホモロジー群を計算せよ．

問 2. K を非輪状な複体とする．任意の複体 L に関して

$$H_r(\mathrm{K}\times\mathrm{L})\cong H_r(\mathrm{L})$$

であることを証明せよ．

問　題　9

1. アーベル群Pは，次の性質をもっているとき，**射影的**であるという：任意のアーベル群 X から Y の上への任意の準同形 p，と P から Y (の中) への任意の準同形 f に対して，$p\circ g=f$ を満たす準同形 $g:P\to X$ がある．

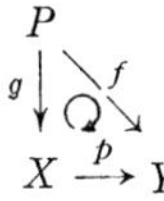

自由アーベル群は射影的であることを証明せよ．

2. 射影的分解の意味を次のように拡張する：完全系列

$$\cdots\longrightarrow X_n\xrightarrow{\partial_n}X_{n-1}\longrightarrow\cdots\longrightarrow X_1\xrightarrow{\partial_1}X_0\xrightarrow{\varepsilon}A\to 0$$

において，各 X_n が射影的なるとき，これをアーベル群 A の**射影的分解**という．次の

図式において

$$\begin{array}{ccccccccccc} \cdots\to & X_n & \xrightarrow{\partial_n} & X_{n-1} & \to\cdots\to & X_1 & \xrightarrow{\partial_1} & X_0 & \xrightarrow{\varepsilon} & A & \to 0 \\ &&&&&&&&& \downarrow f & \\ \cdots\to & Y_n & \xrightarrow{\partial_n'} & Y_{n-1} & \to\cdots\to & Y_1 & \xrightarrow{\partial_1'} & Y_0 & \xrightarrow{\varepsilon'} & B & \to 0 \end{array}$$

上の系列は射影的分解，下の系列は単なる完全系列とする．$\boldsymbol{X}=(X_r, \partial_r)$，$\boldsymbol{Y}=(Y_r, \partial'_r)$ を複体とみなし，$X=\sum_r X_r$，$Y=\sum_r Y_r$ とおく．次のことを証明せよ：

(i) 任意の準同形 $f: A\to B$ に対して，鎖準同形 $f_r: X_r\to Y_r$ $(r\geqq 0)$ で

$$\varepsilon'\circ f_0=f\circ\varepsilon$$

を満足するものが存在する．

(ii) 上の条件を満足する鎖準同形が二つあれば，それらは互いに鎖ホモトープである．

(iii) $H_n(X\otimes Y)$ は A, B の射影的分解 $\boldsymbol{X}, \boldsymbol{Y}$ の選び方に関係せず A, B だけによって決定される．これを $\mathrm{Tor}_n(A, B)$ と表わす．

(iv) $\mathrm{Tor}_n(A, B)=0 \quad (n\geqq 2)$,

$\mathrm{Tor}_1(A, B)=A*B$,

$\mathrm{Tor}_0(A, B)=A\otimes B$.

3. アーベル群 A の射影的分解(本文の意味の)

$$0\to F_1 \xrightarrow{i} F_0 \xrightarrow{\pi} A\to 0$$

と，任意のアーベル群 G に対して，

$$0\to \mathrm{Hom}(A, G) \xrightarrow{\pi^*} \mathrm{Hom}(F_0, G) \xrightarrow{i^*} \mathrm{Hom}(F_1, G)$$

は完全系列をなす(問題3の4参照)．Coker i^* は A の射影的分解の選び方に関せず，A と G だけによって一意的に定まることを証明せよ．これを $\mathrm{Ext}(A, G)$ と表わす．次のことを証明せよ：

(i) A を自由アーベル群，G を任意のアーベル群とすると

$$\mathrm{Ext}(A, G)=0.$$

(ii) $\mathrm{Ext}(\boldsymbol{Z}_n, G)\cong G_n$.

(iii) $A=\sum_{i=1}^{m} A_i$，$B=\sum_{j=1}^{n} B_j$ (直和) とすると

$$\mathrm{Ext}(A, B)=\sum_{i=1}^{m}\sum_{j=1}^{n}\mathrm{Ext}(A_i, B_j) \quad (\text{直和}).$$

4. $C=(C_r, \partial_r)$ を自由アーベル群からなる鎖複体，G を任意のアーベル群とする．$C^r=\mathrm{Hom}(C_r, G)$，$\partial^r=\partial_{r+1}{}^*$ と定義すると，(C^r, ∂^r) は G を係数とする双対鎖複体をなす．次の関係式を証明せよ：

$$H^r(C, G)\cong \mathrm{Hom}(H_r(C), G)+\mathrm{Ext}(H_{r-1}(C), G).$$

5. 自由アーベル群からなる鎖複体 C のホモロジー群が次のように与えられているとき，双対ホモロジー群 $H^r(C, \boldsymbol{Z})$，$H^r(C, \boldsymbol{Z}_2)$，$H^r(C, \boldsymbol{Z}_3)$ などを求めよ．

$$H_0(C)\cong \boldsymbol{Z}, \qquad H_1(C)\cong \boldsymbol{Z}+\boldsymbol{Z}_2+\boldsymbol{Z}_6,$$
$$H_2(C)\cong \boldsymbol{Z}+\boldsymbol{Z}, \qquad H_r(C)=0 \quad (r\geqq 3).$$

6. $|\mathrm{K}|=\mathrm{S}^n\times\mathrm{S}^n\times\cdots\times\mathrm{S}^n$（$p$ 個の直積空間）とするとき，$H_r(\mathrm{K},\boldsymbol{Z})$，$H^r(\mathrm{K},\boldsymbol{Z})$ を求めよ．

問　題　の　答

問題 **2.** (pp. 24〜25)

3. (i)　$H_0(\mathrm{K})\cong\boldsymbol{Z}$, $H_1(\mathrm{K})\cong\boldsymbol{Z}+\boldsymbol{Z}$, $H_r(\mathrm{K})=0$ $(r\neq 0,1)$.

(ii)　$H_0(\mathrm{K})\cong\boldsymbol{Z}+\boldsymbol{Z}$, $H_1(\mathrm{K})\cong\boldsymbol{Z}+\boldsymbol{Z}+\boldsymbol{Z}$, $H_r(\mathrm{K})=0$ $(r\neq 0,1)$.

4. $H_0(\mathrm{K})\cong\boldsymbol{Z}$, $H_1(\mathrm{K})\cong\boldsymbol{Z}$, $H_r(\mathrm{K})=0$ $(r\neq 0,1)$.

5. $x_1=(\mathrm{a}_0,\mathrm{a}_1)$, $x_2=(\mathrm{a}_0,\mathrm{a}_2)$, $x_3=(\mathrm{a}_0,\mathrm{a}_3)$, $x_4=(\mathrm{a}_1,\mathrm{a}_2)$, $x_5=(\mathrm{a}_2,\mathrm{a}_3)$, $x_6=(\mathrm{a}_3,\mathrm{a}_1)$, $y=(\mathrm{a}_1,\mathrm{a}_2,\mathrm{a}_3)$ と表わすと，次の表のようになる:

C_0	Z_0	B_0	$-\mathrm{a}_0+\mathrm{a}_1$,　$-\mathrm{a}_0+\mathrm{a}_2$,　$-\mathrm{a}_0+\mathrm{a}_3$
			a_0
C_1	Z_1	B_1	$x_4+x_5+x_6$
			$-x_1+x_2+x_4$,　$-x_2+x_3+x_5$
			x_1,　x_2,　x_3
C_2	Z_2	B_2	
			y

従って，ベッチ数，ねじれ係数のうちで0と異なるものは，$\rho(0)=1$, $\rho(1)=2$ である.

6. $H_0(\mathrm{K})\cong\boldsymbol{Z}$, $H_1(\mathrm{K})\cong\boldsymbol{Z}+\boldsymbol{Z}_2$, $H_2(\mathrm{K})\cong\boldsymbol{Z}$, $H_r(\mathrm{K})=0$ $(r\neq 0,1,2)$.

問題 **3.** (pp. 41〜43)

10. 一つの三角形から n 個の小三角形をくりぬいて得られる複体をKとすると，0と異なるホモロジー群は，$H_0(\mathrm{K})\cong\boldsymbol{Z}$, $H_1(\mathrm{K})\cong\boldsymbol{Z}+\cdots+\boldsymbol{Z}$ (n 個の直和) である.

問題 **4.** (pp. 64〜65)

9. $\mathrm{X}=\mathrm{S}^n\cup\mathrm{S}^m$ とする.

(i)　$m=n$ のとき，$H_0(\mathrm{X})\cong\boldsymbol{Z}$, $H_n(\mathrm{X})\cong\boldsymbol{Z}+\boldsymbol{Z}$, $H_r(\mathrm{X})=0$ $(r\neq 0,n)$.

(ii)　$m\neq n$ のとき，$H_0(\mathrm{X})\cong\boldsymbol{Z}$, $H_m(\mathrm{X})\cong\boldsymbol{Z}$, $H_n(\mathrm{X})\cong\boldsymbol{Z}$, $H_r(\mathrm{X})=0$ $(r\neq 0,m,n)$.

10. $\mathrm{X}=\mathrm{E}^n-\mathring{\mathrm{E}}^n{}_1$ とすると，$H_0(\mathrm{X})\cong\boldsymbol{Z}$, $H_{n-1}(\mathrm{X})\cong\boldsymbol{Z}$, $H_r(\mathrm{X})=0$ $(r\neq 0,n-1)$.

問題 **7.** (pp. 142〜144)

7. (ii)　$\pi_1(\boldsymbol{PR}^n)\cong\boldsymbol{Z}_2$, $\pi_n(\boldsymbol{PR}^n)\cong\boldsymbol{Z}$

8. (v) $\pi_1(SO(4)) \cong \boldsymbol{Z}_2$, $\pi_2(SO(4))=0$, $\pi_3(SO(4)) \cong \boldsymbol{Z}+\boldsymbol{Z}$.

問題 9. (pp. 183〜185)

5.

		$H^0(C,G)$	$H^1(C,G)$	$H^2(C,G)$
(i)	$G=\boldsymbol{Z}$	$\boldsymbol{Z}$	$\boldsymbol{Z}$	$\boldsymbol{Z}+\boldsymbol{Z}+\boldsymbol{Z}_2+\boldsymbol{Z}_6$
(ii)	$G=\boldsymbol{Z}_2$	$\boldsymbol{Z}_2$	$\boldsymbol{Z}_2+\boldsymbol{Z}_2+\boldsymbol{Z}_2$	$\boldsymbol{Z}_2+\boldsymbol{Z}_2+\boldsymbol{Z}_2+\boldsymbol{Z}_2$
(iii)	$G=\boldsymbol{Z}_3$	$\boldsymbol{Z}_3$	$\boldsymbol{Z}_3+\boldsymbol{Z}_3$	$\boldsymbol{Z}_3+\boldsymbol{Z}_3+\boldsymbol{Z}_3$

6. $H_r(\mathrm{K})=0$　$(r<0,\ r>pn,\ r \not\equiv 0 \pmod{n})$.

$H_{mn}(\mathrm{K}) \cong \binom{p}{m}$ 個の $\boldsymbol{Z}$ の直和.

参　考　書

位相空間の理論については

[1]　河野伊三郎，位相空間論（共立出版）1954（pp. 194）

[2]　亀谷俊司，集合と位相（朝倉書店，朝倉数学講座）1961（pp. 216）

[3]　竹之内脩，トポロジー（広川書店）1962（pp. 256）

[4]　野口　広，位相空間（至文堂）1964（pp. 246）

[5]　河田敬義・三村征雄，現代数学概説II（岩波書店）1965（pp. 409）前篇

などがある．いずれも大体似た程度の書物といえよう．

代数的位相幾何学の最も初歩的入門書として

[6]　河田敬義，位相数学（共立出版，基礎数学講座）1956（pp. 213）

がある．これは，主として2次元の場合についてきわめてていねいに説明されており，本書より読みやすい．

[7]　大槻富之助，位相幾何（至文堂）1965（pp. 235）

は，ホモロジー理論までの入門書である．

[8]　小松醇郎・戸田宏・中岡稔，位相幾何学（共立出版，現代数学講座）1957（pp. 258）

は，第I部ホモロジー論，第II部ホモトピー論で，本書よりやや高級である．

[9]　河田敬義編，位相幾何学（岩波書店，現代数学演習叢書）1965（pp. 369）

これは問題の説明を中心とし，ホモトピー論はほとんど含まれていないが，多様体の理論も含めて，多くの題材について解説されている．

本格的な位相幾何学の書物としては

[10]　小松醇郎・中岡稔・菅原正博，位相幾何学I（岩波書店）1967（pp. 721）

およびその続刊（近刊予定）がある．

外国語の翻訳としては

[11]　P. アレクサンドロフ著，位相幾何学I，II，III（三瓶与右衛門・千葉克裕訳）（共立出版，共立全書）1957（pp. 240，pp. 249，pp. 231）

がある．これもホモロジー理論を中心として解説してある．

外国語の書物としては

[12]　S. Eilenberg, N. E. Steenrod, Foundation of algebraic topology, Princeton University Press, 1952

[13]　P. J. Hilton, S. Wylie, Homology theory, Cambridge University Press, 1960

[14]　S. T. Hu, Homotopy theory, Academic Prees, New York, 1959

[15]　N. E. Steenrod, Topology of fibre bundles, Princeton University Press, 1951

[16]　E. H. Spanier, Algebraic topology, McGraw Hill, 1966

[17]　G. W. Whitehead, Homotopy theory, M. I. T. Press, 1966

など標準的な書物である．

索　引

アファイン(affine)部分空間　1
アーベル群を係数とするホモロジー群　39
位相群 (topological group)　114
位相群の開準同形写像　114
位相群の準同形　114
位相群の商群　114
位相群の剰余群　114
位相群の正規部分群　114
位相群の同形　114
位相群の部分群　114
位相写像 (homeomorphism, topological map)　8
位相多面体 (polyhedron)　63
位相変換群 (topological transformation group)　115
一般の位置 (general position)　11, 44
ε-被覆　145
n 胞体 (*n* cell)　65, 67
n 連結　99
オイラーの標数 (Euler characteristic)　23
オイラー・ポアンカレの公式 (Euler-Poincaré formula)　23

開星状体 (open star)　52, 153
拡張 (extension)　67
完全系列 (exact sequence)　29
完全系列から完全系列への準同形　31
幾何学的実現(geometric realization)　6
基礎空間 (base space)　118
基点 (reference point)　74
基本群(fundamental group)　79
基本群の作用　85
基本単体　4
基本輪体 (fundamental cycle)　47, 71
球束 (sphere bundle)　129
球面の安定ホモトピー群 (stable homotopy group)　111
球面の向き (orientation)　70
キュネットの公式 (Künneth formula)　172
境界 (boundary)　16
境界作用素 (boundary operator)　16
境界点　2
境界輪体　17
強変位レトラクト (strong deformation retract)　68
空間の懸垂　113
クラインの曲面 (Klein bottle)　127
クロネッカーの指数 (Kronecker index)　18
結合係数 (incidence number)　13
圏 (category)　67
懸垂 (suspension)　109
懸垂準同形　110
交換子群 (commutator group)　102
構造群 (group of bundle)　118
弧状連結 (arcwise connected)　11
コンパクト (compact)　53
コンパクト開位相 (compact open topology)　132

細分 (subdivision)　47
鎖 (chain)　15

鎖群の完全系列 29
鎖準同形 (chain homomorphism) 26
鎖同値 (chain equivalence) 37
鎖同値準同形 37
座標函数 (coordinate function) 118
座標近傍 (coordinate neighborhood) 118
座標束 (coordinate bundle) 120
座標変換 (coordinate transformation) 118
座標変換系 120
鎖複体 (chain complex) 26
鎖複体の積 170
鎖ホモトピー (chain homotopy) 36
鎖ホモトープ 36
次元 (dimension) (コンパクト距離空間の) 146
次元 (単体の) 1
次元 (複体の) 4
四元数 (quaternion) 129
支持単体 (träger) 11
(実)射影空間 (projective space) 144
射影 118
射影的 183
射影的分解 (projective resolution) 166, 183
写像空間 (mapping space) 132
写像柱 (mapping cylinder) 69
写像度 (mapping degree) 109
集合の径 (diameter) 51
重心細分 (barycentric subdivision) 48
重心座標 (barycentric coordinate) 2
従属 (dependent) 1
主束 (principal bundle) 124
準多様体 (pseudomanifold) 73
ジョルダン曲線 (Jordan curve) 152
シンプレクティック群 (symplectic group) 115
錐体 (cone) 44
錐複体 44
スティーフェル多様体 (Stiefel manifold) 143
整係数鎖群 15
整係数ホモロジー群 (integral homology group) 17
生成系 (system of generators) 21
正則 (regular) 73
正則被覆 142
正則連結 73
積束 (product bundle) 118
積複体 177
切除同形 (excision isomorphism) 35
接束 (tangent bundle) 127
切片 (skelton) 4
接ベクトル束 127
双対境界 (coboundary) 42
相対境界 (relative boundary) 33
双対鎖 (cochain) 42
双対鎖複体 (cochain complex) 42
相対ホモトピー (relative homotopy) 67
相対ホモトピー群 80
双対ホモロジー群 (cohomology group) 42
相対ホモロジー群 (relative homology group) 33
双対輪体 (cocycle) 42
相対輪体 (relative cycle) 33
束空間 (bundle space) 118
束写像 (bundle map) 123

代数学の基本定理 150

多面体 (Euclidean polyhedron) 8
多様体 (manifold) 127
単体 (simplex) 1
単体近似 (simplicial approximation) 52
単体写像 (simplicial map) 9
単体的ホモトープ 60
単体の向き 13
単体分割 (simplicial subdivision) 8
断面 (cross-section) 124
単連結 (simply connected) 98
抽象単体 (abstract simplex) 5
抽象複体 5
頂点 (vertex) 1
直交群 (orthogonal group) 115
直交群の安定ホモトピー群 137
直積空間 (product space) 56
対 (pair) 33
対のホモロジー完全系列 34
強い意味で同値 120
添加可能 (augmentable) 36
添加鎖複体(augmented chain complex) 36
テンソル積 (tensor product) 39, 162
同形 (isomorph) 4
同次複体 (homogeneous complex) 4
同相 (homeomorph) 10
同値 (equivalence) 119
同調している (concordant) 73
同伴な主束(associated principal bundle) 124
特殊直交群 (special orthogonal group) 117
独立 (independent) 1
凸集合 (convex set) 2
内点 2
ねじれ群 (torsion group) 23
ねじれ係数 (torsion coefficient) 22
ねじれ積 (torsion product) 40, 169
ねじれ輪環面 (twisted torus) 127

八元数 (Cayley numbers) 130
反復(iterated)懸垂 111
反復細分 50
被覆空間 (covering space) 137
被覆写像 (covering map) 137
被覆の次数 146
被約ホモロジー群 (reduced homology group) 36
標準基 (canonical base) 22
非輪状 (acyclic) 37
非輪状な台 (acyclic carrier) 38
ファイバー (fibre) 118
ファイバー空間 (fibre space) 132
ファイバー束 (fibre bundle) 118
ファイバー束のホモトピー完全系列 134
複素射影空間 144
不動点定理 (fixed point theorem) 148
部分複体 (subcomplex) 4
普遍係数定理 (universal coefficient theorem) 40, 173
普遍被覆空間 (universal covering space) 142
フレビッチ(Hurewicz)の同形定理 102
分解する完全系列 (splitting exact sequence) 84
閉星状体 52, 152
ベクトル束 (vector bundle) 127
ベッチ数 (Betti number) 22

辺 (face) 2
変位 (deformation) 68
変位レトラクト 68
胞体の向き 70
ホップの写像 (Hopf map) 136
ホモトピー (homotopy) 57
ホモトピー型 (homotopy type) 62
ホモトピー加法定理 (homotopy addition theorem) 97
ホモトピー完全系列 82
ホモトピー境界準同形 81
ホモトピー群 76
ホモトピー同値写像 (homotopy equivalence) 62
ホモトピー類 57
ホモトープ 57
ホモロジー完全系列 30
ホモロジー類 17
ホワイトヘッド積 (Whitehead product) 113

三つ組(triple)のホモロジー完全系列 43
向きづけ可能 (orientable) 73
向きづけ不可能 (non orientable) 73
向きを変える 73
向きを保つ 73
メービウスの帯 (Mäbius band) 126

有限生成 (finitely generated) 21
誘導準同形 (induced homomorphism) 27,79
誘導ファイバー束 (induced bundle) 142
ユークリッド単体 1
ユークリッド複体 3
ユニタリ群 (unitary group) 115

リー群 (Lie group) 128
輪環面 (torus) 91
輪体 (cycle) 17
零鎖 15
レトラクト (retract) 67
連結 (connected) 7
連結準同形 (connecting homomorphism) 30
連結成分 (connected component) 8

著者略歴

河 田 敬 義

1916 年　東京に生れる
1938 年　東京帝国大学理学部数学科卒業
1950 年　東京大学教授
　　　　理学博士

大 口 邦 雄

1933 年　朝鮮に生れる
1956 年　東京大学理学部数学科卒業
1973 年　国際基督教大学教授
1992 年　同学長
現　在　恵泉女学園長・理事長
　　　　理学博士

近代数学講座 6

位 相 幾 何 学

定価はカバーに表示

1967 年 8 月 30 日　初版第 1 刷
2004 年 3 月 15 日　復刊第 1 刷
2013 年 11 月 25 日　　第 3 刷

著　者　河田（かわだ）敬義（ゆきよし）
　　　　大口（おうぐち）邦雄（くにお）

発行者　朝　倉　邦　造

発行所　株式会社　朝　倉　書　店

東京都新宿区新小川町 6-29
郵 便 番 号　162-8707
電　話　03（3260）0141
FAX　03（3260）0180
http://www.asakura.co.jp

〈検印省略〉

中央印刷・渡辺製本

ISBN 978-4-254-11656-4　C 3341　Printed in Japan